中国非常规油气地质特征与资源潜力

王社教 等著

石油工业出版社

内 容 提 要

本书以致密油、致密砂岩气、煤层气、页岩气、油页岩、油砂和天然气水合物七类非常规资源为评价对象,通过研究七类非常规油气资源形成的地质条件,解剖刻度区,建立非常规资源评价方法、评价参数和关键指标,形成非常规油气资源评价规范,系统评价了中国七类非常规油气的资源潜力,揭示了不同类型非常规资源的富集特点和分布规律,指出未来非常规油气的发展方向和有利靶区,研究成果对制定油气发展战略和编制规划提供了资源基础。

本书可供从事非常规油气研究的地质人员、投资管理人员及大专院校相关专业师生参考。

图书在版编目(CIP)数据

中国非常规油气地质特征与资源潜力/王社教等著.
—北京:石油工业出版社,2019.1
ISBN 978 – 7 – 5183 – 2879 – 6

Ⅰ.①中… Ⅱ.①王… Ⅲ.①石油天然气地质–研究–中国 Ⅳ.①P618.130.2

中国版本图书馆 CIP 数据核字(2018)第 208399 号

审图号:GS(2018)5941 号

出版发行:石油工业出版社
（北京安定门外安华里 2 区 1 号　100011）
网　　址:www.petropub.com
编辑部:(010)64253017　图书营销中心:(010)64523633
经　　销:全国新华书店
印　　刷:北京中石油彩色印刷有限责任公司

2019 年 1 月第 1 版　2019 年 1 月第 1 次印刷
787×1092 毫米　开本:1/16　印张:15.25
字数:400 千字

定价:150.00 元
（如出现印装质量问题,我社图书营销中心负责调换）
版权所有,翻印必究

《中国非常规油气地质特征与资源潜力》
编 写 人 员

王社教　李贵中　董大忠　杨占龙　拜文华
文桂华　李登华　庚　勐　黄军平　魏　伟
蔚远江　汪少勇　王玉满　陈　浩　黄金亮
林文姬　孙莎莎　郑　曼

前 言

非常规油气资源是指大面积分布,在现今经济技术条件下,难以完全用现有常规方法和技术进行勘探、开发和加工的油气资源。作为战略性的接替领域,非常规油气资源已成为当今勘探开发的热点。摸清我国非常规油气资源家底,明确不同类型非常规油气资源的地质特征、资源潜力和分布规律,是石油公司乃至国家制定业务发展战略和规划的重要依据。

该书内容主要来自笔者负责的中国石油重大科技攻关专项"中国石油第四次油气资源评价"的子课题"非常规油气资源评价"的研究内容。该项研究任务由中国石油勘探开发研究院、中国石油勘探开发研究院廊坊分院、中国石油勘探开发研究院西北分院和中国石油煤层气有限责任公司共同承担,历时三年完成。

建立在非常规油气成藏地质条件研究的基础上,依托大量的实验分析测试数据、非常规油气开发数据,以及新建立的非常规油气资源评价方法,本书对中国主要含油气盆地七类非常规油气资源进行了评价,这也是首次系统地对中国七类非常规油气资源进行评价。对于外围中小盆地,考虑到勘探程度更低、资料更匮乏,主要是基于非常规油气成藏地质条件的研究和认识,优选出 22 个中小盆地,开展致密油、致密砂岩气的资源潜力评估。同时,本书依据非常规油气资源潜力和分布特点,总结了不同类型非常规资源的富集规律,优选了有利靶区,为非常规资源勘探部署和未来发展提供了资源基础。

考虑到我国非常规油气资源勘探开发程度的不同和认识程度的不同,书中对勘探活动较多、评价认为最现实的致密油、致密砂岩气、煤层气、页岩气四类资源进行了重点评价,并通过典型盆地或地区刻度区的解剖,编制了资源评价技术规范,确保评价方法和评价标准的一致性和评价结果的可比性。

本书编写分工如下:前言和第一章由王社教编写;第二章由王社教、李贵中、董大忠、拜文华、杨占龙、文桂华、魏伟编写;第三章由王社教、董大忠、李贵中编写;第四章由王社教、李登华、文桂华、郑曼编写;第五章由王社教、李登华、庚勐、黄金亮、魏伟、孙莎莎、黄军平、林文姬、汪少勇编写;第六章由王社教、李贵中、董大忠、拜文华编写。

在本书编写过程中,得到了中国石油科技管理部、各油气田分公司和中国石油勘探开发研究院领导和专家的大力支持和帮助,在此一并表示感谢。由于中国非常规油气仍处于勘探开发的早期,很多信息不全,文中难免存在不妥之处,恳请读者批评指正!

目 录

第一章 绪论 …(1)
- 第一节 非常规油气资源内涵及分类 …(1)
- 第二节 非常规油气资源评价特点 …(2)
- 第三节 非常规油气地质研究新进展 …(4)

第二章 非常规油气资源勘探现状与成藏特征 …(16)
- 第一节 非常规油气资源勘探现状 …(16)
- 第二节 非常规油气资源成藏特征 …(27)
- 第三节 非常规油气资源成藏主控因素 …(41)

第三章 非常规油气资源评价方法与规范 …(68)
- 第一节 评价单元划分 …(68)
- 第二节 资源评价方法体系 …(68)
- 第三节 资源评价规范 …(69)

第四章 刻度区解剖 …(86)
- 第一节 刻度区选择 …(86)
- 第二节 刻度区解剖 …(89)

第五章 非常规油气资源评价 …(124)
- 第一节 致密油资源评价 …(124)
- 第二节 致密砂岩气资源评价 …(130)
- 第三节 页岩气资源评价 …(134)
- 第四节 煤层气资源评价 …(148)
- 第五节 油页岩油资源评价 …(162)
- 第六节 油砂油资源评价 …(171)
- 第七节 天然气水合物资源评价 …(176)
- 第八节 中小盆地致密油气资源评价 …(182)
- 第九节 非常规油气资源评价结果 …(212)

第六章 非常规油气资源分布及未来发展潜力 …(214)
- 第一节 非常规油气资源分布及富集规律 …(214)
- 第二节 非常规油气资源发展潜力与战略定位 …(225)
- 第三节 未来重点勘探领域 …(229)

参考文献 …(234)

第一章 绪 论

在能源快速发展和变革的时代,以类型多、资源潜力大为特点的非常规油气资源,显现出良好的发展势头和巨大的发展潜力,页岩气、煤层气、油砂、致密油、致密气等非常规资源已成为现实的勘探领域。我国在致密气、页岩气、煤层气、致密油等领域也取得了重大进展,正成为油气增储上产的现实资源。

第一节 非常规油气资源内涵及分类

非常规油气资源是指大面积连续分布,在现今经济技术条件下,难以完全用常规技术进行经济、有效开发的油气资源。主要包括致密油、致密砂岩气、煤层气、页岩气、油页岩、油砂和天然气水合物等资源类型。非常规油气区别于常规油气的显著特点是需要先进的钻完井技术和储层改造技术方可实现经济开采,如多级分段压裂技术、多分支水平井钻井技术等。

非常规油气包括准连续型和连续型,不受圈闭控制,主要分布在盆地中心、斜坡等负向构造单元,平面上呈大面积准连续和连续分布。准连续型聚集,主要包括油砂和天然气水合物;连续型聚集是非常规油气的主要聚集模式,包括致密气、致密油、页岩气、煤层气和油页岩(表1-1)。根据源储关系,又可分为源储一体型(包括页岩气、页岩油、煤层气和油页岩)和源储接触型(包括致密油和致密气)。根据流体性质,又可分为流体资源和固体资源,致密油、致密气、页岩气和煤层气为流体资源,油页岩、油砂和天然气水合物为固体资源。

致密气储层物性差,孔隙度小于10%,渗透率小于1mD;煤系地层通常是砂泥岩间互,源储紧密接触;无明显圈闭,上覆区域性盖层好,构造活动弱,保存条件好;主要分布于盆地中心及斜坡区,气水界限及分布复杂。天然气聚集表现为气层与煤系烃源岩大面积接触,以短距离二次运移为主。

致密油覆压基质渗透率小于0.1mD,孔隙度小于10%,重度一般大于40°API。形成致密油的三个条件为:大面积分布的成熟优质烃源岩、大面积分布的致密储层和烃源岩与储层紧密接触。

页岩气赋存状态以游离气、吸附气为主。储集空间为微米—纳米级基质孔隙、有机质孔隙和微裂缝。分布呈大面积、连续、无明显边界,"甜点区"是勘探开发有利区。单井一般无自然产能或自然产能低于工业下限标准。有效开采需要水平井、大型多级压裂等措施,形成"人造缝网"。

煤层气以吸附气为主,吸附在煤层颗粒基质表面,有的在煤层割理、裂缝中含少量游离气和水溶气。一般煤阶越低,煤层游离气越多;煤阶越高,煤层吸附气越多。由于生成、赋存、富集条件和开发方式不同,煤层气与常规天然气既相似,又有其自身的特点。煤层气赋存具有明显的分带性,依据煤层气$\delta^{13}C_1$值、非烃含量、甲烷含量和开采特点,由盆地边缘向腹地一般可划分为氧化散失带、生物降解带、饱和吸附带和低解析带。其中饱和吸附带盖层条件好,处于承压水封闭环境,含气量大,吸附饱和度高,煤层埋深适中,物性较好,气井单井产量高,是煤层气勘探的主要目标区。

油页岩是指高灰分的固体可燃有机岩石,含油率大于3.5%,可以是腐泥、腐殖或混合成因的,其发热量一般大于4.19MJ/kg。它和煤的主要区别是灰分超过40%,与碳质页岩的主要区别是含油率大于 3.5%。油页岩属于未成熟烃源岩,需经过加热干馏后分解生成油页岩油。油页岩可作为燃料油进一步加工制取汽油、柴油,也可作为锅炉燃料。

油砂又称沥青砂,是一种含有天然沥青的砂岩或其他岩石,通常是由砂、沥青、矿物质、黏土和水组成的混合物。在油层温度条件下,将黏度大于 10000mPa·s,并且埋藏深度不大于 200m(油砂储量规范)的称之为油砂油。含油率最低 3%(边界品位),工业品位平均 5.0%。最小可采厚度 0.5m,夹矸剔除厚度 0.2m。0~100m 深度范围内可采系数为 60%~80%(属于露天开采),100~200m 深度范围内可采系数为 30%~50%(属于热采)。油砂资源主要分布于准噶尔盆地、松辽盆地、二连盆地、塔里木盆地、柴达木盆地、四川盆地和鄂尔多斯盆地。

天然气水合物因其外观像冰一样而且遇火即可燃烧,所以又被称作可燃冰、固体瓦斯和气冰,学名叫天然气水合物。可燃冰可以被看成是高度压缩的固态天然气,分布于深海沉积物或陆域的永久冻土中,由天然气与水在高压、低温条件下形成的类冰状结晶物质。天然气水合物使用方便,燃烧值高,清洁无污染。其资源量特别巨大,是一种名副其实的绿色能源,是全球公认的尚未开发的最大新型能源。

表 1-1 非常规油气资源分类表

资源分类	资源类型	模式图	实例
连续型	致密气		鄂尔多斯盆地石炭系—二叠系,四川盆地三叠系须家河组
	致密油		鄂尔多斯盆地延长组长 7 段,松辽盆地扶余—高台子油层
	页岩气		四川盆地志留系龙马溪组
	煤层气		沁水盆地—鄂尔多斯盆地石炭系—二叠系
	油页岩		松辽盆地白垩系嫩江组,鄂尔多斯盆地延长组长 7 段
准连续型	油砂		准噶尔盆地西北缘侏罗系—白垩系
	天然气水合物		南海北部斜坡,青藏冻土区

第二节 非常规油气资源评价特点

一、研究基础

七类非常规油气资源中,致密油、致密气、页岩气和天然气水合物是首次进行系统评价,资料基础比较差。在 2003 年第三次全国油气资源评价中曾进行过煤层气、油砂和油页岩资源评价,资料相对比较丰富。2005年以来,随着页岩气、致密油在北美的成功开发,带动了我国非常规资源勘探开发的热潮。经过近几年的发展,我国在四川盆地海相页岩气获得重大突破,探明地质储量超过 $5000 \times 10^8 \mathrm{m}^3$,已建产能 $60 \times 10^8 \mathrm{m}^3$。致密油在鄂尔多斯盆地、松辽盆地、渤海湾盆地、准噶尔盆地、柴达木盆地和三塘湖盆地获工业油流,新建百万吨产能。煤层气商品气量达 $40 \times 10^8 \mathrm{m}^3$。天然气水合物在南海和冻土带获水合物样品,上述勘探成果和获取的地质资料为非常规油气资源评价提供了良好的资料基础。

二、采用的主要方法和技术

非常规资源评价采用的是地质评价与资源评价相结合,实验分析与参数研究相结合,野外地质观察与综合地质分析相结合等多种评价方法。资源评价方法主要采用资源丰度类比法、小面元容积法、EUR类比法和体积法/容积法(表1-2)。

研究采用的主要技术包括:(1)非常规油气资源地质评价方法,流程及规范;(2)页岩气和煤层气含气量测试与评价技术;(3)非常规油气目的层空间分布预测技术;(4)非常规油气资源评价指标赋值优化技术;(5)非常规油气资源富集区优选与评价技术。

表1-2 非常规油气资源评价采用的评价方法

评价方法	资源类型	勘探程度
资源丰度类比法	致密油气、煤层气、页岩气	中—低勘探程度区
小面元容积法	致密油气、页岩气	中—低勘探程度区
EUR类比法	致密油气、页岩气	高勘探程度区
体积法/容积法	致密油气、煤层气、页岩气、油砂、油页岩、天然气水合物	低勘探程度区

三、影响资源评价的关键问题

非常规资源评价的类型多,资源类型也多种多样,既有流体资源,如致密油、致密气、页岩气、煤层气,也有固体资源,如油砂、油页岩和天然气水合物。非常规资源最显著的特征是储层物性差、非均质性强,尤其是致密油、致密气、页岩气等储层,储层多为微米—纳米级孔隙,增加了有效性储层判识的难度,也增加了资源计算的复杂性。

表1-3是非常规资源的基本特征表,从资源赋存的条件看,非常规资源多富集在盆地的中心或斜坡区,且呈大面积分布的特点,这些地区也是常规油气资源勘探比较薄弱的地区,因此勘探程度相对较低,获取的地质信息量少,评价参数不齐全,这是影响非常规油气资源评价的关键因素。

表1-3 非常规油气资源基本特征

序号	资源要素	煤层气	致密气	页岩气	致密油	油页岩	油砂	天然气水合物
1	资源分布	盆地中心、斜坡等大面积分布,局部富集				大面积		局部
2	储集空间	微孔—纳米级孔隙为主				干酪根	粒间孔	结晶物质
3	源储关系	源储一体	近源	源储一体	近源	无	近源—远源	近源—远源
4	运聚方式	源内	短距离运移	源内	短距离运移	无	二次运移	二次运移
5	流体特性	流体分异差,无统一流体界面与压力系统,饱和度差异大				固态	固态	固态
6	资源品质	资源丰度较低,储量按井控区块计算				低—中等	低—中等	高

基于以上问题,在实施资源评价过程中,把握评价过程、强化细节才能确保评价结果的客观性:

(1)加强地质露头和岩心观察,深化非常规资源地质认识,明确评价对象,确定资源评价技术路线。由于非常规资源勘探程度低、井下资料少,为掌握非常规油气资源地质特点,开展大量的野外地质露头和岩心观察,了解源储组合关系,深化认识,系统采集岩石样品。

(2)加强实验分析测试和刻度区解剖,研究非常规资源形成与富集关键参数,并建立资源评价方法和参数体系。刻度区的解剖是低勘探程度区非常规资源评价类比的关键,为了获取类比关键参数,对勘探程度相对较高的盆地或地区的致密油、致密气、页岩气和煤层气(包括国外的成熟盆地),开展详细的解剖分析,形成类比评价参数和指标,建立评价方法体系。

(3)加强非常规资源成藏要素和控制因素研究,编制基础图件,客观评估非常规油气资源潜力。七类非常规资源成藏差异较大,既有近源成藏,也有源储一体和源外成藏,为明确不同资源的成藏与资源分布特征,开展非常规资源成藏条件和主控因素分析,并编制基础图件,研究资源富集特点,夯实评价基础。

第三节　非常规油气地质研究新进展

由于非常规油气资源逐渐进入储量序列,非常规资源勘探开发越来越引起高度的关注和重视。伴随着我国致密气、海相页岩气、陆相致密油以及煤层气的商业开发,勘探开发投入力度不断加大,对非常规资源的认识也不断加深,经过近几年的研究和探索,在非常规资源的研究方面初步形成了以下几点地质新认识。

(1)非常规资源主体发育在含油气盆地内,成藏最有利。沉积盆地中富有机质油气成因说,揭示了沉积盆地是有机质产生和富集的场所,也是常规油气形成和聚集成藏的有利地区。勘探证实,目前发现的常规油气资源大都分布在沉积盆地内。随着非常规资源认识程度的加深和勘探开发技术的进步,非常规资源已成为现实的勘探领域,统计发现,非常规油气资源经常与常规油气藏伴生,即发现常规油气的含油气盆地通常也富集非常规油气资源,这是由非常规资源形成的物质条件决定的,即优质烃源岩决定了资源的富集与分布。从研究结果来看,尽管在盆地外仍存在页岩气、煤层气、油砂、油页岩、天然气水合物等资源,但受控于保存条件的限制,资源量和分布仍比较有限(图1-1,图1-2)。

(2)优质烃源岩控制致密油气等非常规资源的形成与分布,源储叠置发育有利于非常规资源的赋存。典型致密油气成藏,大多发育于有效烃源岩内或紧贴烃源岩层上下,与主力生烃凹陷内或斜坡区处于"生油气窗"演化阶段的优质烃源岩密切相关。第一,优质烃源岩是油气成藏的物质基础,只有机质丰度高的烃源岩,生烃强度大,能提供充足的油气,才能在烃源岩内或临近的致密储层中聚集成藏。第二,烃源岩一定要进入"生油气窗"演化阶段,生烃演化持续时间长。通常Ⅰ型—Ⅱ型烃源岩R_o在0.6%~1.3%时,发现的多为致密油;R_o大于1.2%时,在烃源岩或页岩系统内,发现的多为页岩气资源;煤系烃源岩(即Ⅲ型干酪根有机质),R_o大于0.7%时,发现的多为致密气资源。第三,源储配置关系上,源储叠置型(即"三明治"结构)有利于非常规资源的聚集成藏,因为源储薄互层可以使烃源岩排烃效率更高,利于油气在致密储层中充注。

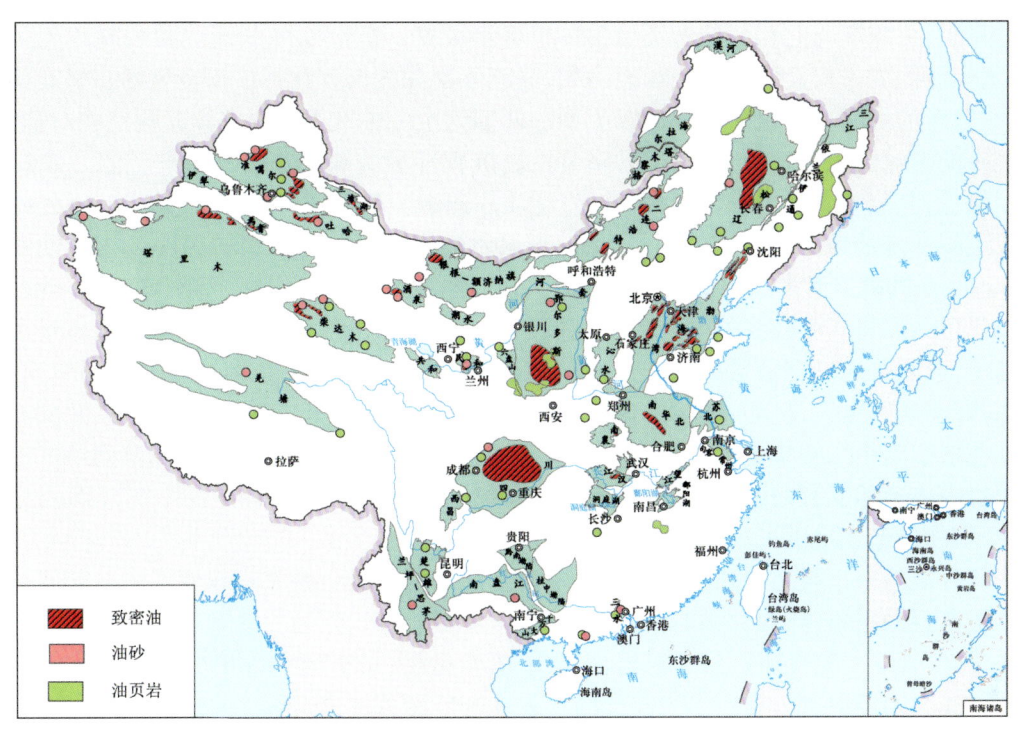

图1-1 中国非常规油资源分布

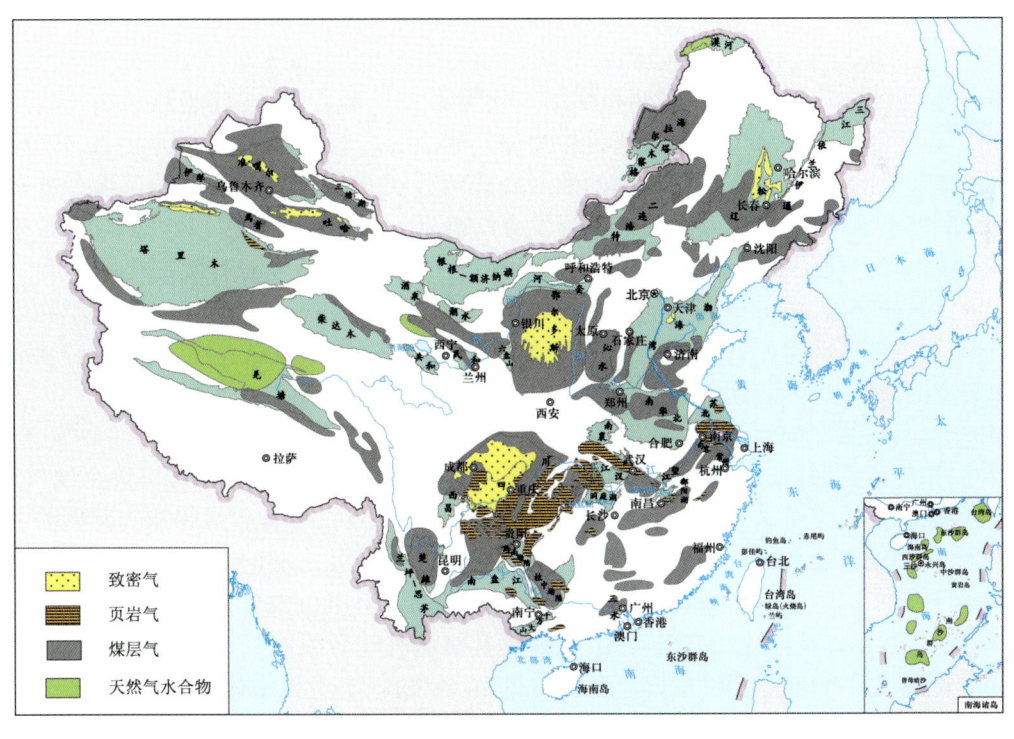

图1-2 中国非常规气资源分布

我国陆相沉积盆地中发育优质湖相烃源岩,表现为烃源岩质量好、规模大、热演化适度和生烃总量大,可保证与之相邻的各类储集体中聚集成藏。东部断陷盆地主要表现为幕式拉张活动,优质烃源岩主要发育在强烈的裂陷期,深湖—半深湖沉积物形成于良好的富氢有机质堆积环境,发育的烃源岩有机质类型多以Ⅰ型—Ⅱ型为主。中部大型坳陷湖盆构造相对稳定,以发育统一的湖盆沉积为特征,湖平面升降是控制沉积环境与相带组合的主导因素。湖盆扩张期的湖侵范围很广,湖泊中心部位常常发育优质烃源岩。例如,鄂尔多斯盆地上三叠统延长组长7段沉积期是最大湖侵期,深湖—半深湖相泥质烃源岩面积达$8.5 \times 10^4 km^2$,占同期湖盆面积的60%,有机质类型多以Ⅰ型—Ⅱ型为主,有机碳含量平均为13%。长7段致密砂岩储层与优质黑色油页岩、碳质泥质、深灰色泥岩呈互层交互。中西部地区发育的前陆盆地处在盆山结合部位,前陆盆地发育鼎盛期的凹陷内有最深的汇水,古盐度最高,发育优质烃源岩,有机质丰度高,烃源岩厚度大,例如,准噶尔盆地西北缘玛湖前陆凹陷下二叠统风城组、东北缘克拉美丽山前前陆凹陷中二叠统平地泉组和东南缘博格达山前前陆凹陷中二叠统芦草沟组。上述优质烃源岩内或紧邻发育的致密储层(包括致密碎屑岩和碳酸盐岩),在空间上与烃源岩叠置共生,为致密油气形成提供了非常好的地质条件。

我国石炭系—二叠系海陆交互相以及中西部地区发育的三叠系—侏罗系煤系地层是致密气形成最有利的层系,如鄂尔多斯盆地石炭系—二叠系、四川盆地三叠系须家河组和吐哈盆地侏罗系,均发育了一套优质煤系烃源岩,形成了以苏里格、须家河大气田为代表的致密气区富集区。上述煤系烃源岩分布广、生烃强度高,表现为广覆式生烃特征,具有持续充注的气源条件。此外,目前发现的致密气普遍具有源储大范围紧密接触的配置特征。鄂尔多斯盆地石炭系—二叠系石盒子组和山西组、四川盆地三叠系须家河组表现为湖盆宽阔、水体不深、水系弥散的沉积特征,造就了平面上非均质性致密储层与烃源岩紧密接触大范围连续成藏。

(3)突破传统地质学的认识,烃源岩既是生油岩也是储层,如页岩气、页岩油、煤层气、油页岩等非常规资源。页岩气、页岩油和煤层气均储集在烃源岩内,尤其是页岩油气的商业开发,突破了以往对页岩的认识。页岩通常作为油气的烃源岩对待,即油气藏是油气自烃源岩排出后再聚集形成的,对滞留在烃源岩内的油气或残留有机质是否具有价值并未给予重视。但是随着研究的不断深入,认识到页岩内广泛发育的微米—纳米级孔隙也富含油气,而且采用水平井钻井技术和分段压裂技术可以实现有效开发动用,页岩可以成为有效储层才引起了高度重视。该认识的突破,极大拓展了油气勘探领域。值得注意的是,原油和天然气由于物理性质的差异大,页岩气流动性好,已实现工业化开发,页岩油尚未实现规模生产,油页岩必须经过加热干馏形成油页岩油才能开发利用。

(4)突破传统储层物性下限,微米—纳米级孔隙也可以富集油气,形成油气聚集,增加了储集空间,拓展了资源潜力和勘探领域。统计发现,非常规油气资源,尤其是致密油气、页岩气、煤层气发育大规模微米—纳米级孔喉,这些微米—纳米级孔喉是非常规油气富集的主要储集空间,也是构成连续型油气聚集和分布的理论基础。纳米级孔喉的广泛存在和其内富集的油气资源,打破了以往人们对储层下限的认识。如富有机质黑色页岩微米—纳米级孔十分发育,既有粒间孔,也有粒内孔和有机质孔,尤其是有机质孔比较发育,孔径一般介于$5 \sim 200nm$之间。又如,致密砂岩储层广泛发育小于$1\mu m$的纳米级孔隙,直径主体介于$25 \sim 700nm$之间,包括粒间孔、粒内孔和晶间孔,以鄂尔多斯盆地延长组长7段致密砂岩为代表,孔隙度为12.1%,渗透率为0.12mD,孔隙半径主要分布在$2 \sim 12\mu m$之间,喉道半径为$20 \sim 100nm$。致密碳酸盐岩以川中侏罗系大安寨段为代表,包括方解石粒内孔、粒间孔、溶蚀孔及粒间缝,孔喉直径主体为 50~800nm。

纳米级孔的发现,拓展了找油找气的新领域,开启了微观储层特征与烃类演化时空匹配关系研究,细粒沉积研究,微观储层成因与演化研究,微观储层油气赋存状态、渗流机制和开发机理研究,以及油气资源评价方法研究等等。因此,微米—纳米级孔隙下限的认识,增加了油气宿主空间,拓展了资源潜力和勘探领域。

(5)非常规油气大面积连续聚集,油气成藏主要靠压差驱动和扩散聚集,油水分异差,无统一的流体界面和压力系统,不受构造控制。大范围连续分布是致密油气的重要特征之一。这种分布特征主要受广覆式有效烃源岩、大面积致密储层与层状排烃聚集等地质要素控制。我国致密油气在凹陷、斜坡与山前掩覆区均有分布,致密油主要分布在凹陷—斜坡区,致密气主要分布在斜坡区和山前构造带。如鄂尔多斯盆地石炭系—二叠系致密气主要分布在盆地斜坡区,含气面积$(3.5~8)\times10^4 km^2$;延长组致密油主要分布在凹陷—斜坡区,有利分布面积$2.5\times10^4 km^2$;吐哈盆地侏罗系致密气在北部山前带、斜坡—凹陷区均有分布,有利面积$0.95\times10^4 km^2$。

致密油气一般没有统一的油气水界面,油气水关系复杂,成藏不完全受圈闭控制。通常,致密油气边界受岩性和物性控制,圈闭边界不明显,可存在多个油气水界面和压力系统,整体呈连续层状分布,突破了常规油气带状分布和油气藏的理念。例如,美国落基山地区致密气通常在盆地中部为气水倒置,而盆地斜坡区无明显气水界面,自盆地向斜坡区气、水含量百分比呈逐渐过渡趋势,气含量减少、水含量增加。我国鄂尔多斯盆地石炭系—二叠系总体表现为西倾单斜构造,地层平缓,挤压应力较弱,致密气圈闭界限模糊,气水关系复杂。

(6)非常规资源非均质性强,发育资源富集的甜点区,甜点区是高产的主要地区。致密油气的定义与地质要素特征,揭示了两层含义。一是致密油气虽然大面积连续分布,但是资源丰度低;二是单井一般无自然产能或自然产能低,但是局部存在富集甜点区。我国主要盆地致密气资源丰度普遍较低、变化大,一般为$(1~4)\times10^8 m^3/km^2$,通常情况下构造型、凹陷型和斜坡型致密气资源丰度依次降低。如渤海湾盆地凹陷型致密气资源丰度为$(7.6~9.7)\times10^8 m^3/km^2$,四川盆地与鄂尔多斯盆地斜坡型致密气资源丰度为$(0.5~3.9)\times10^8 m^3/km^2$。

由于致密油气资源丰度低、储层物性差,单井产量普遍较低。通常致密油井初期日产量小于10t,致密气井初期日产量小于$5\times10^4 m^3$,而且产量递减快,需钻大量井弥补产量递减。例如,鄂尔多斯盆地苏里格大气区,单井平均产量$1.0\times10^4 m^3/d$,目前共有3500口生产井,年产量$137\times10^8 m^3$。四川盆地侏罗系致密油资源丰度在$(7~11)\times10^4 t/km^2$范围内,共有960口生产井,其中733口井产量大于1.0t/d,227口井产量介于0.1~1.0t/d之间。

需要指出的是,致密油气资源丰度与单井日产量受储层非均质性影响很大,甜点区产量普遍较高。勘探实践表明,甜点区有效烃源岩厚度大,储层物性相对较好、厚度大,储层可压性强、裂缝发育,产量普遍较大。

(7)非常规资源单井产量低,产量递减快,需要井间接替保持产能。致密油气、页岩气一般自然产能低、递减快,局部发育"甜点"。国外含油气饱和度较高,我国则多含水。由于渗透率低、孔隙度低,必须通过酸化压裂投产,才能获得经济价值产量。通过压裂改造后,初期产量高,但产量递减快,生产周期长,稳产需要靠井间接替。

例如,鄂尔多斯盆地苏里格地区石炭系—二叠系致密砂岩气,采用直井分层压裂、水平井多段体积压裂改造,实现了致密砂岩储层改造的重大突破,可实现直井多薄层、水平井10段及以上改造。2010年压裂改造78口井,初期产量高,平均无阻流量$62.4\times10^4 m^3/d$,后期产量递减快,目前单井平均日产量$1\times10^4 m^3$,可稳产3年,压降速度较低,经济效益较好。

（8）需要采用特殊的开采工艺和开发技术开发非常规资源。如致密油气和页岩油气的水平井分段压裂技术，煤层气排水降压技术，油砂水洗技术，油页岩干馏技术，水合物增温降压技术等。

一、致密油气

（1）我国发育煤系和湖相两类致密油气优质烃源岩。我国煤系烃源岩具有有机碳含量高、成熟度高和生气量大的特征，干酪根以Ⅲ型为主，分布面积广，热演化程度高，生气数量大，生气高峰期出现的地质时代较新、持续较长；致密油优质烃源岩发育在湖盆扩张期的凹陷—斜坡地区，以深湖—半深湖环境为主，岩性主要为暗色泥岩与泥页岩，具有烃源岩质量好、规模大、热演化适度与生烃总量大等特征，为各类储集体聚油成藏奠定了资源基础。

（2）我国致密油气储层总体表现为物性差，分布面积大。储层孔隙度一般小于10%，大部分在7%~8%之间，地下渗透率一般小于0.1mD。大面积致密砂岩储层主要发育在相对稳定与宽缓的凹陷与斜坡区，纵向上多期砂体交错叠置，累计厚度大。

（3）资源丰度低，局部有"甜点"。评价认为我国致密油气资源丰度普遍较低、变化大，而甜点区有效烃源岩厚度大，储层物性相对较好、厚度大，产量高。

（4）致密油气非浮力聚集，水动力效应不明显，不受圈闭控制。在致密油气储层中，微米—纳米级孔喉是主要储集空间，只有与储层接触的烃源岩生烃增压产生的异常高压才能使油气充注入致密储层。在这种非浮力聚集的情况下，致密油气区不存在明显的油（气）水边界。

（5）致密油气普遍存在压力异常，地层压力系数一般大于1.2。

（6）规模开采需要水平井钻井和分段压裂等核心技术。由于致密油气储层渗透率低、孔隙度低，必须通过压裂投产，才能获得经济效益。通过压裂改造后，致密油气井初期产量高，但产量递减快，生产周期长，稳产靠井间接替。

二、煤层气

（1）较高的含气量决定全国煤层气资源潜力大（图1-3）。全国煤层含气量为$1\sim27.1m^3/t$，平均约为$10.76m^3/t$。主要盆地煤层气资源量为$29.82\times10^{12}m^3$，可采资源量$12.51\times10^{12}m^3$。

（2）资源分布受盆地类型控制，气藏复杂多样。不同类型盆地的煤层气资源特点差异较大：①克拉通盆地煤层气表现为煤层构造相对稳定，煤岩结构较完整，含煤面积大，煤层较连续，易对比，气藏赋存状态简单，含气性好。但煤层时代老，成岩时间长，储层物性差，渗透率一般小于0.1mD，裂缝多闭合或被矿物质充填，经历构造运动多，以鄂尔多斯、沁水盆地为代表。②前陆盆地煤层气表现为滨浅湖—沼泽的聚煤环境，含煤面积大，厚度较大，煤层产状较陡，埋深范围变化大，煤层分布连续性较差，层数多，煤体结构相对复杂，开放断层易导致散失，以准噶尔盆地南部为典型代表。③断陷湖盆煤层气表现为缓坡带煤层巨厚，规模较小，构造较复杂，煤层分布不稳定，层数多，煤层相变快，不易对比，有利盖层分布相对有限，含气量差异大，以二连盆地群为典型代表。④残留盆地煤层气表现为含气性好，储层压力较高，煤体结构较完整，但规模较小，断层多样，煤层分布不稳定，构造煤比例偏高，煤层倾角超过40°，单层厚度较小，不易对比，以南方滇黔桂盆地为典型代表。

（3）我国煤层气藏具有多期生气、多源叠加、多期改造的"三多"特征，同时具有渗透率低、储层压力系数低、吸附饱和度低的"三低"特征，可采资源比例偏低。

①我国煤层气成因复杂，煤层气甲烷$\delta^{13}C_1$为$-80‰\sim-6.6‰$，显示出多源、多期生气的特征（图1-4）。晚石炭世—早二叠世、晚二叠世、早—中侏罗世和晚侏罗世—早白垩世是我

国最主要的四个成煤期,由于成煤时代早,煤层气散失时间长,吸附饱和度普遍较低,煤层气吸附饱和度为20%~91%,平均约为45%。

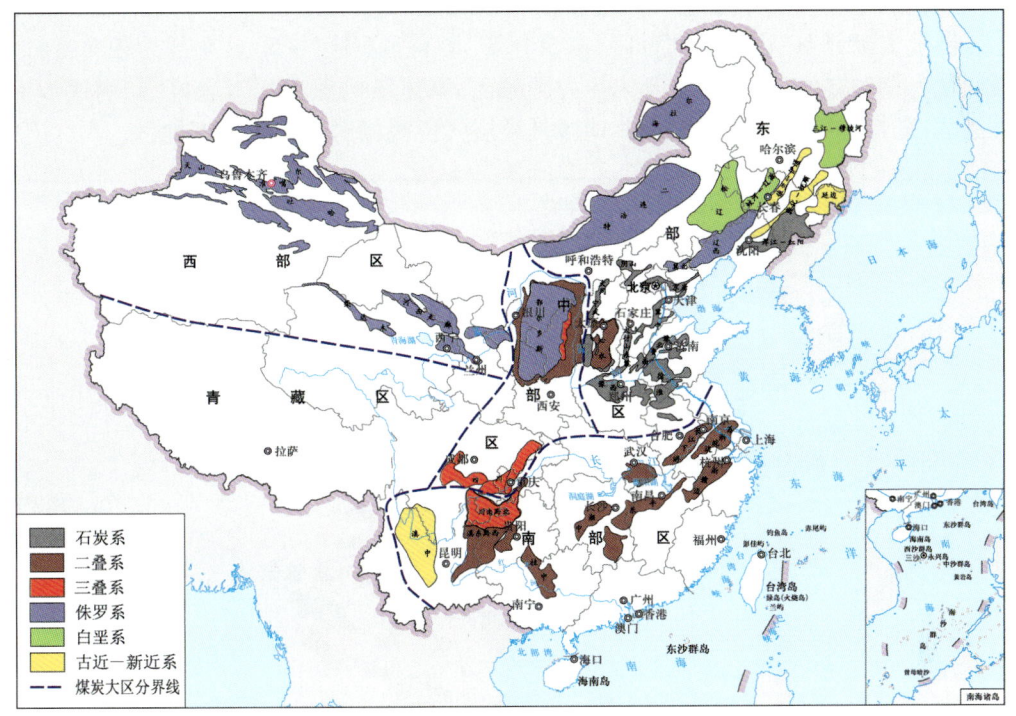

图1-3 中国煤储层含气量分布图

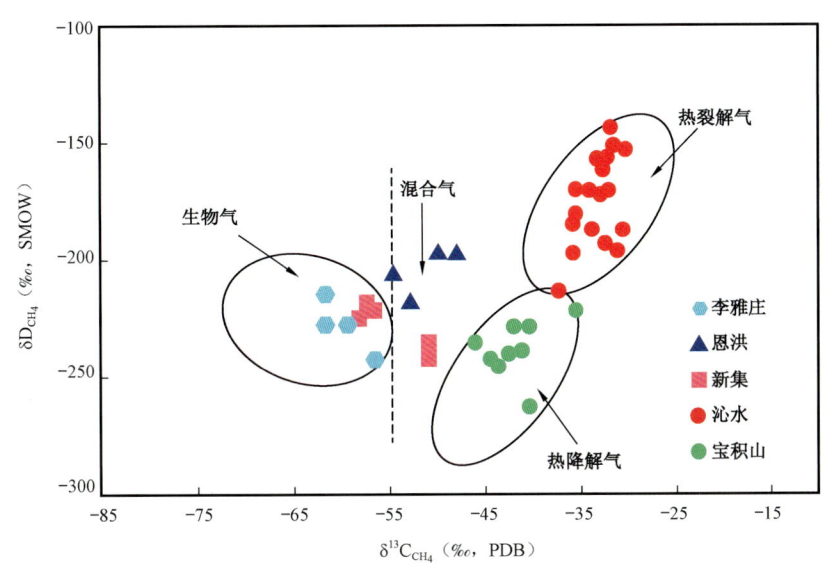

图1-4 甲烷^{13}C同位素含量分布图

②含煤盆地经历多期改造,导致构造煤发育,结构破碎。晚古生代近海平原形成石炭系、二叠系煤层,中生代内陆湖盆形成侏罗系煤层,新生代中部断陷期煤层气赋存定型。我国构造煤占总资源量五分之一,构造煤力学强度低,钻井难度大,储层改造难度大。

③煤岩压实作用强烈,储层物性差,致密低渗。孔隙度一般不足5%,且连通性较差,割理多被矿物充填。煤层气试井渗透率普遍较低,介于0.002~16.17mD之间,平均为0.97mD,以0.1~1mD为主,小于0.1mD的占35%,0.1~1mD的占37%。

④煤层气资源分布呈现"南北分区,东西分带"的特征(图1-5)。东部为相对富气带,逐步向西变化为相对贫气带;北部主要为压力类型区,煤体结构保存相对较好,向南逐步变化为应力类型区;区带影响相对较弱的华北地区是煤层气资源相对富集和高产地区。

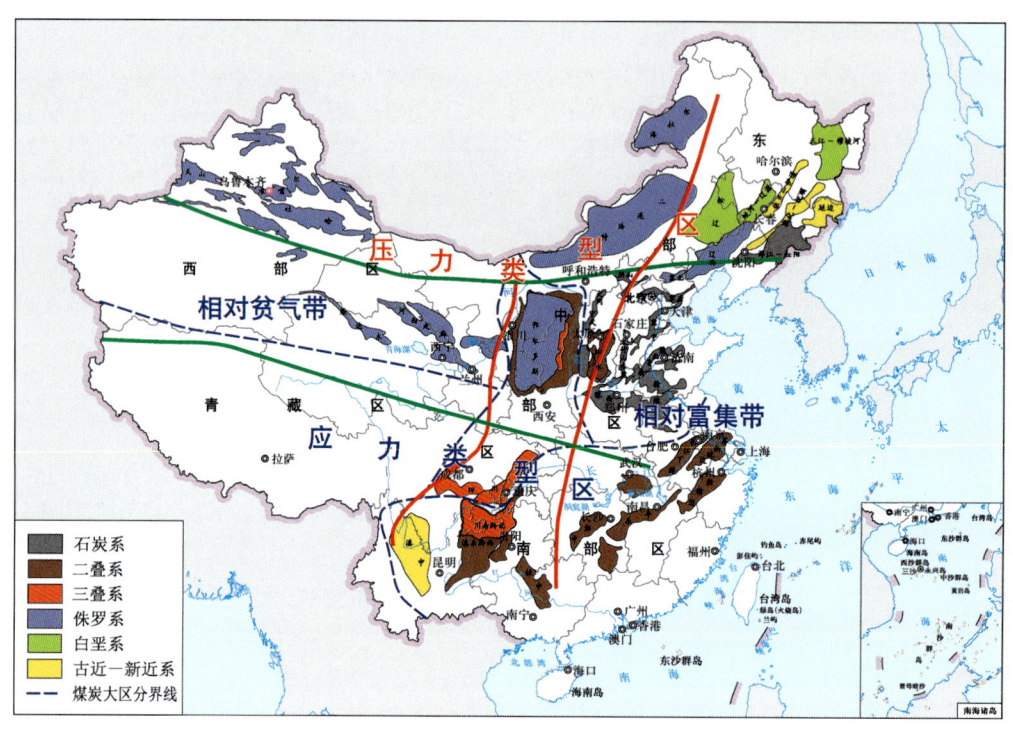

图1-5 中国煤层气资源分布特征

三、页岩气

(1)我国页岩气资源类型较多,页岩气资源丰富,发育三种类型富有机质页岩,都具有页岩气形成与富集的基本地质条件,海相富有机质页岩条件最好,页岩气资源最为现实。我国地质背景复杂,富有机质页岩类型复杂,包括海相、海陆过渡相(交互相)和陆相三种类型(表1-4,图1-6),海相页岩主要形成于早古生代,海陆过渡相(交互相)页岩主要形成于晚古生代,陆相页岩主要形成于中生代—新生代。三类富有机质页岩都具有页岩气形成与富集的基本地质条件,但勘探开发前景差异较大,目前以海相页岩气最为现实。海相页岩主要分布在四川盆地及周边、中—下扬子地区、塔里木盆地等广大南方地区和中—西部地区,以上奥陶统—下志留统的五峰组—龙马溪组为重点层段;海陆过渡相(交互相)页岩主要分布在四川盆地及周边、中—下扬子地区、鄂尔多斯盆地、准噶尔盆地、塔里木盆地等南方地区及中—西部地区,以石炭系—二叠系为重点层系;陆相页岩广泛分布在我国主要沉积盆地,包括松辽盆地、渤海湾盆地、鄂尔多斯盆地、四川盆地、准噶尔盆地、塔里木盆地等,以三叠系—侏罗系、白垩系(青山口组)、古近系(沙河街组)为重点层系。

表 1-4 中国陆上主要沉积盆地(区)富有机质页岩统计表

界	系	统	松辽盆地	渤海湾盆地（华北地区）	鄂尔多斯盆地	四川盆地	南方其他地区	柴达木盆地	准噶尔—吐哈盆地
新生界	古近系	渐新统		东营组					
新生界	古近系	始新统		沙三段					
新生界	古近系	始新统		沙四段					
新生界	古近系	古新统		孔店组					
中生界	白垩系	上统	嫩江组						
中生界	白垩系	上统	青山口组						
中生界	白垩系	下统	泉头组						
中生界	白垩系	下统	营城组						
中生界	白垩系	下统	沙河子组						
中生界	白垩系	下统	火石岭组						
中生界	侏罗系	中统				沙溪庙组		大煤沟组	西山窑组
中生界	侏罗系	中统							三工河组
中生界	侏罗系	下统				自流井组		湖西山组	八道湾组
中生界	三叠系	上统			延长组长7段	须家河组			百碱滩组
中生界	三叠系	上统			延长组长9段				
上古生界	二叠系	上统				龙潭组	龙潭组		
上古生界	二叠系	中统		山西组	山西组				下乌尔禾组（平地泉组—芦草沟组）
上古生界	二叠系	下统		太原组	太原组				风城组
上古生界	二叠系	下统							佳木河组
上古生界	石炭系	上统		本溪组	本溪组			克鲁克组	滴水泉组—巴山组
上古生界	石炭系	下统					旧司组		
上古生界	石炭系	下统					大塘组		
上古生界	泥盆系	中统					罗富组		
上古生界	泥盆系	中统					应堂组		
下古生界	志留系	下统				龙马溪组	龙马溪组		
下古生界	奥陶系	上统				五峰组	五峰组		
下古生界	奥陶系	中统			平凉组				
下古生界	奥陶系	下统							
下古生界	寒武系	下统				筇竹寺组			
元古宇	震旦系	新元古界				陡山沱组			
元古宇	青白口系	中元古界		下马岭组					
元古宇	蓟县系	中元古界		洪水庄组					
元古宇	长城系	古元古界		串岭沟组					

海相页岩　海陆过渡相（交互相）页岩　陆相页岩

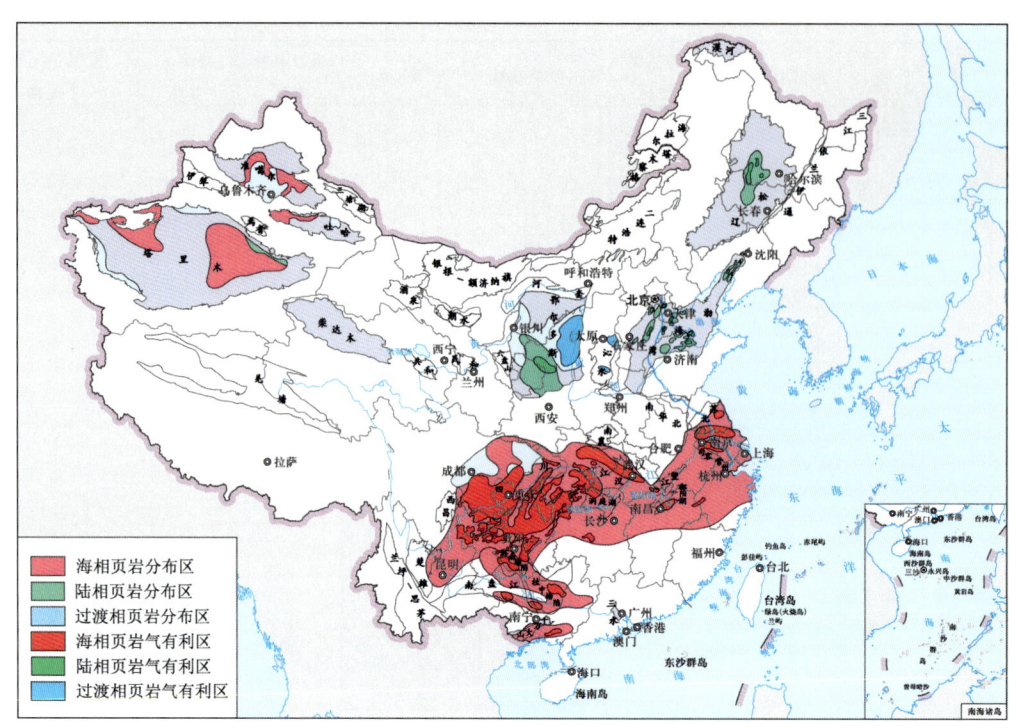

图1-6 中国不同类型页岩及页岩气资源有利区分布预测图

（2）不同类型页岩气的成藏条件存在明显差异，构造稳定、保存条件优越仍是页岩气成藏的必要条件。北美产气页岩以上古生界泥盆系、石炭系和二叠系为主，形成于克拉通边缘坳陷及前陆坳陷。中国海相页岩主要发育在早古生代，形成于克拉通内坳陷或边缘斜坡半深水—深水陆棚区。除四川盆地、塔里木盆地外，海相页岩处于现今盆地之外，遭受多次构造运动改造或大面积裸露，构造相对稳定、保存好是页岩气成藏的必要条件。半深水—深水陆棚是海相富有机质页岩形成的主要环境，硅质页岩、钙质页岩为优质储层的主要岩石类型，连续厚度大、有机质纳米孔隙发育、地层超压、处于有效生气窗等为页岩气成藏的重要条件。海相页岩气富集主控因素包括：①有效厚度——保证气源供给及地层超压的形成；②有机质丰度和热演化程度——页岩气富集的物质基础，提供有机质孔隙；③脆性矿物——天然裂缝和人工诱导缝形成的基础；④超压——富集高产的重要条件；⑤深水陆棚相——富有机质页岩发育的有利相带。

海陆过渡相（交互相）页岩气成藏特征总体表现为大面积广覆式分布，台洼潟湖和深沼芦苇相控制优质富有机质页岩的厚度和分布规模；黏土质页岩和粉砂质页岩为有利岩相组合，脆性程度高；孔隙类型以基质孔隙（黏土矿物晶间孔、粒间孔、溶蚀孔等）为主，存在有机质孔隙，局部发育裂缝；成气条件较好，有机质类型以 II_2 型—III型为主，处在成气高峰阶段，为70%的常规天然气资源提供了气源；构造稳定，埋深适中，受盆地类型和生烃作用控制，前陆盆地坳陷区普遍超压。

陆相页岩气形成富集具有"四优四劣"的显著特征。四大优势表现为深水—半深水湖盆中心和斜坡带页岩发育，分布广；页岩总厚度大，集中段较发育，一般为20~200m；有机质丰度高，为2%~8%，母质类型好，以Ⅰ型—Ⅱ型为主；构造简单，保存条件好，地层超压。四个不足表现为热演化程度低，R_o为0.6%~1.1%，以生油为主；黏土矿物含量高，成岩程度低，页岩脆性相对较差;有机质孔不发育,物性总体偏低;生气范围小,占10%~30%,埋深较大。

(3)我国页岩气资源丰富,均需进一步落实。国内外不同的机构和学者,普遍认为我国页岩气资源丰富,表1-5为2010年以来大量机构和学者的预测结果,如2011年和2013年,美国能源信息署(EIA)先后两次计算我国页岩气资源,地质资源量分别为$144.5 \times 10^{12} m^3$和$134.4 \times 10^{12} m^3$,可采资源量分别为$36.1 \times 10^{12} m^3$和$31.58 \times 10^{12} m^3$,资源量分别位列全球第一位和第二位。2012年,中国工程院和国土资源部分别计算了我国页岩气资源量,中国工程院计算的页岩气可采资源量为$11.5 \times 10^{12} m^3$;国土资源部计算的地质资源量为$134.42 \times 10^{12} m^3$,可采资源量为$25.08 \times 10^{12} m^3$。2015年中国石油勘探开发研究院估算我国页岩气地质资源量为$80.21 \times 10^{12} m^3$,可采资源量为$12.85 \times 10^{12} m^3$。在上述预测中,地质资源量预测值区间为$80.21 \times 10^{12} \sim 144.5 \times 10^{12} m^3$,可采资源量预测值区间为$11.5 \times 10^{12} \sim 36.1 \times 10^{12} m^3$。

上述预测结果表明,我国页岩气资源总体较为丰富,现阶段勘探开发、地质认识程度较低,预测结果相互间差异较大,资源潜力不会在短期内快速被完全确定,需随着勘探开发不断深入而不断得到落实。从现阶段勘探开发成效,可以明确以下三点共识:

①海相页岩气资源相对较为落实。以南方地区下古生界五峰组—龙马溪组为主的海相页岩气,分布面积为$10 \times 10^4 \sim 20 \times 10^4 km^2$(叠合面积$14.80 \times 10^4 km^2$),具有厚度大、横向稳定、有机碳含量(TOC)高、含气量高、脆性好等特点。根据四川盆地五峰组—龙马溪组页岩气勘探开发成果,初步建立了我国海相页岩气成藏地质理论与富集模式。评价认为五峰组—龙马溪组优质页岩储层总体存在,页岩气资源具经济、规模开采前景,但页岩气赋存条件存在区域性差异。基本明确四川盆地及周边、中扬子地区为海相页岩气资源两大富集有利区,有利叠合含气面积约$12.0 \times 10^4 km^2$,估算页岩气可采资源量为$8.80 \times 10^{12} m^3$。与此相反的是筇竹寺组等其他海相页岩层系的资源前景尚未完全得到勘探开发证实,页岩气成藏条件及富集规律并不明确,页岩气资源前景需再落实。

表1-5 中国页岩气资源量预测统计表　　　　　　　　　　　　　　　　　单位:$10^{12} m^3$

机构	评价时间	资源类型	海相	海陆过渡相	陆相	合计
美国能源信息署	2011	地质资源量	144.5			144.5
		可采资源量	36.1			36.1
国土资源部	2012	地质资源量	59.08	40.08	35.26	134.42
		可采资源量	8.19	8.97	7.92	25.08
中国工程院	2012	可采资源量	8.8	2.2	0.5	11.5
美国能源信息署	2013	地质资源量	93.63	21.61	19.16	134.4
		可采资源量	23.26	6.41	1.91	31.58
中国石油勘探开发研究院	2015	地质资源量	44.13	20.15	15.93	80.21
		可采资源量	8.82	2.42	1.61	12.85
汇总	2011—2015	地质资源量	44.13~144.5	20.15~40.08	15.93~35.26	80.21~144.5
		可采资源量	8.8~36.1	2.2~8.97	0.5~7.92	11.5~36.1

②海陆过渡相(交互相)页岩气资源前景不明朗。以南方地区二叠系、北方地区石炭系—二叠系为主的海陆过渡相(交互相)页岩气,分布面积为$15 \times 10^4 \sim 20 \times 10^4 m^2$(叠合面积$19.13 \times 10^4 m^2$),具有多与煤层伴生、与砂岩互层、厚度相对较小、横向连续性差、含气量变化大、脆性一般等特点。海陆过渡相(交互相)页岩气仅有少量井获气流,尚无生产井正式开采,

页岩气资源量估算结果变化范围较大,最小值为 $2.2×10^{12}$~$8.97×10^{12}m^3$。

③陆相页岩气资源潜力有限。我国陆相富有机质页岩分布广泛,分布面积为 $20×10^4$~$25×10^4m^2$,具有厚度较大、有机碳含量高、以生油为主、生气范围局限、含气量低、脆性差等特点。陆相页岩气在四川盆地三叠系—侏罗系、鄂尔多斯盆地三叠系虽有部分井获气流,但产量高低差异大,递减非常快,经试生产未能形成工业产能。陆相页岩气资源量较小且变化大,最小值为 $0.50×10^{12}$~$7.98×10^{12}m^3$。

(4)四川盆地五峰组—龙马溪组海相页岩气初步实现了工业化勘探开发,其他地区其他层系仍处在探索准备阶段。四川盆地是我国页岩气勘探开发的重点地区,在侏罗系自流井组、三叠系须家河组、奥陶系五峰组—志留系龙马溪组及寒武系筇竹寺组发现了页岩气。筇竹寺组和五峰组—龙马溪组两套海相页岩气层获得工业页岩气流,筇竹寺组埋深大、产量相对较低、技术要求高,目前暂未进行工业化勘探开发。五峰组—龙马溪组埋深浅、产量高,初步落实 4500m 以浅有利勘探面积 $4.0×10^4km^2$,可采资源量 $4.5×10^{12}m^3$,迄今已发现涪陵、长宁—昭通、威远、富顺—永川四个千亿立方米级页岩气大气田(表1-6),截至2015年,落实页岩气地质储量超 $1×10^{12}m^3$,其中探明储量 $5441.29×10^8m^3$,累计页岩气产量已超过 $40×10^8m^3$。

表1-6 四川盆地五峰组—龙马溪组页岩气产区基本情况表

示范区/合作区	涪陵	长宁—昭通	威远	富顺—永川
面积(km^2)	545	3450	4216	3500
地质资源量(10^8m^3)	4044	6318	6680	3600
探明储量(10^8m^3)	3805.98	1361.8	273.5	
完钻井(口)	253	151	69	23
投产井(口)	113	25	25	16
累计产量(10^8m^3)	30.6	6.6	2.43	1.78
总计产量(10^8m^3)	41.41			

除四川盆地外,我国在云南、贵州、重庆、江西、陕西、内蒙古等地区广泛开展了页岩气钻探,钻探页岩气井 150 口,于多处见到了一些好的苗头。延长石油 2011 年以来在鄂尔多斯盆地东南部先后钻探了 59 口页岩气井,有近 30 口井发现页岩气,单井日产气 $0.17×10^4$~$4.0×10^4m^3$,初步落实页岩气地质储量 $677×10^8m^3$,建成页岩气年生产能力 $1.18×10^4m^3$。2011—2012 年,中国石化在四川盆地不同区域不同层系陆相页岩层段钻探页岩气井近 20 口,获日产页岩气 $0.26×10^4$~$51×10^4m^3$。2013 年以来,以中国地质调查局为代表,各地方地质调查局,在海陆过渡相、陆相发现了低产页岩气流,柴达木盆地北缘钻探的柴页 1 井在侏罗系发现页岩气,鄂尔多斯盆地石炭系—二叠系钻探的鄂页 1 井初始页岩气产量为 $1.95×10^4m^3/d$,云页平 1 井初始日产气量为 $2.0×10^4m^3$,南华北盆地二叠系钻探的尉参 1 井发现厚 465m、含气量 $4.5m^3/t$ 的有利页岩层段。此外,在广西柳州罗富组、贵州六盘水大塘组获日产气 $2.0×10^4$~$5.0×10^4m^3$。

总体看来,在四川盆地龙马溪组海相页岩气以外的广大地区和层系,出气井较多,但单井产量偏低,产量不稳定,尚未形成实际生产能力,说明其他地区和层系的页岩气资源虽然丰富,但需要进一步落实。

四、油页岩

(1)油页岩成矿富集受盆地类型、古沉积环境、古地貌条件和有机质富集等多因素影响。

盆地类型及古构造控制了油页岩地层的形成、赋存和分布,决定油页岩矿产形成和分布规律;沉积在利于油页岩形成的温暖、潮湿的湖泊—沼泽环境,控制油页岩矿床的产出部位、厚度及质量;古地貌对油页岩的分布及厚度变化控制作用明显;长期持续的有机质富集控制油页岩的形成和保存,直接影响油页岩矿的类型和质量。

(2)油页岩发育四种成矿模式。分别为以抚顺盆地为代表的断陷浅水湖盆油页岩成矿模式、以达连河盆地为代表的断陷深水湖盆油页岩成矿模式、以黄县盆地为代表的断陷沼泽湖盆油页岩成矿模式和以鄂尔多斯盆地为代表的大型坳陷湖盆油页岩成矿模式。断陷湖盆易形成"小而肥"的油页岩矿,大型坳陷湖盆易形成规模大、含油率中等的油页岩矿。

(3)确定油页岩成矿最佳层系及有利相带。油页岩矿床主要分布于几个大型含油气盆地中的浅埋藏烃源岩段,为矿床有利区;油页岩于陆相湖盆水进体系域与高位体系域富集;油页岩形成的最有利相带为浅湖湖湾环境,可形成单层厚度及总厚度都较大、含油率也较高的油页岩。

五、油砂

(1)明确我国油砂油主要稠化机制及与稠油伴生规律。油砂油生物降解稠化机制为烃类中一部分化合物逐渐消耗,而另一部分化合物则相对富集。油砂油游离氧化稠化机制为游离氧对埋藏较浅或地表油砂油产生较强的氧化作用,以氧化作用为主形成的稠油,其黏度、胶质沥青质和凝固点高,而密度则相对较低。油砂矿平面上围绕常规油资源分布于凹陷或盆地的最外缘,纵向上分布于常规油资源上方,但含重质油及油砂层位稍微偏新或偏上与常规油稠油伴生。

(2)发育斜坡逸散型、古油藏破坏型和次生聚集型三种成矿类型,斜坡逸散型为我国油砂最重要的成矿模式,其中复杂斜坡逸散型为最有利的成矿类型,其次为简单斜坡逸散型。

复杂斜坡逸散型成矿模式以准噶尔盆地西北缘为典型代表。深部凹陷为油砂成矿提供充足的油源,地层不整合面或稳定砂体为油气长距离运移提供了通道,边缘斜坡带成为油气大规模长期运移和聚集的指向。油砂矿床类型以地层型或地层岩性封闭型为主。构造发育、样式多变,形成的油砂矿一般规模较大,是我国油砂勘探的重要目标。

简单斜坡逸散型油砂矿表现为构造不发育,成矿主要受河流砂体控制、断层次之,分布规模较小。以松辽盆地西斜坡为代表,松辽盆地西斜坡图牧吉油砂原油沿河流砂体等输导层侧向运移至斜坡边缘,由于埋深减小、温度和压力降低、生物降解及地层水交替作用形成稠油及油砂矿。

六、天然气水合物

天然气水合物资源评价最为重要的三个参数为水合物饱和度、含水合物层厚度和分布面积。典型水合物赋存区域油气系统要素分析显示,流体运移条件和储集空间类型对于水合物的形成与赋存作用更大,浊流沉积体、块状流沉积体等是水合物有利赋存空间。

第二章 非常规油气资源勘探现状与成藏特征

非常规资源勘探程度的差异,决定了对资源认识和成藏特征认识的不同。目前,除致密气、煤层气勘探程度和认识程度相对较高,已初步实现商业化开发外,致密油、页岩气仍处于勘探的起步阶段。油页岩、油砂资源,尤其是天然气水合物资源,仍处于探索阶段,尚未进入实质性勘探开发时期。

第一节 非常规油气资源勘探现状

一、致密油气

1. 致密油发展现状

近年来,借鉴美国的致密油成功经验和成熟技术,中国石油发现了我国第一个致密油田,初步建成 $100\times10^4 t/a$ 产能规模。形成三个 10 亿吨级致密油储量规模区,包括鄂尔多斯盆地上三叠统长 7 段、松辽盆地上白垩统扶余油层和高台子油层、准噶尔盆地吉木萨尔凹陷中二叠统芦草沟组;建成五个亿吨级致密油储量规模区,包括渤海湾盆地华北冀中坳陷束鹿凹陷古近系沙三段、大港黄骅坳陷沧东凹陷古近系孔二段、辽河西部凹陷雷家地区古近系,以及三塘湖盆地马朗凹陷中二叠统条湖组和柴达木盆地扎哈泉地区新近系上干柴沟组。

2014 年,中国石油在鄂尔多斯、松辽和柴达木等盆地的致密油勘探开发获得显著进展。鄂尔多斯盆地上三叠统长 7 段新获工业油流井 43 口,平均单井日产油 13.72t,发现新安边大油田,新增探明地质储量 $1.01\times10^8 t$,建成西 233、安 83、庄 183 和吴 464 共 4 个致密油试验区,形成产能 $83\times10^4 t$。松辽盆地北部扶余油层勘探前景广阔,水平井提产成效显著,垣平 1 井试采超过 $4\times10^4 t$,新获工业油流井 11 口,长垣、齐家和三肇等区块新增控制 + 预测地质储量 $1.1\times10^8 t$,3 个开发试验区建成产能 $9.94\times10^4 t$,平均单井日产油 10.4t;松辽盆地南部扶余油层新获工业油流井 8 口;大遢字井、鳞字井地区新增三级储量 $7863\times10^4 t$。柴达木盆地西南部的扎哈泉地区储量规模进一步落实,试采效果良好,新近系上干柴沟组新获工业油流井 4 口(累计 12 口井),建产能 $5\times10^4 t$,平均单井日产油 13.9t,累计产油 $2.04\times10^4 t$,产能稳定。三塘湖盆地中二叠统条湖组致密油勘探取得新进展,芦 101 等 4 口井新获工业油流(累计 7 口井),马 56 井区新增控制地质储量 $2506\times10^4 t$;新建产能 $9\times10^4 t$,投产 23 口井,预计全年产油 $4.7\times10^4 t$。渤海湾盆地辽河坳陷西部凹陷雷家地区古近系沙四段新获工业油流井 1 口(累计 6 口),新增控制地质储量 $4199\times10^4 t$。渤海湾盆地大港黄骅坳陷沧东凹陷古近系孔二段新获工业油流井 17 口(累计 23 口),平均单井日产油 15.8t,新增预测地质储量 $2368\times10^4 t$。渤海湾盆地冀中坳陷束鹿凹陷古近系沙三段探索泥灰岩段提产技术,束探 3 井直井分层体积压裂获高产,泥灰岩段日产油 $67.32 m^3$、日产气 $5141 m^3$。

2. 致密气发展现状

随着地质理论和勘探开发技术的逐步深化,中国石油先后发现两个万亿立方米致密气田,初步建成$400\times10^8\,\mathrm{m}^3$产能规模。形成两个现实区,包括鄂尔多斯盆地上古生界、四川盆地上三叠统须家河组;建立五个潜力区,包括松辽盆地深层下白垩统、吐哈盆地侏罗系、准噶尔盆地下二叠统佳木河组、塔里木盆地库车东部下侏罗统阿合组和渤海湾盆地深层古近系沙河街组。

近年来,中国石油主要在鄂尔多斯盆地和四川盆地获得了重大突破。鄂尔多斯盆地已建成我国最大的致密气生产基地,发现苏里格、乌审旗、神木、米脂和子洲五个致密气田,上报三级储量$5.9\times10^{12}\,\mathrm{m}^3$,其中苏里格地区形成超$4\times10^{12}\,\mathrm{m}^3$大气区,探明地质储量$1.33\times10^{12}\,\mathrm{m}^3$,主力气层为二叠系下石盒子组8段(简称盒8段)、山西组1段(简称山1段),2014年产致密气$235\times10^8\,\mathrm{m}^3$。四川盆地川中—川西地区上三叠统须家河组发现广安、合川、安岳三个千亿立方米气田,三级储量由2002年的$0.27\times10^{12}\,\mathrm{m}^3$增加至2014年的$1.27\times10^{12}\,\mathrm{m}^3$,累计探明地质储量$6922\times10^8\,\mathrm{m}^3$,主力气层为上三叠统须家河组二段(简称须二段),2014年产致密气$12\times10^8\,\mathrm{m}^3$。

二、煤层气

我国煤层气地质条件变化极大。但是,除新生代盆地以外,普遍适应于矿井抽采,多数地区具有可观的地面抽采前景,在华北中—西部石炭系—二叠系发育地区建成了我国目前最重要的煤层气地面生产基地,在东北中生代盆地、新生代盆地以及西南上二叠统分布区实现了地面小规模商业性开发或取得单井试验突破(表2-1)。

表2-1 我国煤层气地质条件与抽采效果简况(据中国工程院,2012)

大区	成煤时代	含气性与渗透性	抽采方式与效果
华北东部及南部,华南地区	石炭纪—二叠纪	煤层大面积连续分布,含气量高,资源丰度中等—高,构造较为发育而导致煤层渗透率极低	矿井抽采效果较好,地面井原位开发难度大,但已有单井突破的实例,如织纳煤田、川南煤田
华北地区中部和西部	石炭纪—二叠纪	煤层大面积连续分布,含气量高,资源丰度中等—高,煤层结构一般较为完整,渗透率相对较高	地面井原位抽采和矿井抽采都取得较好效果,是我国目前最重要的煤层气开发基地
华北地区西部,西北地区,内蒙中—东部	早侏罗世—中侏罗世,晚侏罗世—早白垩世	大—中型中生代含煤盆地,煤层含气量低,资源丰度高,煤层结构完整	目前尚无勘探与开发试验重大突破,但北美类似地质条件盆地煤层气地面开发已取得巨大成功
东北地区	晚侏罗世—早白垩世	含煤盆地相对较小,含气量、渗透性等变化大	矿井抽采效果较好,已有地面原位商业性开发实例,如阜新盆地
西南地区 东北地区	古近纪—新近纪	盆地规模普遍较小,含气量低,资源丰度低,煤层结构完整	一般不具备矿井抽采价值,但已有地面单井突破实例,如依兰盆地

近年来,我国在煤层气开发、勘探评价、产能建设和技术攻关等方面取得了可喜的成绩,煤层气产业化、规模化进程加快。煤层气钻井、压裂、定压排采、低压集输,以及压缩、液化、管道输送等抽采利用技术体系逐步完善,煤层气在安全生产、生态环保与提供清洁能源的综合效益日益突出。

截至2014年底,全国累计探明地质储量$6266\times10^8\,\mathrm{m}^3$,建成生产能力$60\times10^8\,\mathrm{m}^3/\mathrm{a}$,在建

产能约 $40\times10^8\mathrm{m}^3/\mathrm{a}$，2014 年地面抽采产量 $37\times10^8\mathrm{m}^3$，累计产量 $150\times10^8\mathrm{m}^3$。累计实现商品气量 $43\times10^8\mathrm{m}^3$，目前日产商品气 $500\times10^4\mathrm{m}^3$（图 2-1，图 2-2）。

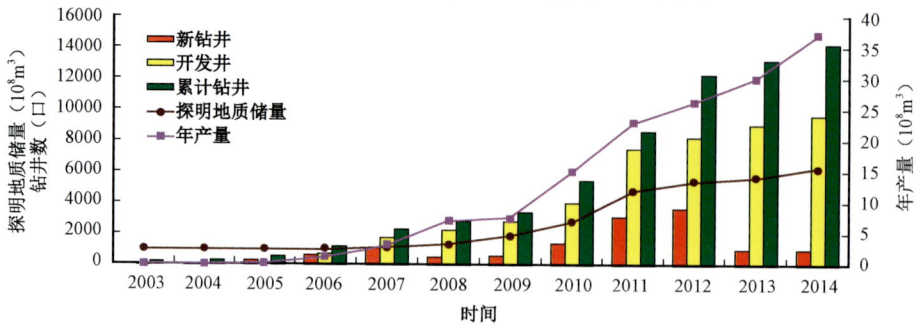

图 2-1 全国煤层气产业进展

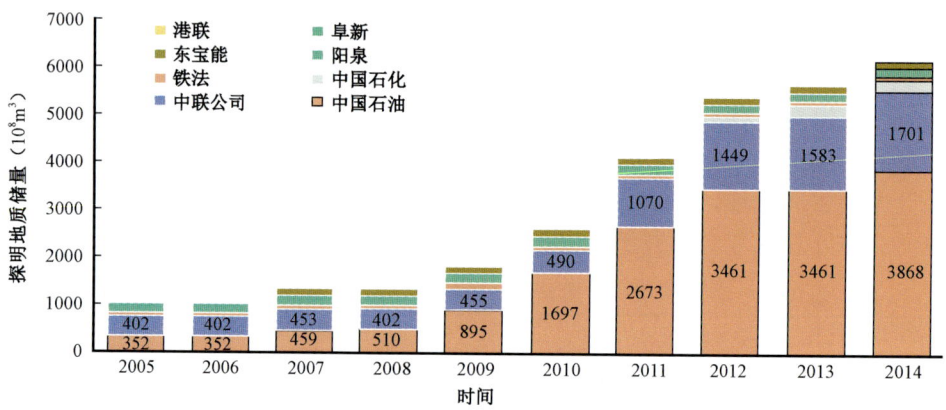

图 2-2 煤层气历年探明地质储量构成图

截至 2014 年底，中国石油有矿权 $23669\mathrm{km}^2$，矿权内煤层气可勘探面积 $16.1\times10^4\mathrm{km}^2$，资源量 $18\times10^{12}\mathrm{m}^3$，占全国 45%。其中煤层气矿权面积 $2.4\times10^4\mathrm{km}^2$，资源量 $4.5\times10^{12}\mathrm{m}^3$，累计探明地质储量 $3904.41\times10^8\mathrm{m}^3$，占全国 68.9%（表 2-2）。

表 2-2 中国石油煤层气探明地质储量汇总表（截至 2014 年底）

气田	区块	面积（叠合，km^2）	探明地质储量（$10^8\mathrm{m}^3$）
沁水	樊庄	281.32	410.18
	郑庄	789.09	1138.66
	沁南	565.6	688.14
	马必	212.8	265.23
	小计	1848.81	2502.21
鄂东	韩城	293.54	340.03
	保德	94.9	183.63
	大宁—吉县	197.56	443.12
	三交	282.9	435.42
	小计	868.9	1402.2
合计		2717.71	3904.41

截至 2014 年底,中国石油累计完成二维地震 11591.215km,三维地震 875.16km²,钻井 6731 口(评价井 1020 口);累计完成各类煤层气井 6731 口,排采井 4628 口,产气井 3227 口,井口日产气 $416 \times 10^4 m^3$;2014 年完成商品气量 $14 \times 10^8 m^3$,占全国的 37%。

1. 探明沁水盆地、鄂尔多斯盆地东缘两个千亿立方米储量规模区

截至 2013 年底,累计探明煤层气地质储量 $3904 \times 10^8 m^3$,其中沁水盆地 $2502 \times 10^8 m^3$,鄂尔多斯盆地东缘 $1402 \times 10^8 m^3$,均达到大型气田规模,具备规模化开发的资源基础。

2. 以蜀南区块为代表的南方勘探开发效果初显

蜀南与沁水煤层气田具有相似性,蜀南区块资源量 $1563 \times 10^8 m^3$,资源丰度 $2.6 \times 10^8 m^3/km^2$。截至 2013 年底,完钻 236 口煤层气井,投入排采 185 口,产气 161 口,目前日产气 $3.4 \times 10^4 m^3$,目标建成 $2 \times 10^8 m^3$ 产能。

3. 煤层气产能、产量有了较大增长

截至 2013 年底,中国石油建成煤层气产能约 $18.7 \times 10^8 m^3$,在建产能约 $26.3 \times 10^8 m^3$。2014 年,中国石油煤层气商品量 $13.7 \times 10^8 m^3$,保持了较快的增长速度。

4. 初步实现规模化、商业化开发利用

沁水盆地樊庄—郑庄区块建成我国第一个数字化、规模化煤层气田,每年可向西气东输管道输气 $8 \times 10^8 m^3$(表 2—3)。鄂尔多斯盆地东缘煤层气产能建设加速,保德区块 $7.5 \times 10^8 m^3$ 产能建设进展顺利。建成端氏—博爱、端氏—沁水等煤层气长输管线,初步实现规模化、商业化开发,形成了煤层气勘探、开发、生产、输送、销售、利用等一体化产业格局。

表 2—3 中国石油煤层气产能建设完成情况表(截至 2013 年底) 单位:$10^8 m^3$

气田	区块	建成	在建产能	合计
沁水	樊庄	8	2	10
	郑庄		11	11
	沁南		3	3
	小计	8	16	24
鄂东	韩城	5	3	8
	保德	5	5	10
	大宁—吉县		1	1
	小计	10	9	19
蜀南			2	2
合计		18	27	45

三、页岩气

我国在南方古生界寒武系—志留系、四川盆地三叠系—侏罗系、鄂尔多斯盆地三叠系等地区及层系已发现页岩气,在四川盆地形成了具万亿立方米级储量规模的大型页岩气区,包括威远、长宁(—昭通)、焦石坝三个五峰组—龙马溪组页岩气田及富顺—永川、彭水、威远—犍为等五峰组—龙马溪组、筇竹寺组页岩气产气区。落实三级地质储量超 $10000 \times 10^8 m^3$,其中探

明页岩气地质储量$5441.29\times10^8m^3$,累计生产页岩气超$40\times10^8m^3$。总体而言,我国页岩气勘探开发现状为整体处在起步、探索阶段,局部地区实现工业化生产。

1. 我国页岩气发展阶段

2005年,我国开始页岩气勘探开发。迄今,历经了从页岩气地质条件研究、有利区评选、勘探开发评价到海相页岩气工业化开发试验、海陆过渡相与陆相页岩气持续探索等阶段,正有序向海相页岩气规模化开采、海陆过渡相与陆相页岩气寻求突破及开发试验阶段递进(图2-3)。

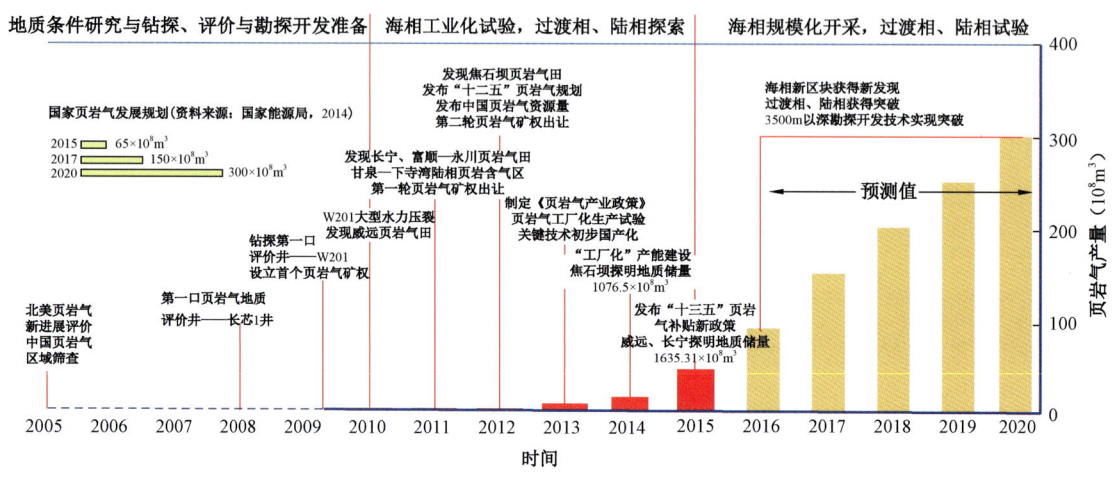

图2-3 中国页岩气勘探开发重要事件与发展阶段划分示意图

1)前期地质条件研究、评价井钻探、有利区优选与勘探开发准备阶段

2005年以来,以中国石油、中国石化为代表的石油公司,以国土资源部为代表的国家部委,以中国石油勘探开发研究院、中国地质大学(北京)等为代表的科研院校,围绕我国海相、海陆过渡相和陆相三类富有机质页岩,借鉴北美成功经验,系统开展我国页岩气形成与赋存条件、资源前景评价和有利区优选等研究。针对不同构造地质背景、不同页岩类型,先后在四川盆地钻探了长芯1井、渝页1井、威201井、宁201井、焦页1井、巫溪2井,在滇东北昭通地区钻探了昭101井,在湖北西部建南地区钻探了建页1井,在湖南湘西地区钻探了湘页1井,在下扬子地区钻探了宣页1井,在鄂尔多斯盆地钻探了柳评177井等一批具战略意义的区域评价井。从2010年起陆续在四川盆地及周边寒武系、志留系、石炭系—二叠系、三叠系—侏罗系和鄂尔多斯盆地三叠系、石炭系—二叠系等地区及层系页岩中发现页岩气。经勘探开发前景综合评价,锁定四川盆地下古生界海相页岩气、鄂尔多斯盆地三叠系延长组陆相页岩气为我国页岩气勘探开发有利区及有利层系,在四川盆地威远、长宁—昭通、富顺—永川、涪陵、下寺湾—云岩等地区开展了钻探评价及工业化开发先导试验。

2)海相页岩气工业化开发试验、海陆过渡相与陆相页岩气持续探索

2010年,我国页岩气勘探开发率先在威远威201井五峰组—龙马溪组、筇竹寺组取得突破,获得工业页岩气流,此后,陆续在长宁、富顺—永川、涪陵、彭水等地区五峰组—龙马溪组获得发现,在鄂尔多斯盆地下寺湾—云岩三叠系延长组及二叠系获得低产页岩气流,并建立了长宁—威远、昭通和涪陵三个海相页岩气和延长一个陆相页岩气工业化生产示范区,在页岩气成

藏与富集地质理论、页岩气"甜点"评价优选方法、页岩气资源储量评价技术、水平井优快钻完井技术、大型体积压裂改造、"井工厂"化生产作业模式、安全生产与高效组织管理等方面开展了系统的理论创新、技术突破和页岩气生产试验。通过近五年的攻关和先导试验，初步实现了海相页岩气直井钻探、水平井钻探和工厂化平台井组钻探等页岩气勘探开发规模化生产大跨越，初步实现了埋深小于3500m海相页岩气成藏与富集地质理论创新及勘探开发关键技术与装备国产化应用。

2. 我国页岩气勘探开发重要进展

目前，我国共有页岩气勘探开发矿权区块54个，面积$17 \times 10^4 km^2$，有20余家国内外企业重点在11个省区五大沉积盆地（区）开展页岩气勘探开发工作。不完全统计，累计完成二维地震$2.2 \times 10^4 km$、三维地震$2134 km^2$，钻探页岩气井近800口，超过200口井获页岩气流。在四川盆地南部—东部发现五峰组—龙马溪组大型页岩含气区，在焦石坝、长宁和威远三个大型页岩气田探明页岩气地质储量超过$5000 \times 10^8 m^3$，累计生产页岩气超$40 \times 10^8 m^3$，成为全球第三个实现页岩气生产的国家，顺利实现了页岩气勘探开发起步和工业化生产。

1）四川盆地五峰组—龙马溪组海相页岩气勘探开发初步实现规模化生产

经过近10年的持续不懈探索，我国在页岩气勘探开发上初步形成了页岩气成藏地质理论，建立了六大系列勘探开发技术，锁定了蜀南、川东和川东北三大页岩气富集区，落实了长宁、威远、涪陵等页岩气建产区，实现了直井、水平井、"平台式"工厂化生产作业模式三大跨越发展，在四川盆地五峰组—龙马溪组初步实现了海相页岩气勘探开发规模化生产。

2005年，中国石油从四川盆地威远气田下古生界寒武系筇竹寺组海相页岩入手，探索中国页岩气成藏条件、资源评价方法和勘探开发前景评价。通过2005—2007年连续三年的露头地质调查和老井资料复查，逐步确定了南方下古生界海相页岩气优先勘探认识。2008年起，接连在四川盆地开展了系列评价勘探，包括钻探了长芯1井等一批10余口页岩气地质资料兼评价浅井，确定了五峰组—龙马溪组优质页岩气层段，圈定了有利区范围，优选了一批有利区，部署了我国第一口页岩气勘探评价井——威201井，并在2010年压裂试气获得成功，确定了四川盆地五峰组—龙马溪组页岩富含气性及勘探开发前景。通过不断调查和反复分析比对，海相页岩气勘探开发"最有利沉积微相、最有利岩性岩相类型、最有利储层段"等重要地质认识逐渐成熟。同时，页岩气"甜点区"评价标准逐步明确并进一步细化，优质页岩气储层厚度、有机碳含量、脆性矿物含量、孔隙度、含气量、保存条件等成为缺一不可"甜点区"评价优选关键参数，理论的突破为勘探开发实践指明了方向。

2009年以来，我国页岩气勘探开发围绕南方下寒武统筇竹寺组和上奥陶统五峰组—下志留统龙马溪组两套富有机质页岩，开展区域评价及钻探，结果发现这两套富有机质页岩具有区域性整体含气特征，五峰组—龙马溪组普遍含气且局部富集高产，筇竹寺组仅以局部含气为特征。进一步评价认为四川盆地及邻区是两套页岩气勘探开发的重点地区，初步确定四川盆地及领域有利页岩气勘探面积约$5.0 \times 10^4 km^2$，其中五峰组—龙马溪组$4.5 \times 10^4 km^2$、筇竹寺组$5000 km^2$，优选确定四川盆地五峰组—龙马溪组为当前页岩气勘探开发主力层系，长宁、威远、富顺—永川、涪陵、巫溪等为优先钻探区块。2010年威远的威201井，2011年长宁的宁201井、宁201-H1井，富顺—永川的阳101井、阳201-H2井，2012年涪陵的焦页1HF井，2013年黄金坝的YS108井等陆续在五峰组—龙马溪组获得初始测试页岩气产

量 $1.08\times10^4\sim43\times10^4\text{m}^3/\text{d}$ 的高产气流,发现了四川盆地南部(川南)威远—富顺—永川—长宁和四川盆地东部(川东)涪陵—南川—丁山两个五峰组—龙马溪组大型页岩气含气区。经 2011—2015 年的勘探评价和开发试验,在长宁区块探明页岩气面积 159.64km^2,在威远区块探明页岩气面积 48.23km^2,在涪陵区块探明页岩气面积 383.54km^2。三个区块合计探明页岩气面积 591.41km^2,合计探明页岩气地质储量 $5441.29\times10^8\text{m}^3$(可采储量 $1360.33\times10^8\text{m}^3$)。无论是川南地区还是川东地区,五峰组—龙马溪组页岩气藏都为大型连续聚集型气藏,气藏面积大且连续分布,平均埋深 $2100\sim2890\text{m}$,属中—深层气藏,地层压力高,气井单井产量中—高,试采效果好,是以甲烷(含量大于 98%)为主、不含硫化氢的优质页岩气田。迄今,涪陵、长宁、威远等区块已累计测试井近 200 口,单井平均日产气 $5.0\times10^4\sim32.72\times10^4\text{m}^3$,累计生产页岩气 $40\times10^8\text{m}^3$ 以上(其中川南累计超过 $9.0\times10^8\text{m}^3$,川东累计超过 $30.0\times10^8\text{m}^3$)(图 2-4)。上述探明区块及探明页岩气地质储量为我国页岩气勘探开发实现第一阶段目标奠定了良好的资源基础,进一步证实五峰组—龙马溪组海相页岩气资源成为现实的增储上产领域,标志着我国页岩气勘探开发逐渐进入规模化、工业化开发生产阶段。

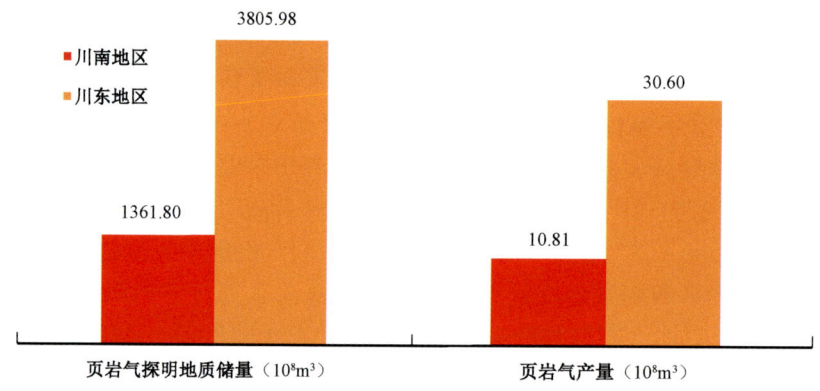

图 2-4 四川盆地五峰组—龙马溪组页岩气探明地质储量与累计产量直方图(截至 2015 年 10 月)

此外,四川盆地五峰组—龙马溪组海相页岩气勘探开发实践,也实现了我国页岩气地质理论创新和勘探开发技术突破:

一是初步揭示我国海相页岩气发育"构造型甜点""连续型甜点区"两种类型页岩气聚集模式,初步形成了有利沉积微相、有利岩相组合、适中热演化阶段及优越构造保存条件"四因素"控藏地质理论认识。

二是建立了地震、测井、岩心、露头等综合勘探评价技术,形成了页岩气地质评价、资源评价与有利区优选方法,建立了页岩气地质、工程及经济"甜点"评价关键参数体系及取值标准,明确了上奥陶统五峰组—下志留统龙马溪组富含页岩气层及其底部 $20\sim30\text{m}$ 优质页岩气富集层段为主力产层段。

三是形成了适合四川盆地页岩气层埋深小于 3500m 的长水平井段优快钻井、体积压裂、微地震监测等一系列核心技术与装备,且基本实现国产化。单井井深最深 5200m,钻井周期最短 35 天,水平井段最长达 2100m,压裂段数最多 26 段。

四是初步形成了适合我国南方复杂地表条件的"平台式工厂化"生产模式和安全环保工艺技术,单一平台井组 $4\sim10$ 口井,单井综合成本从 2010 年的 1 亿元下降到 2015 年的 6000 万~7500 万元,保障了页岩气产量快速增长。

2) 下古生界筇竹寺组页岩气实现重要发现

与五峰组—龙马溪组相似,筇竹寺组是四川盆地又一个以半深水—深水陆棚沉积为主形成的黑色页岩地层,厚 200～600m,TOC 大于 2% 页岩厚度介于 60～150m 之间。下部为硅质页岩夹碳质页岩,普遍含磷矿;中部以碳质页岩为主,间夹白云岩及砂质白云岩;上部为深灰色、灰绿色页岩、粉砂质页岩夹粉砂岩条带。筇竹寺组页岩分布广,富有机质页岩集中段厚度大、岩石脆性好,是海相页岩气较有潜力的重要目的层系。

筇竹寺组页岩气早在 1966 年就于威 5 井被发现过,当年威 5 井在无任何措施情况下筇竹寺组页岩日产气 $(2.35～2.46)×10^4m^3$。据统计,2009 年页岩气勘探前,四川盆地约有 107 口常规油气井钻遇筇竹寺组页岩,其中 41 口井有良好气显示。开展页岩气勘探以来,四川盆地内筇竹寺组页岩气层钻井 4 口(直井 3 口、水平井 1 口),其中 3 口井获工业气流,实现了页岩气重要发现。威 201 井日产气 $1.08×10^4m^3$,金石 1 井日产气 $2.50×10^4m^3$,威 201-H3 井日产气 $2.83×10^4m^3$,宁 206 井产水无气。四川盆地外筇竹寺组钻井约 20 口,只有不到 40% 的井见到气显示或低产气流,其余井均不含气或产水。研究认为,筇竹寺组页岩气形成富集条件较五峰组—龙马溪组有明显差异,筇竹寺组页岩生物成因硅质、钙质含量少,时代老(距今约 5.7 亿年),热演化程度高(R_o 介于 2.5%～5.0% 之间),构造改造程度强,储层有机质有明显碳化现象,储集物性差(ϕ 介于 1.5%～4.2% 之间,平均为 2.4%),含气性低(含气量介于 $0.5～4.0m^3/t$ 之间,平均为 $1.29m^3/t$)。

3) 陆相页岩气和海陆过渡相页岩气仍处于地质理论创新、有利区评价优选与勘探评价阶段

中国陆相页岩普遍具有厚度较大,有机质丰度高,以生油为主、生气为辅,含气量低,脆性差等特点。海陆过渡相页岩则多与煤层伴生,具有集中段厚度小、连续性差、储集空间有限、含气量变化大、脆性中等等特征。两类页岩气资源勘探与海相基本同步,但勘探成效明显不及海相。如延长石油于 2011 年启动鄂尔多斯盆地甘泉下寺湾延长组陆相页岩气工业化生产示范区建设,先后钻井 59 口,近 30 口井发现页岩气,单井日产气 $(0.17～4)×10^4m^3$。除此外,南华北盆地、柴达木盆地、鄂尔多斯盆地等地区均发现两类页岩气资源的存在,但产量总体偏低且递减很快,尚未形成工业产能。"甜点区"评选仍是研究的重点。

四川盆地三叠系—侏罗系陆相页岩气见到好苗头。四川盆地页岩气勘探不仅在海相实现了重大突破,而且在陆相也见到了好苗头。初步评价,四川盆地陆相上三叠统须家河组和下侏罗统自流井组页岩气前景较好。须家河组自下而上沉积演化表现为一个海相—海陆过渡相—陆相的完整沉积旋回,形成了一套广覆式分布的海陆过渡相—湖沼相煤系页岩组合,页岩发育在须一段、须三段和须五段,以须五段为主,岩性为黑色页岩、粉砂岩互层夹薄煤层或煤线。页岩总厚度介于 100～800m 之间,须一段页岩厚 10～300m,单层最大厚度达 60m,分布以川西坳陷中南段为主;须三段页岩厚 10～200m,单层最大厚度达 50m,分布以川西坳陷中段为主;须五段页岩厚 20～200m,单层最大厚度达 50m,分布在川西坳陷中南部—川中地区。须家河组页岩 TOC 介于 1.2%～5.0% 之间(须五段最高,平均为 2.35%,最高达 16.33%),有机质类型以腐殖型为主;热成熟度处于成熟—高成熟阶段(R_o 介于 1.06%～2.40% 之间,平均为 1.43%);脆性矿物含量介于 41.3%～80.2% 之间,平均为 51.67%;含气量测试为 $1.18～3.77m^3/t$,平均为 $2.55m^3/t$。

下侏罗统自流井组经历了早期湖侵期、中期最大湖侵和晚期湖退三个沉积充填演化阶段,

形成了一套以湖相页岩夹粉砂岩为主,富含石灰岩、介壳灰岩的内陆湖盆沉积岩,从下至上分为珍珠冲、东岳庙、马鞍山和大安寨四个岩性段。页岩为半深湖—深湖沉积,发育在大安寨、东岳庙和珍珠冲三个岩性段,页岩总厚度介于20~240m之间,阆中—宣汉—万州一带厚度较大(普遍超过100m),川西南—川西厚度较薄(介于20~50m之间),长寿—川东南厚80~100m。页岩TOC介于0.2%~2.4%之间(大安寨段介于0.58%~3.81%之间,平均为1.44%;东岳庙段介于0.94%~2.8%之间,平均为1.87%),有机质类型以混合型为主;热成熟度处于成熟—高成熟阶段(R_o介于0.9%~1.6%之间,平均为1.3%);脆性矿物含量为30%~54%,平均为41.53%;含气量测试为0.27~5.9m^3/t,平均为2.23m^3/t。

2010—2012年,中国石化针对陆相须家河组、自流井组的页岩气勘探,在建南、涪陵、新场、元坝等区块钻探了近20口井(表2-4),经过大型水力加砂体积压裂改造,测试初始产量为(0.26~50.70)×$10^4 m^3$/d,证实了陆相页岩气的存在,有效压裂改造后可获高产页岩气流。遗憾的是经建南、新场等区块的试采,陆相页岩气稳产时间非常短,产量递减快且有水产出,至今尚无陆相页岩气形成有效工业产能。

表2-4 四川盆地陆相页岩气井测试初始产量统计表

区带	序号	井名	产层	测试产量($10^4 m^3$/d)
元坝	1	元坝101	大安寨段	13.97
	2	元坝102-侧1	大安寨段	23.78
	3	元坝11	大安寨段	14.44
	4	元坝21	大安寨段	50.7
	5	元坝5-侧1	大安寨段	4.227
	6	元坝9	大安寨段	1.15
	7	元页HF-1井	千佛崖段	0.715,14t/d(原油)
	8	石平2-1H	大安寨段	33.79t/d(原油)
新场	9	新页HF-1井	须家河组	0.3~0.5
	10	新页HF-2井	须家河组	1.5~4.0
兴隆场	11	兴隆101	大安寨段	11.01
涪陵	12	涪页HF-1		1.8
	13	涪页6-2HF	大安寨段	2.6315
	14	福石1	大安寨段	12.66,68t/d(原油)
建南	15	建111井	东岳庙段	0.4
	16	建页HF-1井	东岳庙段	1.23
	17	建页HF-2井	东岳庙段	0.266

四、油页岩

我国油页岩的勘探研究工作在20世纪50—60年代为高潮期,取得一些基础资料和数据。由于之后油气田的大量发现,油页岩中提炼油气成本相对高,勘探研究进入低谷。目前所拥有资料与数据基本来自20世纪50—60年代。

中国油页岩的开发利用主要在吉林桦甸、辽宁抚顺和广东茂名等地,开发利用油页岩已有80年的历史,在页岩油的提炼方面积累了较丰富的技术经验。辽宁抚顺于1928年开始兴建油页岩制油厂,年生产页岩油$7.5×10^4$t。新中国成立初期,中国油页岩开发利用得到突飞猛进的发展,页岩油产量曾占全国石油产量的一半,对国民经济建设发挥了十分重要的作用。抚顺页岩油的产量从1952年的$22.61×10^4$t快速上升到1959年的$72×10^4$t,占当年全国石油产量的21%,成为中国第一大人造石油生产基地,也是当时世界上最大页岩油生产基地。20世纪60年代以后,大庆、胜利等油田相继发现,并投入大规模开发。而页岩油生产成本较高,油页岩的开发规模逐渐萎缩,勘查工作基本停滞。20世纪50年代中期起,国家为解决石油紧缺困难,投资开发茂名油页岩,形成了年产$300×10^4$t页岩矿山和年产$20×10^4$t页岩油干馏生产能力。由于成本较高,至1993年停产,累计生产页岩油$292×10^4$t。

"十一五"以来,中国石油积极推进新能源战略布局,不断提升油页岩资源勘查和中试实验基地建设。2009年8月12日,作为中国石油批准的首个油页岩示范项目,大庆油田牡丹江$3×10^4$t页岩油中试先导基地项目开工建设,主要是通过露天开采油页岩矿石,经粉碎后,干馏提取页岩油。该油页岩示范项目利用国内领先工艺,炼厂主体设施设计年处理油页岩矿石能力$60×10^4$t,年产页岩油$3×10^4$t、页岩半焦$26×10^4$t。该基地的建设将为中国石油开拓和发展油页岩业务提供可靠的技术支持。项目总投资4.45亿元,建设期约两年。整体工作包括矿山和炼厂两个部分。其中矿山建设部分位于五林镇,炼厂建设部分位于阳明区桦林镇。

与此同时,国内的其他地方和单位在油页岩开发与利用方面也取得了长足发展。辽宁成大公司正在建设12台改良式干馏炉,每台每天处理页岩300t,年生产页岩油约$15×10^4$t。甘肃窑街煤电公司利用神木三江方型干馏技术,正在建设8台油页岩干馏炉,每台每天处理油页岩500t,年产页岩油$15×10^4$t,2010年7月已投产。中国石油大庆油田柳树河建设油页岩干馏炼油示范厂,利用固体热载体干馏技术,日处理油页岩2000t,年产页岩油$5×10^4$t。桦甸建有三台小颗粒页岩循环流化床燃烧锅炉,年加工$48×10^4$t油页岩。桦甸和汪清等地有多家民营企业,采用抚顺式炉干馏页岩,年产页岩油约$10×10^4$t。山东龙口矿务局利用采煤副产的油页岩进行干馏炼油,现有抚顺炉20台,计划增建20台,年产页岩油$6×10^4$t,并积极寻找其他地区的油页岩资源,进一步扩大生产规模。位于内蒙古敖汉旗的北票煤炭公司建有40台抚顺炉,年产页岩油约$5×10^4$t。辽宁朝阳凌源地区建有10台抚顺炉,年产页岩油约$1×10^4$t。黑龙江东宁地区建有4台抚顺炉,年产页岩油约$1×10^4$t。中煤集团哈尔滨煤气厂利用固体热载体流化干馏技术,已完成50t/d的中试试验,计划建设2000t/d示范工程。

油页岩原位开发技术在我国取得重大突破。吉林省众城油页岩投资开发有限公司在松辽盆地南部吉林省扶余地区第Ⅲ区块ZK0809探区青山口组300多米地下开展的地下原位裂解提取油页岩油试验项目取得了初步成功,于2014年7月27日成功提取出我国第一桶油页岩油。这是世界上继壳牌公司之后第二个实现油页岩原位开采的技术,填补了我国该领域的空白。该项目取得了三项重要成果:(1)突破了油页岩地下原位开采技术瓶颈,在三个月的点火期内共产油5.2t,最高日产355kg;(2)自主发明水平井和竖井原位开采工艺技术和装置;(3)取得了油页岩压裂建立注气燃烧井和生产井油气通道等世界首创的新技术。

吉林众诚集团和吉林大学分别在松辽盆地南部扶余长春岭地区和农安地区取得了试验成功。吉林大学建设工程学院于2015年6月20日在松辽盆地南部吉林农安地区嫩江组75m左右深度利用TS-A油页岩地下原位裂解技术成功开采出高品质油页岩油。松南油页岩资源丰富,查明油页岩资源为$797×10^8$t,折合成油页岩油$38.3×10^8$t。而众诚集团和吉林大学油页岩原位提取油页岩油试验工程项目初试的成功,极大地鼓舞了人们对油页岩研究的热情,给油页岩工业的发展注入了强劲的动力,不仅为油页岩的开采提供了一种新的方式,同时解决了当前油页岩地上干馏工艺技术带来的环境污染问题。目前,众诚集团正在进行中试试验,如果实验取得成功,势必将带来一场油页岩原位开采全新的技术革命。

五、油砂

国内油砂矿现场开展小规模试验的主要有新疆的乌尔禾和红山嘴地区、吉林套堡油田和内蒙古图牧吉油砂矿。2005年在风城乌尔禾开展了现场干馏工艺对比试验,现场放大试验效果达到室内效果的80%。当含油率达到8%时,放大试验可以实现25t油砂产1t油的效果,当含油率大于6.5%时,可实现30t油砂产1t油的效果。2006年选择红山嘴地区红砂6井区作为中试试验场,11月5日采用电加热的水平水洗分离装置成功分离出了第一桶油砂油,二次水洗后的油砂可以达到环保要求。吉林套堡油田主要采用携砂冷采采油技术,其是国内携砂冷采做得最好的油田之一。主要产油区为92区块,井深为300m左右。年产油4.5×10^4t,几乎全部采用螺杆泵携砂冷采,采到地面上的油砂经过沉降后将油、水和砂进行分离,沉积下的砂再经过水洗将吸附在砂上的油分离掉。内蒙古图牧吉油砂矿于1997年被首次发现,2005年该油砂矿首次进行开采试验,2006年建成了年产能$3 \times 10^4 \sim 5 \times 10^4$t油砂油的分离工厂及综合利用基地。

中国石油勘探开发研究院廊坊分院在2004—2008年对准噶尔盆地西北缘红山嘴、黑油山、白碱滩和乌尔禾风城一带油砂矿进行了系统的钻探及评价,特别是2007—2008年探明了风城油砂矿。风城油砂矿勘探主要经历了三个阶段。第一阶段为油砂露头区地质综合研究阶段。1992年5月至1993年11月,新疆石油管理局历时一年六个月,在风城油砂露头区进行了野外地质调查,野外勘测面积$10.0km^2$,对风城油砂露头区的地层构造储层特征及油砂分布特征等进行了全面的认识。第二阶段为油砂矿勘探取得重要突破阶段。2007—2008年廊坊分院在风城浅钻油砂孔80个,全孔取心,发现风城西区和风城东区两个油砂富集区,东区油砂厚度巨大、含油率高,其中风砂51井完钻井深259m,油砂总厚度140.8m,其中白垩系95m,侏罗系45.8m,油砂疏松、含油饱满,含油率平均为11.3%。第三阶段为油砂矿精细勘探和现场小试试验阶段。2011年以来,中国石油和各级地方政府对新疆油砂矿综合利用工作非常重视,决定对风城油砂矿进行勘探和小试试验。2012年至今,新疆油田依据前期勘探资料,开展了风城油砂矿精细勘探以及露天开采和SAGD双水平井开采试验,确定了风城油砂矿的面积和储量规模,初步形成SAGD钻井、采油和地面工程系统配套技术。

六、天然气水合物

我国的天然气水合物调查研究起步较晚,但发展较快。1999年,国土资源部优先启动了"西沙海槽区天然气水合物资源调查与评价"项目,相继于1999年、2000年在西沙海域进行了天然气水合物资源调查,完成多道地震测量1523.49km、海底多波束地形测量703.5km、海底表层地质采样15个。首次在西沙海域发现了天然气水合物存在的若干地球物理标志——似海底反射(BSR)、反射振幅空白(Blanking Zone)、BSR波形极性反转和速度异常等,并结合海底表层地质—地球化学取样、海底多波束、浅层剖面和海底摄像等多学科综合调查,发现了一些与水合物相关的间接地球化学异常标志以及碳酸盐岩结壳等地质标志,进一步确认天然气水合物存在的可能性。

2007年,中国地质调查局在南海首次实施天然气水合物钻探工程。实际完成钻探站位8个,取心孔5个,其中在SH2、SH3和SH7三个站位取得天然气水合物实物样品,取心发现水合物成功率高达60%。三个站位天然气水合物赋存情况如下:SH2站位水深1230m,含天然气水合物层段位于海底以下191~225m,水合物饱和度25%~48%,含水合物沉积层厚度达34m,气体中甲烷含量99.8%;SH3站位水深1245m,含天然气水合物层段位于海底以下183~201m,水合物饱和度20%~25%,含水合物沉积层厚度18m,气体中甲烷含量99.7%;SH7站位水深1105m,含天然气水合物层段位于海底以下153~182m,水合物饱和度20%~42%,含水合物沉积层厚度达29m,气体中甲烷含量99.4%。

2013年,我国在广东沿海珠江口盆地东部海域首次钻获高纯度天然气水合物样品,岩心中天然气水合物含矿率平均为45%~55%,其中天然气水合物样品中甲烷含量最高达到99%。此次探明的天然气水合物赋存于水深600~1100m的海底以下220m以内的两个矿层中,上层厚度15m,下层厚度30m。自然产状呈层状、块状、结核状和脉状等多种类型,肉眼可辨。此次发现的天然气水合物样品具有埋藏浅、厚度大、类型多和纯度高四个主要特点。通过实施23口钻探井,控制天然气水合物分布面积55km^2,将天然气水合物折算成天然气,控制储量为$1000×10^8$~$1500×10^8 m^3$。

2009—2013年,中国地质调查局在木里地区实施天然气水合物钻探,先后完成DK-2、DK-3、DK-4、DK-5、DK-6、DK-7和DK-8等8个钻孔,其中在DK-1、DK-2、DK-3、DK-7和DK-8孔中发现天然气水合物实物样品,在DK-4、DK-5和DK-6孔中见到天然气水合物异常显示。近年来,在东北漠河盆地先后实施了MK-1和MK-2两口水合物井,但未钻获水合物;在羌塘盆地先后钻探了QK-5等多口水合物钻井,其中,QK-5井的钻探成果对于羌北地区天然气水合物成矿的冻土条件、气源条件和盖储条件评价具有重要意义,特别是大量沥青脉的出现,为该区天然气水合物勘探提供了重要线索。

2011年我国在木里开展了电磁/太阳能加热及有杆泵法排水降压相结合的方式进行试采天然气水合物,试采约100h,产甲烷超过90m^3。

第二节 非常规油气资源成藏特征

非常规资源主要表现为源内成藏、大面积连续型油气聚集的特点,具有以下九大特征:(1)盆地斜坡、中心等大范围"连续""准连续"分布,局部富集;(2)源储叠置共生,近源—源储一体成藏为主,优质烃源岩控制非常规资源分布范围;(3)储层致密,以微米—纳米级储层为主,非均质强;(4)油气运聚距离短,以初次运移或短距离二次运移为主;(5)油气成藏动力靠扩散和源储压差驱动,浮力在油气运聚中的作用有限,源内为滞留聚集,源外靠源储压差,即烃源岩生烃增压和毛细管压力;(6)渗流表现为以非达西渗流为主的特征,无自然工业产量;(7)流体分异差,无统一的流体界面与压力系统,饱和度差异大,存在"甜点"和富集区带;(8)资源丰度低,含油气饱和度差异大,存在"甜点"和富集区;(9)需特殊开采工艺才能有效开发,如水平井钻井和多级分段压裂技术。

一、致密油气

致密油气整体呈连续或准连续状分布于含油气盆地中。众所周知,致密油气在储层中赋存状态复杂,不同于常规油气受控于二级构造单元,其分布范围并不受鼻状构造带等构造高部位控制,而是呈大面积连续分布在盆地中心、斜坡区等大范围内,与致密油气类型密切相关。受构造背景相对稳定、烃源岩广覆式分布、非均质储层大面积分布和源储一体等地质要素影响,致密油气具有大面积"连续"分布和局部富集的特征。

1. 大面积连续分布

致密油气的分布受形成的地质要素和油气藏类型控制,一方面构造背景、烃源岩和储层及其配置关系是致密油气分布的基本控制因素;另一方面,不同致密油气藏类型具有相应的分布特征,整体表现为大面积连续分布、局部富集的特点。

致密油在湖盆内和相对深水区大面积连续分布。受大面积分布的储层和广覆式分布的优质生油层控制,致密油分布特征与成因类型密切相关。主要分布在湖盆内部碳酸盐岩发育区和相对深水的水下三角洲砂体、重力流砂体发育区。三种不同成因类型致密油的主要分布特征分别为:(1)湖相碳酸盐岩致密油。分布广泛,凹陷和斜坡区都有发现,该类油层夹持在半深湖—深湖相暗色泥页岩中,埋深适中,一般小于3500m。目前该类致密油在准噶尔盆地和三塘湖盆地二叠系、柴达木盆地和渤海湾盆地古近系等均有发现。例如,准噶尔盆地吉木萨尔中二叠统芦草沟组纵向上发育上下两套"甜点",上"甜点"为碳酸盐岩滩、坝沉积,厚度为10～40m;下"甜点"为三角洲远沙坝与席状砂云质粉—细砂岩,厚度为20～70m。平面上均分布于有效烃源岩分布区,上"甜点"大于10m的面积为410km^2,下"甜点"大于20m的面积为963km^2。(2)深湖水下三角洲砂岩致密油。该类致密油在中国分布最广泛,在松辽盆地青山口组和泉头组、渤海湾盆地沙河街组、鄂尔多斯盆地延长组以及四川盆地中—下侏罗统均有发现。例如,松辽盆地上白垩统致密油纵向上主要分布在泉头组(扶余油层)与青山口组青二段、青三段(高台子油层)的致密砂岩中,多套薄层砂体纵向叠置发育,埋藏深度一般小于2000m;平面上以水下三角洲前缘相为主,主要分布在松辽盆地北部的大庆长垣、齐家—古龙与三肇周边以及松辽盆地南部的大安北、高家、查干泡、让字井与大情字井等地区。(3)深湖重力流砂岩致密油。该类致密油在鄂尔多斯盆地延长组、渤海湾盆地沙河街组等地层中均有发现,其中最典型的代表是鄂尔多斯盆地上三叠统延长组长7段致密油(图2-5),具有油藏规模大、砂层薄(平均油层厚度10.7m)、分布范围广(有利面积$3 \times 10^4 km^2$)、构造背景简单等特征。纵向上,致密砂岩油层主要发育在长7段的长7_1、长7_2油层组;平面上,致密砂岩油层主要分布在紧邻生烃中心的水下三角洲前缘和湖盆中部重力流的有利砂体中,长7段致密砂岩油主要分布在姬塬地区的三角洲前缘砂体和陇东地区的浊积砂体中。

致密气分布在盆地不同构造单元,具有大范围连续分布特点。我国致密气主要分布在斜坡区,其次是凹陷区和山前构造带。如鄂尔多斯盆地榆林气田、靖边气田、大牛地气田、苏里格气田等致密气均分布在陕北斜坡区,具有构造平缓、断层不发育的特征。四川盆地合川气田分布在川中平缓斜坡带上(坡度1°～3°),断层不发育;广安气田主体位于广安构造,发育多条近东西向断层;但在广安构造外围的平缓构造区,仍然存在大面积含气区。其含油气储层以大规模非常规储层为主。储层物性以低孔隙度、(特)低渗透率为主,孔隙类型以孔隙型、孔隙—裂缝型为主。致密砂岩油气的富集高产受烃源岩生烃能力、构造高部位、有利储层及裂缝的发育程度共同影响。

2. 局部富集形成"甜点"

致密油气大面积分布不等于大面积富集,其富集高产受"甜点"体控制,表现为局部富集。

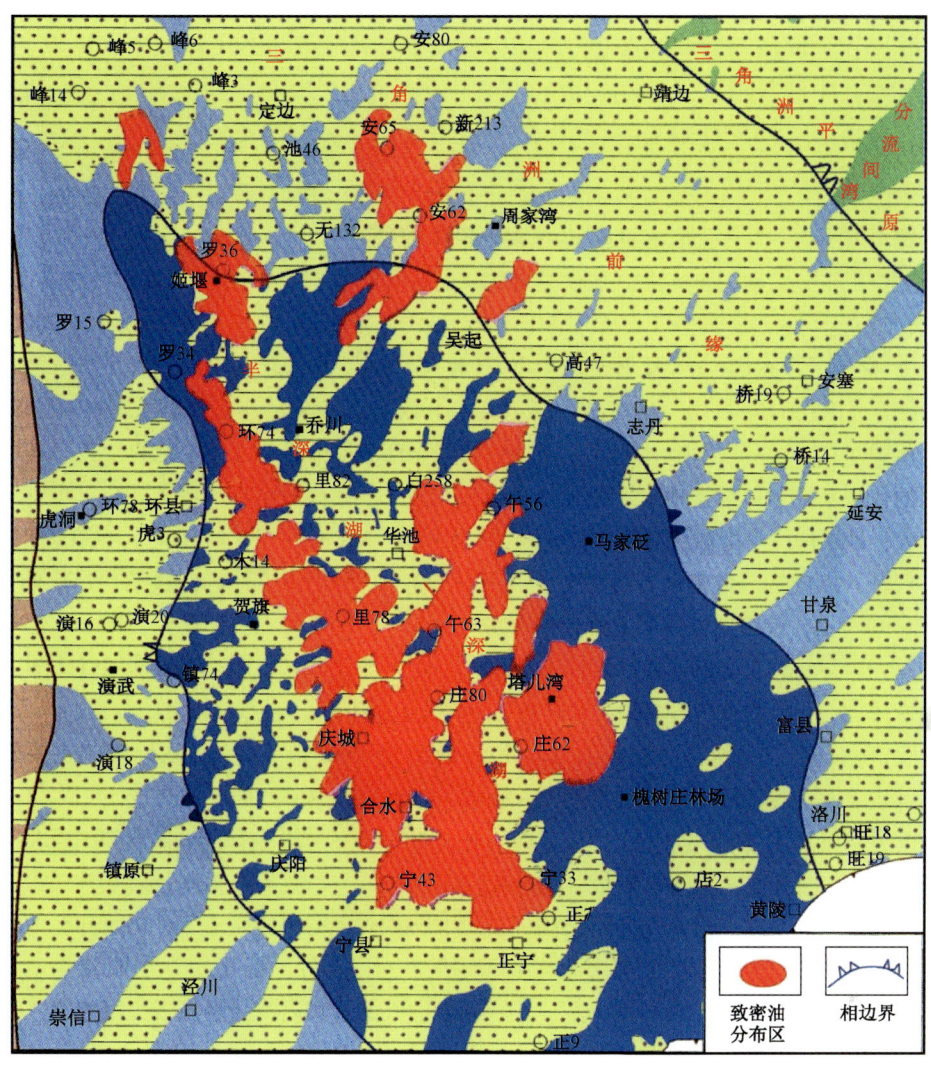

图 2-5 鄂尔多斯盆地延长组长 7 段致密油分布图

"甜点"的发育主要取决于致密油气形成的构造背景、烃源岩与储层发育特征和裂缝等因素。有些盆地由于沉积条件、成岩作用和天然破裂作用的微小差异使致密储层中局部范围的渗透率得到改善,这些地区就是油气局部富集形成"甜点"的有利区。

在致密油气勘探中,发现的大部分油气都储集在"甜点"储层中。"甜点"体发育区除具有较好的构造背景、优质烃源岩和储层大面积分布以及保存条件较好外,通常其基质孔隙度高、覆压渗透率高和裂缝发育等特征较为突出。鄂尔多斯盆地长 7 段致密油储层孔隙度一般小于 8%,渗透率小于 0.2mD,而"甜点"体孔隙度可达 8%~12%,渗透率为 0.2~0.4mD。四川盆地须家河组致密气储层孔隙度一般小于 8%,平均渗透率为 0.31mD,而"甜点"体孔隙度主要大于 6%,最高大于 10%,单井产量与受主河道和裂缝控制的"甜点"体匹配关系良好。

二、煤层气

由于煤岩独特的微观结构,大量的甲烷气体可以在一定压力作用下,以吸附的形式赋存于微孔极为发育的煤双重孔隙—裂隙介质中,以"近似流体"形式存在。一般情况下,煤阶和组分相近的煤岩在相同压力下其吸附能力相同,如果地层压力降低,这种吸附平衡被打破,甲烷分子就会从微孔中解吸出来运移到裂隙或割理中,进而通过其他通道运移到常规储层形成常规气藏或者最终逸散到大气中去,所以煤层气富集成藏是有一定条件的。

1. 源储一体

与常规天然气经过一定距离的一次/二次运移聚集成藏不同,煤储层既是烃源岩,也是储层,属于典型的自生自储,这一特征表明煤储层的规模控制气藏规模,成为煤层气勘探的基本出发点。

煤层甲烷的烃源岩就是煤岩本身。煤富含有机质,在埋藏过程中,有机质通过热降解作用和生物化学作用生成天然气,有一定数量被保存在煤层里,形成煤层甲烷气藏。常规油气的烃源岩主要是富含有机质的泥岩、页岩或石灰岩,也包括煤岩。

煤层同时又是煤层气的储层,煤的孔隙度很小,除低煤阶以外,一般均小于10%,中、低挥发分烟煤孔隙度只有6%或者更小。渗透率的大小依赖于煤层裂隙(割理)发育和开启程度,通常小于1mD。而石油和天然气的储集岩主要是砂岩、碳酸盐岩及少量裂缝性泥质岩、火山岩等,其孔隙度、渗透率比煤层大,变化也大。

2. 运移机制

煤层气生成之后,一部分通过分子扩散途径或通过裂缝运移至邻近的砂岩、石灰岩等储层中,另一部分气体的绝大部分以吸附状态保存在煤孔隙结构里,一般不发生运移或不发生显著运移。只有当煤层压力下降时,比如煤层抬升变浅、煤层吸附气体发生解吸,解吸气体在煤基质和裂隙中发生扩散运移,导致散失。而石油和天然气的运移以扩散渗流方式为主,分初次运移和二次运移,在储层中富集成藏,其主要动力是构造应力、水动力和浮力。

3. 圈闭机制

煤层甲烷绝大多数在压力作用下呈吸附状态被保存在煤层的微孔隙中,没有明显的圈闭条件。

4. 流体存在状态

煤层气藏内的天然气以吸附气、游离气和水溶解气存在,以吸附气为主。煤层气赋存状态有三种形式:吸附在煤孔隙表面的吸附气、分布在煤孔隙和裂隙内。

5. 产量低

不同于常规天然气衰竭式开采,煤储层孔隙主体被水占据,煤层气需要长期排水降压生产。

三、页岩气

1. 海相页岩气基本特征

全球海相富有机质页岩发育广泛,北美地区产气页岩主要为上古生界泥盆系、石炭系和二叠系的海相富有机质页岩,形成于克拉通边缘坳陷及前陆盆地的前陆坳陷。中国海相富有机质页岩发育在下古生界(表2-5,图2-6,图2-7),为沉积盆地早期沉积层系,以克拉通内坳陷或边缘坳陷半深水—深水陆棚沉积为主。

表2-5 中国海相富有机质页岩基本特征表

地区	页岩名称	时代	页岩面积（km^2）	页岩厚度（区间/平均，m）	TOC（区间/平均，%）	有机质类型	热成熟度（R_o，%）	脆性矿物含量（%）	黏土矿物含量（区间/平均，%）
华北地区	下马岭组	Pt_3Jx	>20000	50~170	0.85~24.3/5.14	I	0.6~1.65	45.1~67.3	23.1~33.5
	洪水庄组	Pt_3Jx	>20000	40~100	0.95~12.83/2.84	I	1.1	42.9~59.3	25.3~40.3
	平凉组	O_2p	15000	50~392.4/162	0.1~2.17/0.4	I—II	0.57~1.5	30.7~68.2	23.1~44.5
四川盆地及南方地区	陡山坨组	Z_2d	290325	10~233/60	0.58~12/2.02	I	2.0~4.5	28.5~56	25~42
	筇竹寺组	ϵ_1q	873555	20~465/225	0.35~22.15/3.44	I	1.28~5.2	28~78	8~47
	五峰组—龙马溪组	O_3w—S_1l	389840	23~847/225.75	0.41~25.73/2.57	I—II	1.6~3.6	21~44	10~65
	应堂组—罗富组	$D_{2+3}y$—$D_{2+3}l$	236355	50~1113/425	0.53~12.1/2.36	I—II	0.99~2.03	32~74	21~57/43
	旧司组	C_1j	97125	50~500/250	0.61~15.9/3.07	I—II	1.34~2.22	18~43	51~82/67.9
塔里木盆地	玉尔吐斯组	ϵ_1y	130208	0~200/80	0.5~14.21/2.0	I—II	1.2~5.0	55~82	4~44
	萨尔干组	$O_{2+3}s$	101125	0~160/80	0.61~4.65/2.86	I—II	1.2~4.6	54~86	14~45
	印干组	O_3y	99178	0~120/40	0.5~4.4/1.5	I—II	0.8~3.4	32~57	24~36
羌塘盆地	肖茶卡组	T_3x	141960	100~747/253	0.11~13.45/1.63	II	1.13~5.35	中等	低
	布曲组	J_2b	79830	25~400/181	0.3~9.83/0.55	III	1.79~2.4	中等	低
	夏里组	J_2x	114200	78~713/366	0.13~26.12/2.03	II	0.69~2.03	中等	中等

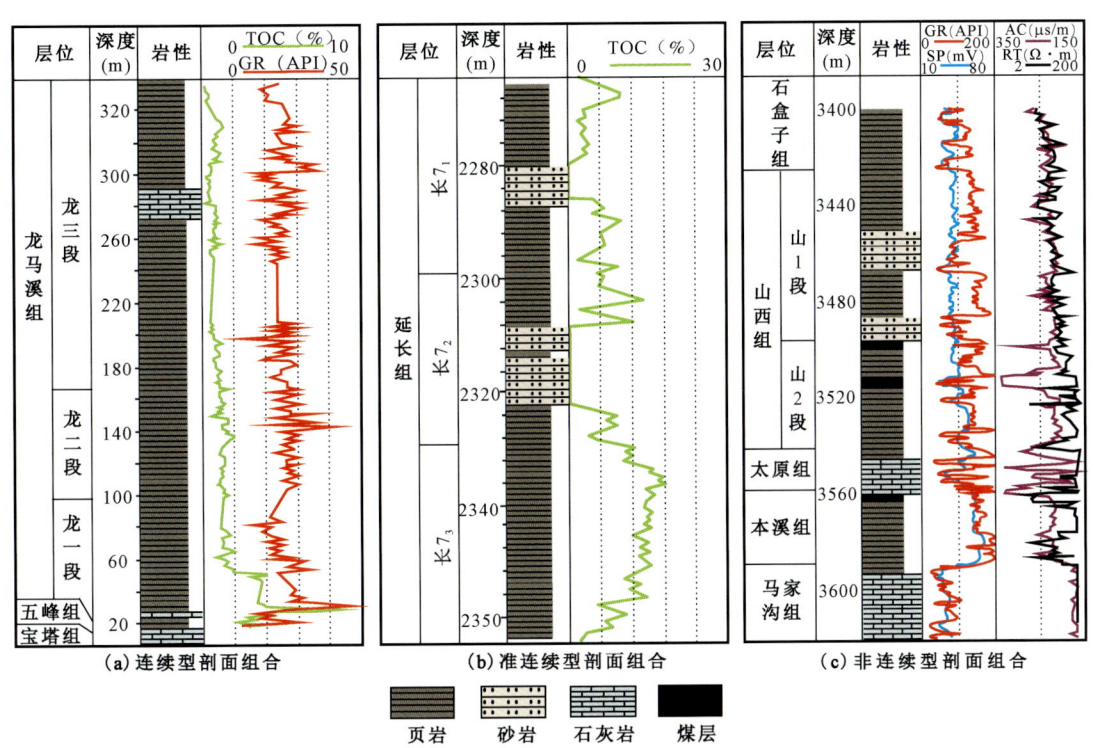

图2-6 中国富有机质页岩集中段剖面组合类型图

海相页岩连续厚度大；陆相页岩连续厚度大，有砂岩夹层；海陆过渡相页岩互层、连续厚度小

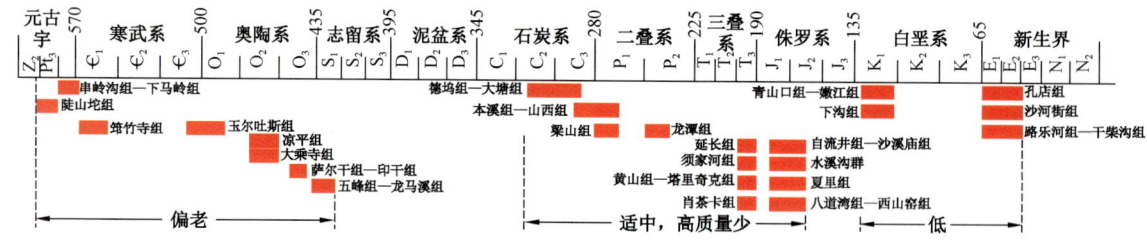

图 2-7 中国富有机质页岩热演化分类示意图

中国富有机质页岩演化特征:三大演化阶段,下古生界演化程度高,上古生界—中生界演化程度适中,中生界—新生界演化程度低。

南方海相页岩分布范围广,层系多,厚度大,TOC含量高,有机质类型好(以Ⅰ型—Ⅱ型为主),热演化程度以原油热裂解成气为主,气源充足,页岩储层有机质孔隙孔隙丰富,脆性矿物含量高,页岩气形成与富集条件整体优越(图2-8,图2-9),页岩气资源前景好。

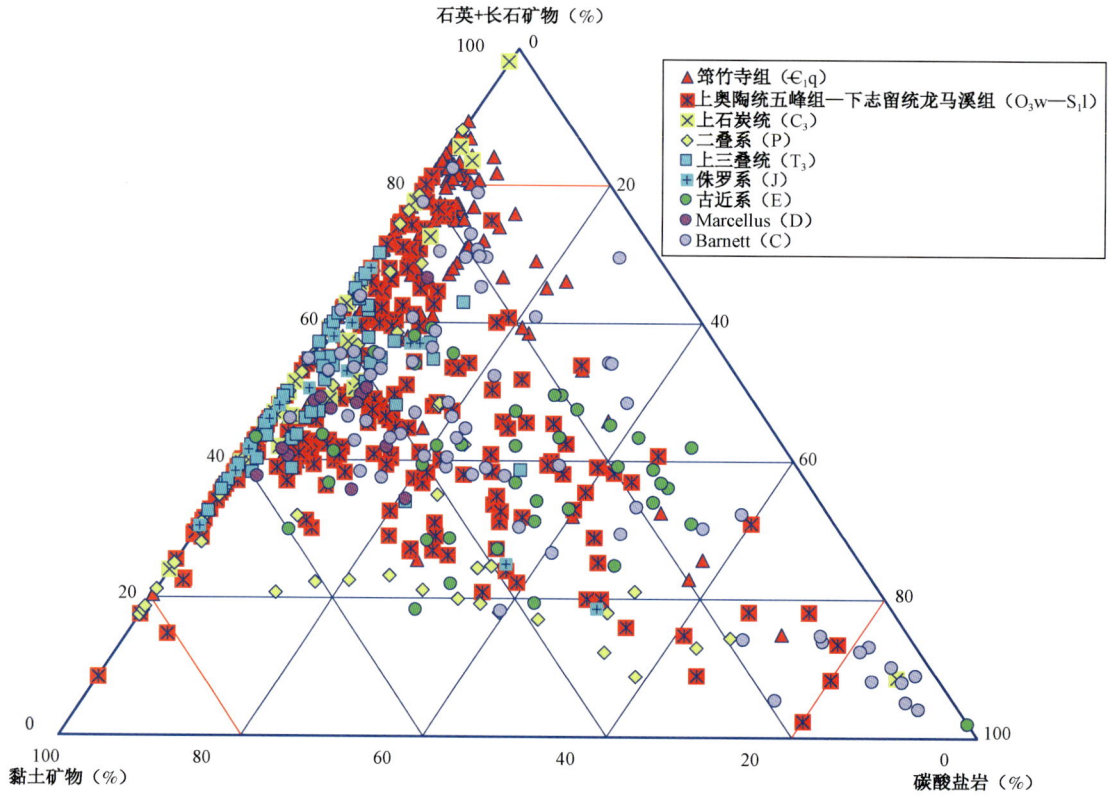

图 2-8 中国富有机质页岩矿物组成三角图

南方海相页岩分布面积 9.7×10^4(石炭系旧司组)~ $87\times10^4 km^2$(寒武系筇竹寺组),累计厚度为 200~1500m,平均厚度为500m。川西南、川南—黔北、川东—鄂西、川北、当阳—张家界、盐城—扬州、宁国—石台、黔南—桂中等地区厚度大。高TOC剖面分布统计,海相页岩为连续型高TOC含量剖面组合特征,连续厚度大。TOC含量为0.43%~25.73%,平均为1.23%~4.71%。目前,四川盆地局部地区实现了五峰组—龙马溪组海相页岩气规模工业化勘探开发,筇竹寺组等其他海相层系勘探取得发现,工业化开发在进一步探索中。五峰组—龙

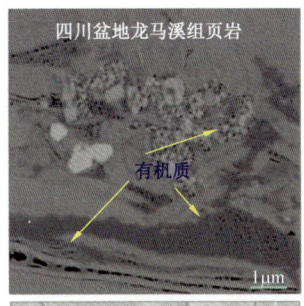 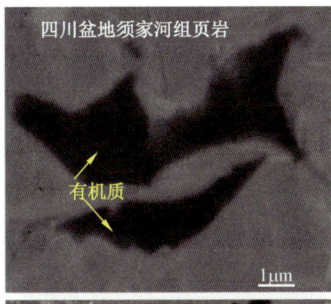 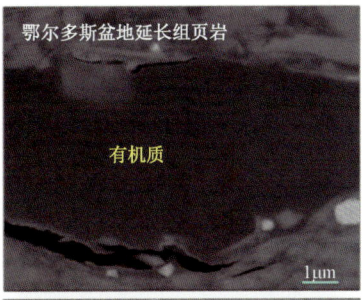
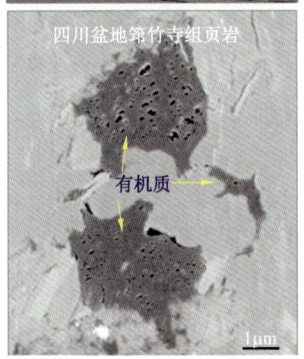  

图 2-9 不同类型页岩有机质微米—纳米孔隙发育特征扫面电镜照片图

马溪组海相页岩气富集高产主要受"四要素"控制,即有利沉积环境、有利岩相组合、适中热演化程度和有效构造保存(表 2-6)。

(1)半深水—深水陆棚沉积环境控制富有机质页岩稳定分布,是五峰组—龙马溪组页岩气形成与富集的最有利沉积相带及富有机质页岩发育相带。统计发现五峰组—龙马溪组富有机质页岩集中段位于其底部,TOC>2%,连续厚度大(一般为 20~100m),横向分布稳定。据实钻资料统计,富顺—永川地区集中段页岩厚度介于 40~100m 之间,威远地区厚度介于 30~40m 之间,长宁地区厚度介于 30~60m 之间,涪陵地区厚度介于 38~45m 之间。

(2)有机质丰度高、类型好,以热裂解成气为主,为页岩气形成与富集提供了丰富的气源。四川盆地及邻区五峰组—龙马溪组钻探普遍含气,筇竹寺组 TOC 值虽也较高,但含气量普遍低于 2.0m³/t,单井测试初始产量为 $(1.0~2.8)\times 10^4 m^3/d$。推测筇竹寺组热演化程度过高($R_o$ 均大于 3.4%),是造成页岩有机质碳化、有机质孔降低、含气量低的重要因素。

(3)富硅质、富钙质页岩,发育基质孔隙和裂缝,是页岩气储层最有利的岩石相。五峰组—龙马溪组页岩气主力产层以硅质页岩、钙质页岩为主,富含放射虫、海绵骨针等微体化石。大量硅质、钙质为生物成因或生物化学成因,高硅、高钙有利于形成页岩基质孔隙与裂缝。一般孔径介于 5~200nm 之间,孔隙度为 2.78%~7.08%、平均为 4.65%,渗透率为 0.001~0.058mD,平均为 0.012mD,达到优质页岩储层的孔渗条件。

(4)构造稳定,保存条件优越,地层超压控制了页岩气富集与高产。焦石坝、长宁、威远气田均属构造稳定区,水平井单井测试初始平均产量 $10\times 10^4 m^3/d$ 以上。昭通、彭水含气区块构造复杂,含气性普遍较差。地层超压也是页岩气保存条件好的重要表现。四川盆地内五峰组—龙马溪组压力系数均大于 1.2,为超压,页岩含气量大于 4m³/t,普遍好于筇竹寺组。分析认为五峰组—龙马溪组产层上覆巨厚黏土质页岩,下伏泥质含量高、稳定性好的宝塔组石灰岩,自封闭能力强,易于形成超压页岩气层。

表 2-6 五峰组—龙马溪组与北美页岩气层地质特征对比表

地区	盆地	区块	主要页岩地层层位	埋深(m)	有利区面积(km²)	可采资源量(10⁸m³)	富有机质页岩地化参数 厚度(m)	TOC	R_o	有机质类型	物性参数 孔隙度	渗透率(nD)	含气量(m³/t)	脆性参数 岩石矿物组成	泊松比	杨氏模量(MPa)
中国	四川	威远	上奥陶统—下志留统五峰组—龙马溪组	1300~3700	2800	2500	45	2.70%	2.70%	腐泥型、偏腐泥混合型	5.3%	42	2.92	脆性矿物66.4%，黏土33.6%	0.18~0.21	$1.33×10^4$~$2.1×10^4$
中国	四川	富顺—永川	上奥陶统—下志留统五峰组—龙马溪组	3200~4500+	13500	26000	80	3.80%	3.00%	腐泥型、偏腐泥混合型	4.2%	233	3.5	脆性矿物61.3%，黏土38.7%	0.23~0.28	$2.3×10^4$~$3.1×10^4$
中国	四川	长宁	上奥陶统—下志留统五峰组—龙马溪组	2000~4500	4300	5500	60	3.45%	2.95%	腐泥型、偏腐泥混合型	5.4%	290	4.1	脆性矿物69.5%，黏土30.5%	0.18~0.25	$2.07×10^4$~$2.5×10^4$
中国	四川	昭通	上奥陶统—下志留统五峰组—龙马溪组	900~2200	1500	1100	38	3.20%	2.95%	腐泥型、偏腐泥混合型	5.0%	190	2.3	脆性矿物68.0%，黏土32.0%	0.19~0.22	$1.07×10^4$~$2.69×10^4$
中国	四川	焦石坝	上奥陶统—下志留统五峰组—龙马溪组	2100~3500	545	809	40	3.50%	2.60%	腐泥型、偏腐泥混合型	6.2%	348	6.1	脆性矿物67.0%，黏土31.4%	0.20~0.30	$2.5×10^4$~$4.0×10^4$
美国	得克萨斯州	墨西哥湾沿岸盆地	白垩系 Eagle Ford	1220~4270	3000	5900	61	2.76%	1.20%	偏腐泥混合型	9.0%	1000	2.8~5.7	脆性矿物45%~65%，黏土35%~55%	0.20~0.30	$1.3×10^4$~$3.5×10^4$
美国	得克萨斯州	Fort Worth 盆地	石炭系 Barnett	1980~2590	13000	12461	90	3.74%	1.60%	偏腐泥混合型	5.0%	50	8.5~9.9	脆性矿物40%~60%，黏土40%~60%	0.12~0.22	$1.37×10^4$~$2.12×10^4$
美国	路易斯安那州北部	Salt 盆地	侏罗系 Haynesville	3200~4200	23000	71083	80	3.01%	1.50%	腐泥型、偏腐泥混合型	8.3%	350	2.8~9.3	脆性矿物35%~65%，黏土35%~65%	0.24	$1.4×10^4$~$3.5×10^4$
美国	阿肯色州	Arkoma 盆地	石炭系 Fayetteville	305~2134	23000	11781	40	3.77%	2.50%	腐泥型、偏腐泥混合型	6.0%	50	1.7~2.6	脆性矿物40%~70%，黏土30%~60%	0.23	$1.4×10^4$~$3.2×10^4$
美国	俄克拉荷马州	Anadarko 盆地	泥盆系 Woodford	1829~3353	29000	3228	48	5.34%	1.50%	腐泥型、偏腐泥混合型	5.0%	50	5.6~8.5	脆性矿物50%~75%，黏土25%~50%	0.10~0.25	$1.2×10^4$~$2.4×10^4$
加拿大	西加拿大	西加拿大盆地	三叠系 Montney	900~2740	142000	13875	105	2.79%	1.50%	腐泥型、偏腐泥混合型	5.0%	30	1.1~3.2	脆性矿物45%~70%，黏土30%~55%	0.10~0.23	$2.4×10^4$~$3.8×10^4$

2. 海陆过渡相页岩气基本特征

海陆过渡相页岩主要为形成于石炭系—二叠系海陆交互相碎屑岩含煤建造中的富有机质页岩,有机质以陆源高等植物为主,页岩常与煤层共生、与砂岩互层。包括准噶尔盆地石炭系滴水泉组—巴山组(C_1d—C_2b),华北地区石炭系本溪组(C_2b),二叠系太原组(P_1t)、山西组(P_1s)和南方地区二叠系龙潭组(P_2l)(图2-10,图2-11)。华北地区石炭系—二叠系页岩分布面积$10×10^4$~$20×10^4 km^2$,总厚度60~200m,最大累计厚度300m,单层厚8~15m,最大单层厚40m。南方地区上二叠统龙潭组分布面积达$87×10^4 km^2$,四川盆地二叠系页岩最大厚度达150m以上,平均厚度大于50m,富有机质页岩厚20~60m。

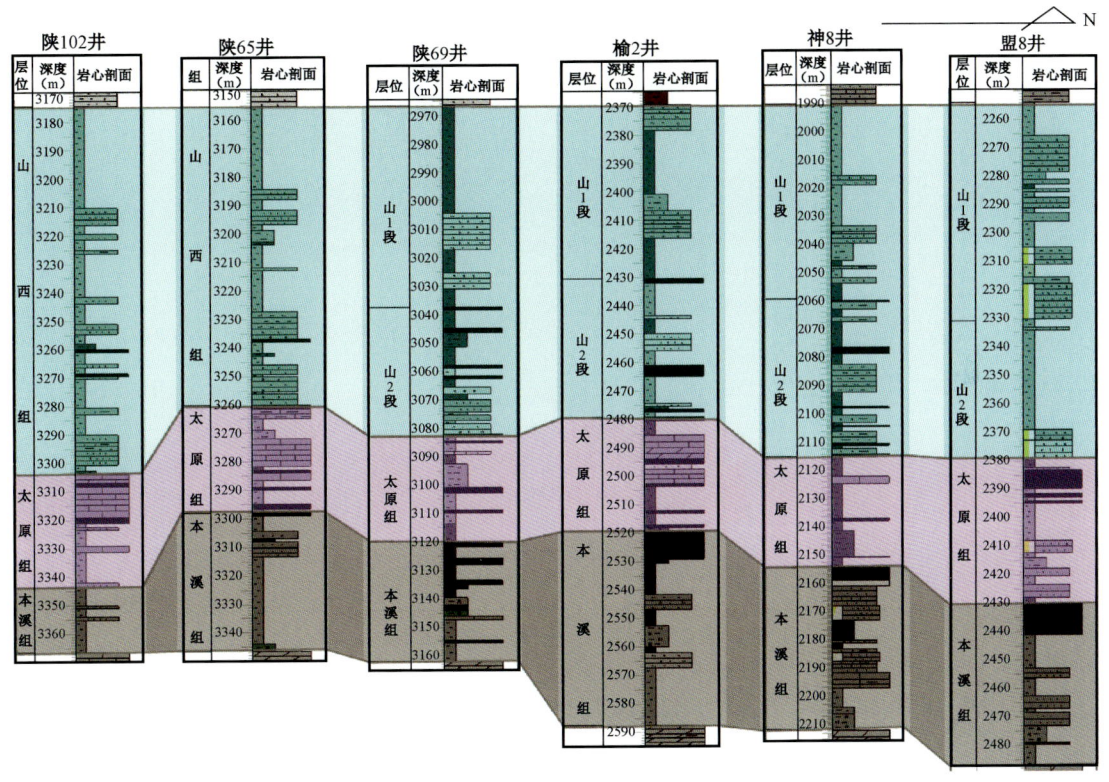

图2-10 鄂尔多斯盆地石炭系—二叠系钻井剖面对比图

与海相相比,海陆过渡相页岩气形成与富集特征主要为(表2-7,表2-8):(1)分布特征为大面积广覆式分布,深沼芦苇相控制优质富有机质页岩的厚度和分布规模。(2)有利岩相组合为黏土质页岩和粉砂质页岩,脆性程度高。(3)储层孔缝以基质孔隙(黏土矿物晶间、粒间孔、溶蚀孔)等为主,存在有机质孔隙,局部发育裂缝。(4)成气条件好,有机质类型以II_2型—Ⅲ型为主,处在成气高峰阶段,为70%的常规天然气资源提供了气源。(5)赋存与保存好,构造稳定,埋深适中,受盆地类型和生烃作用控制,前陆盆坳陷区普遍超压。(6)富集区特点是连续厚度大,上覆盖层好,地层超压,有利于页岩气的富集。

与北美页岩气类型单一相比,海陆过渡相页岩气或许是中国页岩气藏的一大特点。迄今,海陆过渡相页岩气钻井数不多,也只有少数井获气流,无生产井,其资源前景存有不确定性。

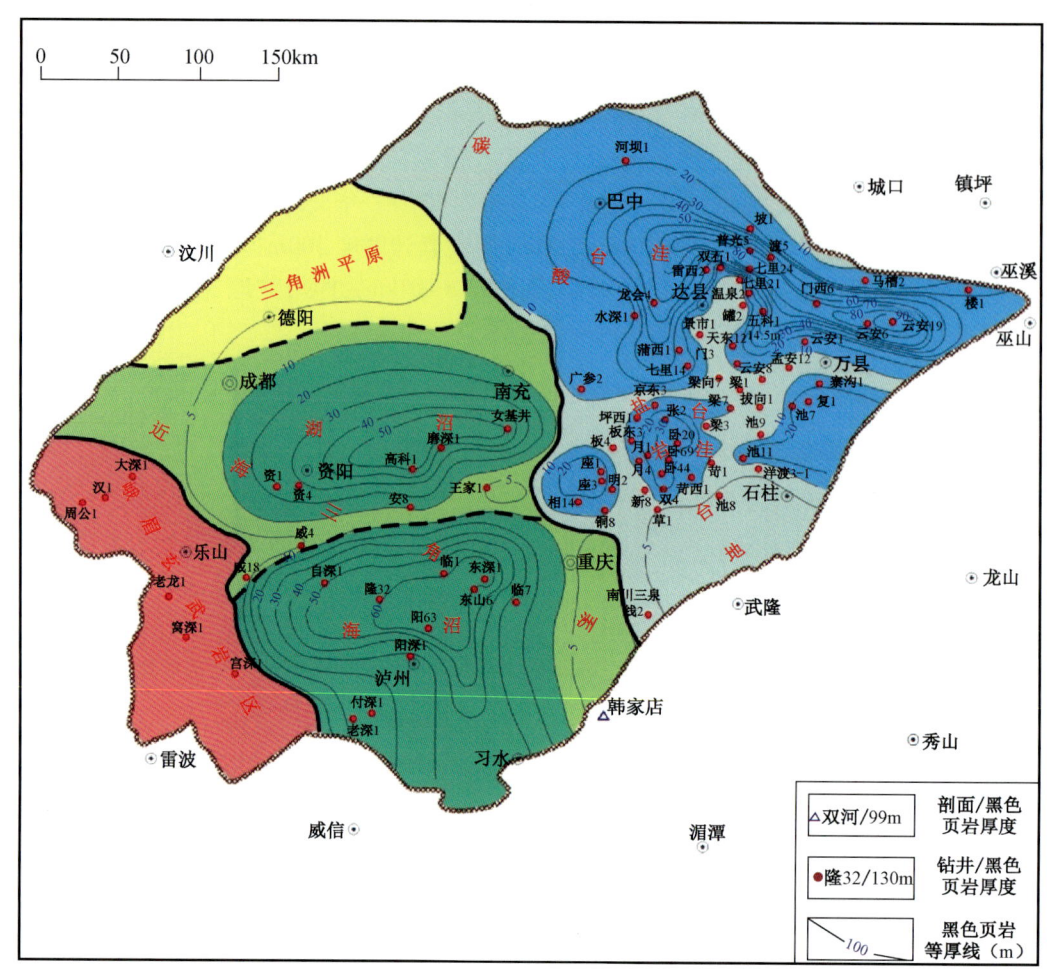

图 2-11　四川盆地上二叠统龙潭组沉积相与富有机质页岩分布图

表 2-7　海陆过渡相富有机质页岩分布与页岩气成藏特征表

地区	页岩名称	时代	面积 (km^2)	厚度 (m)	TOC 区间/平均(%)	有机质类型	热成熟度 R_o(%)	脆性矿物含量(%)
四川盆地	梁山组—龙潭组	P_1l—P_2l	18900	20~170	0.5~12.55/2.91	Ⅲ	1.8~3.0	35~60
滇东—鄂西	龙潭组	P_2l	132000	20~200	0.35~6.5/0.9	Ⅲ	2.0~3.0	30~50
中—下扬子	龙潭组	P_2l	65700	20~600	0.1~12/2.12	Ⅲ	1.3~3.0/1.8	30~50
华南	龙潭组	P_2l	84400	50~600	0.1~10/1.9	Ⅲ	2.0~4.0/3.0	30~50
鄂尔多斯盆地	太原组	C_3t	250000	30~180	0.5~36.79/4.2	Ⅲ	0.6~3.0/1.8	30~50
鄂尔多斯盆地	本溪组	P_1b	250000	30~180	0.5~25/4.0	Ⅲ	0.6~3.0/1.8	30~50
鄂尔多斯盆地	山西组	P_1sh	250000	30~180	0.5~31/2.9	Ⅲ	0.6~3.0/1.8	30~50
渤海湾盆地	二叠系	P	200000	20~160	0.5~3.0/1.5	Ⅲ	0.5~2.6/1.1	30~50
渤海湾盆地	石炭系	C	200000	20~180	0.5~3.0/1.5	Ⅲ	0.5~2.8/1.2	46.8~49.2

表 2-8 四川盆地、鄂尔多斯盆地海陆过渡相与陆相页岩含气量测试数据表

盆地	井号	层位	井深(m)	岩性	含气量(m^3/t)	压力系数
鄂尔多斯	J57	山西组	933.15	深灰色粉砂质页岩	0.05	<1.0
			938.20	灰黑色页岩	0.04	<1.0
			960.75	深灰色粉砂质页岩	0.04	<1.0
			962.36	灰黑色粉砂质页岩	0.04	<1.0
			963.55	灰黑色页岩	0.07	<1.0
			965.87	灰黑色砂质页岩	0.04	<1.0
	苏373		3451.57	灰黑色砂质泥岩	0.93	<1.0
			3455.43	灰色砂质泥岩	0.40	<1.0
			3495.11	黑色碳质泥岩	0.73	<1.0
四川	剑门103	须一段	4966.8	灰黑色页岩	2.94	2.03
			4974.9	灰黑色页岩	3.06	2.03
	剑门104	须三段	4589.3	深灰色粉砂质页岩	3.02	2.0
			4590.7	灰黑色页岩	2.71	2.0
			4592.50	灰黑色页岩	3.77	2.0

3. 陆相页岩气基本特征

陆相富有机质页岩形成时代多,最早的有二叠纪,最晚的为古近—新近纪,主要为中生代—新生代(表 2-9),尤其是中生代三叠纪—侏罗纪。二叠系陆相页岩发育在准噶尔盆地,包括风城组(P_1f)、夏子街组(P_2x)和乌尔禾组($P_{2+3}w$)。三叠系陆相页岩发育在鄂尔多斯盆地、四川盆地,为晚三叠世大型坳陷湖盆沉积,长 9 段(T_3ch_9)、长 7 段(T_3ch_7)和须家河组(T_3x_{1-5})为优质页岩层段。侏罗纪在中—西部地区为大范围湖相—湖沼相含煤建造期,在四川盆地为内陆浅湖—半深水湖沉积,早—中侏罗世发育了自流井组($J_{1+2}z$)页岩。白垩系陆相页岩发育在松辽盆地青山口组、嫩江组、沙河子组和营城组。古近纪在渤海湾盆地发育沙河街组沙一段(E_3s_1)、沙三段(E_3s_3)、沙四段(E_3s_4)和孔店组(E_3k)页岩。

陆相富有机质页岩成因与分布模式主要有三种类型:(1)坳陷湖盆中央坳陷区大面积缺氧环境的水体分层模式,富有机质页岩横向分布相对稳定且范围广;(2)断陷湖盆洼陷区缺氧环境的水体分层模式,富有机质页岩厚度大,横向变化大;(3)前陆湖盆坳陷区缺氧环境的水体分层模式,富有机质页岩厚度大,斜坡区发育煤系富有机质页岩。深湖—半深湖区以细粒物质垂直沉降为主,凝絮作用形成的有机质团粒加速了沉积物堆积,同时水体分层造成底水缺氧,有利于有机质保存。

陆相页岩形成时间晚,有机质主要来源于湖生浮游生物及陆源高等植物,有机质类型为Ⅰ型—Ⅱ型,岩石类型主要为厚层状黑色页岩、粉砂岩,热演化程度低,主体处于生油阶段。陆相页岩气可能有生物成因气—低成熟气区和盆地中心或埋深较大区热成因气两种,陆相页岩气前景好的有四川盆地、鄂尔多斯盆地,较好的有塔里木盆地、准噶尔盆地、松辽盆地、渤海湾盆地等。与其他两类页岩气相比,陆相页岩气成藏与富集具有"四优四劣"的显著特征(图 2-12,表 2-10)。

表 2-9 中国陆相富有机质页岩分布与页岩气成藏特征表

地区	页岩名称	时代	面积 (km²)	厚度 (m)	TOC(%)	有机质类型	热成熟度 R_o(%)	脆性矿物含量(%)
松江盆地	青一段	K_1q_1	184673	50~500	0.4~4.5/2.2	I—II	0.5~1.5	20~31
	青二段—青三段	K_1q_{2+3}	164538	25~360	0.2~1.8/0.9	II	0.5~1.4	20~31
渤海湾盆地	沙一段	E_3s_1	8816	50~250	0.8~27.3/2.4	II_2	0.7~1.8	20~31
	沙三段	E_3s_3	8874	10~600	0.5~13.8/3.5	I—II_1	0.4~2.0	20~31
	沙四段	E_3s_4	7911	10~400	0.8~16.7/3.2	II_1	0.6~3.0	20~31
四川盆地	须家河组	T_3x_1	41800	50~300	1.0~4.0/1.6	III+II	1.6~3.6	36~55/47
		T_3x_3	45000	20~100	1.5~8.0/2.7	III	1.2~3.6	
		T_3x_5	63900	10~200	1.0~9.0/2.9	III	1.2~3.3	
	自流井组	$J_{1+2}z$	90000	40~180	0.8~2.0	I—II_1	0.6~1.6	20~31
鄂尔多斯盆地	长7段	T_3x_1	37000	10~45	0.3~36.22/8.3	I—II_1	0.6~1.16	37.5~52.5/43
	长9段	T_3x_9	14000	10~15	0.36~11.3/3.14	I—II_1	0.9~1.3	29~56.4/45
吐哈盆地	八道湾组、三工河组	J_1b, J_1s	20050	100~600	0.5~20/1.5	III	0.5~1.8/0.8	30~50
	西山窑组	J_2x	18870	100~600	0.5~20/1.0	III	0.4~1.6/0.7	30~50
塔里木盆地	黄山街组	T_3h	133450	200~550	1.0~30	III	0.6~2.8	
	塔里奇克组	T_3t	125500	100~600	15.5~23.7	III	0.4~1.6	
	阴霞组	J_1y	83400	40~120	2.5~20.0	III	0.6~1.6	30~50
	克孜勒努尔组	J_2k	130480	50~700	1.9~15.86/8.6	III		
	滴水泉组—巴山组	C_1d—C_2b	50000	120~300	0.17~26.76/4.13	III	1.6~2.626	
准噶尔盆地	八道湾组	J_1b	97100	50~350	0.6~35/3.3	III	0.5~2.5/1.0	30~50
	三工河组	J_1s	93430	25~240	0.5~31/2.5	III	0.5~2.4/1.0	30~50
	西山窑组	J_2x	90500	25~250	0.5~20/1.5	III	0.5~2.3/0.9	30~50
	风城组	P_1f	31800	50~300	0.47~21/5.34	I—II_1	0.54~1.41	19.1~31/25
	夏子街组	P_2x	57200	50~150	0.41~10.8/2.42	I—II_1	0.56~1.31	15~27/21
	乌尔禾组	$P_{2+3}w$	63400	50~450	0.7~12.08/4.76	I—II_1	0.8~1.0	20~31

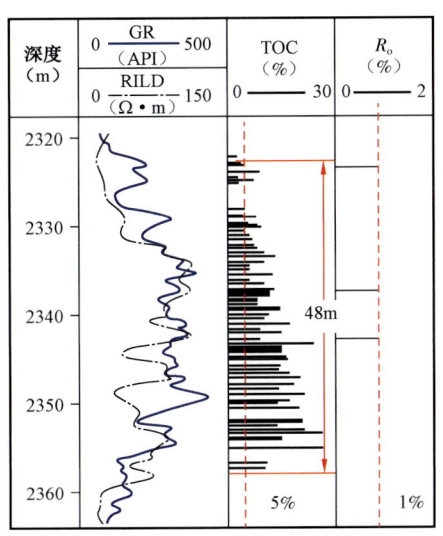

图 2-12 鄂尔多斯盆地长 7 段页岩集中段特征

表 2-10 典型盆地陆相有利页岩规模统计表

盆地	层系	TOC>2% 页岩面积 ($10^4 km^2$)	TOC>2% 页岩厚度(m)	R_o>1.2%面积 ($10^4 km^2$)	占比 (%)	埋深 (m)
松辽	青一段	2.5	50~200	0.25	10	>1500
渤海湾	沙河街组	3.7	50~300	0.93	25	>4000
鄂尔多斯	长 7 段	4.0	10~80	0.44	11	>1200
四川盆地	侏罗系	1.66	10~40	0.23	14	>4000

"四优"主要表现为:(1)深水—半深水湖盆中心和斜坡带富有机质页岩发育,分布广;(2)富有机质页岩总厚度大,集中段较发育(一般厚20~200m);(3)有机质丰度高(TOC 含量 2%~8%),母质类型好,以Ⅰ型—Ⅱ型为主;(4)构造简单,保存条件好,地层一般超压。

"四劣"主要表现为:(1)热演化低,R_o 为 0.6%~1.1%,以生油为主;(2)黏土矿物含量高,成岩程度低,页岩脆性相对较差;(3)有机质孔不发育,物性总体偏低;(4)生气范围小,占 10%~30%,埋深较大。

由此可以做出预测:热成熟度相对高、埋深适中的凹陷斜坡区是湖相页岩气的最佳有利区。

目前,陆相页岩气勘探开发钻井集中在鄂尔多斯盆地三叠系,有近 50 余口井获气流,测试初始产量差异大,递减快,未形成工业产能,资源前景有待进一步落实。

四、油页岩

1. 油页岩的岩性特征

油页岩为一种致密沉积岩,其中有机质与未成熟的干酪根含量丰富并且干酪根颜色一般呈黄褐色或黑褐色,岩石层理细密,颗粒细致。因其中含有的有机质大多为成油物质且不溶于有机溶剂(即"油母"),故油页岩又被称为"油母页岩"。国际上将每吨能产出 0.25bbl 以上页岩油的油页岩称为矿,含油率大于3.5%的油页岩有开采价值;我国一般将含油率5%以上的油页岩定为富矿,否则为贫矿。油页岩相对密度为1.4~2.7g/cm³,灰分很高(>40%),成分中的有机质与矿物质呈均匀细密混合状,很难用常规选煤的方法筛选出来。

2. 油页岩的沉积类型

根据油页岩母质及形成环境的不同,可以将其分为陆相油页岩、湖相油页岩和海相油页岩三类。

陆相油页岩中的有机质主要为富含脂质的有机物,它们在还原条件下经过成岩及煤化作用,可转化为可燃的有机岩,这种油页岩也可称为腐泥煤;湖相油页岩的母质主要为淡水和半咸水中的藻类及低等浮游生物,这些藻类在半深湖或深湖中沉积埋藏后,在水体还原或强还原的作用下,逐渐变成油页岩的有机质;海相油页岩的沉积环境包括大型湖盆、浅海环境、小型湖盆及沼泽等,其有机质母质的主要成分为海藻、未知单细胞微生物和海生鞭毛虫。我国以陆相为主,国外则以海相居多。

3. 油页岩的古地理环境

根据油页岩形成的古地理环境的不同,可以将油页岩的矿床类型分为近海型和内陆湖泊型两类。近海型是指形成于湖海湾、滨岸三角洲边缘以及其他滨海环境中的油页岩。这种油页岩具有与石灰岩共生、矿层分布面积广、层数多的特点。我国广东茂名、新疆妖魔山、波罗的海盆地的爱沙尼亚和列宁格勒均分布着该类型油页岩。内陆湖泊型油页岩是指在内陆湖泊环境中形成的油页岩,常与煤共生,或以互层形式出现。这种油页岩虽然矿层较厚,但横向变化大。我国辽宁抚顺、美国著名的科罗拉多绿河油田均含有大量内陆湖泊型油页岩,尤其是后者,经济开采价值很高。研究表明,我国油页岩在各个时代的地层中均有分布,以新生代断陷湖盆居多,国外油页岩的时代分布范围也十分广泛,从寒武纪、奥陶纪到白垩纪及古近纪。

4. 沉积构造背景

我国油页岩资源总体分布与构造大区构造演化、沉积盆地形成密切相关;东部属于太平洋构造域作用区,中部为太平洋与古亚洲洋构造作用区,西部为古亚洲洋与古特提斯构造作用区,南方为特提斯与太平洋构造作用区,西藏为新特提斯与古亚洲洋构造作用区。我国油页岩矿床总体分布与沉积盆地发育一样表现为北富南贫,北部主要分布于大型坳陷型沉积盆地与古近—新近系小型断陷中;中—西部主要分布于大型继承性坳陷与前陆盆地、山间断陷盆地中;南方主要分布于残留断陷盆地与古近—新近系新生断陷中;西藏地区主要分布于特提斯构造域影响下的残留海相前陆盆地与古近—新近系新生断陷中。我国油页岩资源总体也相应呈现东部、中—西部、南方和西藏四大构造区域格局分布特征。从油页岩资源评价的结果看,我国中—西部油页岩主体形成于陆相;从形成的地质时期看,以古生代和中生代为主。

五、油砂

我国油砂形成主要有两期:燕山期和喜马拉雅期。古生界油砂矿和沥青形成于燕山期,且分布局限,主要分布于南方的残留盆地中。如麻江—瓮安地区、桂中坳陷、南盘江坳陷等古生界中的油砂和沥青砂。这些盆地中的古生界烃源岩于加里东期或印支期进入生油高峰,并形成古油藏。燕山运动使古油藏抬升,遭受氧化等形成油砂矿。这些油砂矿还可能受到后期改造运动进一步改造,使油砂质量变差,甚至变成干沥青矿。

中—新生界油砂矿均形成于喜马拉雅期,且分布广泛、资源丰富,喜马拉雅期是我国重要的油砂成矿期。准噶尔盆地、松辽盆地、四川盆地和鄂尔多斯盆地中生界的油砂矿在此期间形成。这些盆地中的烃源岩在燕山晚期或喜马拉雅早期进入生油高峰,并形成油藏。喜马拉雅运动使油藏抬升,遭受氧化等形成油砂矿或使油藏破坏,油气再次运移到地表或浅部储层中形成油砂。

六、天然气水合物

天然气水合物在自然界广泛分布在陆地永久冻土带和水深大于300m的海底及海底以下数百米的沉积层内,一般以分散胶结物颗粒状、结核状、团块状和薄层状的集合体形式赋存,或者以细脉状、网脉状形式充填于沉积物裂隙中。生成天然气水合物的烃类气体主要来自沉积物中微生物对有机质的分解,即生物甲烷气;个别地区的部分气体来自深部沉积层中有机质的热分解作用。目前,国际上发现的天然气水合物主要为块状和脉状,而我国发现了均匀分散状实物样品且水合物丰度高。概括起来,水合物具有以下几大特征。

(1)分布广泛。目前,实际上在大陆边缘水深大于300~500m的大陆斜坡上均已发现了天然气水合物,已发现天然气水合物矿藏的面积估计占全部海洋面积的30%以上。

(2)资源量巨大。据保守计算,世界上天然气水合物所含天然气的总资源量为$(1.8~2.1)\times 10^{16} m^3$,其热当量相当于全球已知煤、石油和天然气总热当量的两倍。

(3)规模大。天然气水合物矿层一般厚数厘米至数百米,分布面积数千到数十万平方千米,单个海域水合物中天然气的资源量可达数万至数百万亿立方米,其规模之大,是其他常规天然气气藏无法比拟的。例如:美国东部大陆边缘布莱克海台南部一个30n mile×100n mile的地区,其水合物资源量约$350\times 10^8 t$油当量,按美国目前年消耗量计算,能够满足美国未来105年的需要;加拿大温哥华(Vancouver)岛大陆坡的天然气水合物资源量也十分丰富,其蕴藏的天然气估计约$10\times 10^{12} m^3$,按加拿大目前年消耗量计算,可满足加拿大未来200年的需要;日本静冈县御前崎近海水合物蕴藏的天然气储量达$7.4\times 10^{12} m^3$,可满足日本未来140年的需要。

(4)埋藏浅。在深海,水合物矿藏赋存于海底以下0~2000m的沉积层中,而且多数赋存于自表层向下厚数百米(500~800m)的沉积层中。与常规石油和天然气比较,天然气水合物矿藏埋藏较浅,有利于商业开发。

(5)能量密度高。在标准状态下,水合物分解后气体体积与水体积之比为164:1,也就是说,一个单位体积的水合物分解至少可释放164个单位体积的甲烷气体。这样的能量密度是常规天然气的2~5倍,是煤的10倍。

(6)清洁。水合物分解释放的天然气主要是甲烷,相比常规天然气含有更少的杂质,燃烧后几乎不产生环境污染物质,因而是未来理想的清洁能源。

第三节 非常规油气资源成藏主控因素

从上述非常规油气资源成藏地质特征来看,在七类非常规资源类型中,既有共性,也有明显的差异性。如致密油和致密气成藏条件相似,均为源内和近源成藏,煤层气和页岩气为源储一体成藏,油砂和天然气水合物为近源—远源成藏。分析其成藏主控因素,同样表现为差异化的特征(表2-11)。

一、致密油气

勘探实践表明,致密油气成藏与常规油气有显著区别。致密油气成藏主要受构造背景、优质烃源岩、大面积非均质致密储层和源储紧密接触等因素控制。

表 2-11 非常规油气资源特征及主控因素

序号	资源类型	资源特征及富集主控因素
1	致密油	(1)中国发育陆相源上、源下和源内三种类型致密油,以源内为主; (2)发育三类致密油烃源岩,优质烃源岩控制致密油分布; (3)淡水和咸化湖盆形成的三大类致密油储层物性差、非均质性强; (4)源储叠置共生,生烃增压、断裂沟通致密油连续聚集成藏
2	致密气	(1)煤系烃源岩为主体,广覆式分布、持续生烃; (2)致密储层多层叠置,分布面积大; (3)煤系烃源岩与储层互层、短距离运聚成藏
3	页岩气	(1)发育三类页岩气资源,海相页岩气形成条件最有利; (2)富有机质页岩主要发育在深水陆棚相,成熟度高、分布面积大; (3)构造稳定、保存条件好、地层超压是页岩气富集高产的重要因素
4	煤层气	(1)不同煤阶成藏条件差异大,低渗透率、低压、低饱和度特征显著; (2)资源分布受盆地类型控制; (3)地下水滞流—弱径流区是煤层气富集区; (4)孔隙和裂隙发育是煤层气富集和高产的主要影响因素
5	油砂	(1)有效储集体、高效运移通道、后期构造抬升是油砂成矿的主控因素; (2)发育斜坡逸散型、古油藏破坏型和次生集聚型三种成矿类型
6	油页岩	(1)半深湖—深湖相最有利于形成大面积厚层油页岩,品质高; (2)发育大型断陷浅水、断陷深水、断陷沼泽和坳陷深水四种油页岩成矿模式
7	水合物	(1)合适温压条件; (2)海域浊流沉积速率高、含砂率适中、孔隙空间大;有气源和运移通道

1. 稳定宽缓的构造背景是致密油气成藏的前提条件

致密油气储层几乎分布在所有盆地类型中,陆相断陷盆地、坳陷盆地、前陆盆地和海相克拉通盆地均普遍发育。虽然盆地类型不同,致密储集体和展布特征不同,但均具有稳定宽缓的构造背景。

稳定宽缓的构造背景主要特征是以整体升降作用为主,沉积地层变形弱,发育大面积平缓的斜坡构造,利于浅水三角洲砂体(图 2-13)、水下扇扇端砂体、浊积砂和深水席状砂发育,多呈环(条)带状和席状大面积分布。

稳定区是致密储层发育的有利区,包括陆相断陷盆地的缓坡一侧、克拉通内坳陷湖盆中央的凹陷—斜坡区、裂谷背景上的坳陷型盆地内部、前陆湖盆的前陆凹陷—斜坡一侧和克拉通盆地内部的广阔地区等。这些地区的共同特征是控制沉积作用和差异升降断裂不发育,构造相对稳定,利于致密储层大面积分布,在不同地质历史时期的古地理环境下,沉积层序总体由凹陷向斜坡区减薄、相变,甚至尖灭缺失,以岩性圈闭和地层—岩性圈闭为主,致密储层纵向上相互叠置,平面上复合连片大面积分布。

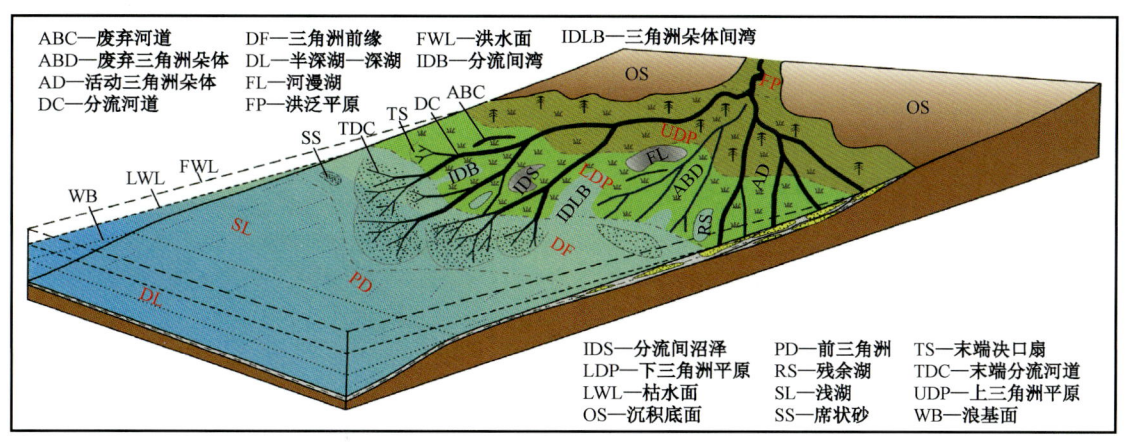

图 2-13　陆相湖盆浅水三角洲沉积模式

2. 广覆式优质烃源岩是致密油气成藏的重要物质基础

大面积有利的烃源岩是致密油气形成的重要物质基础(表 2-12),如北美巴肯海相致密油,我国鄂尔多斯盆地延长组长 7 段和准噶尔盆地吉木萨尔凹陷芦草沟组湖相致密油烃源岩十分优越。致密气藏的烃源岩以煤系地层为主,如北美落基山地区白垩系—古近系致密砂岩气藏,我国鄂尔多斯盆地石炭系—二叠系与四川盆地上三叠统须家河组致密砂岩气藏。与常规油气相比,致密油气更强调大面积、高丰度烃源岩源内或近源短距离供烃特征,其他生烃指标与演化参数等特征基本相同。

表 2-12　中国与北美致密油气源岩主要特征对比

主要特征	致密油烃源岩		致密气烃源岩	
	北美	中国	北美	中国
沉积背景	海相	陆相	海相—海陆过渡相	陆相—海陆过渡相
岩性	海相页岩	湖相泥(质)岩	煤层和泥页岩	煤系和泥岩
干酪根类型	Ⅰ 型为主	Ⅰ—Ⅱ 型	Ⅲ 型为主	Ⅲ 型为主
厚度(m)	2~60	10~500	3~15(煤层)	2~20(煤层)
TOC(%)	3~14	1~10	平均 2~10	平均 1.9~3.2
R_o(%)	0.5~2.0	0.5~2.0	0.8~1.45	1.0~2.8
分布范围(km^2)	10000~150000	几百~上万	几百~几万	几百~几千
分布特征	稳定,厚度薄,范围大	厚度变化大,范围相对小	稳定,面积大	厚度与面积变化大

源内湖相优质烃源岩最利于形成致密油。优质烃源岩发育在湖盆扩张期的凹陷—斜坡地区,以深湖—半深湖环境为主,岩性主要为暗色泥岩与泥页岩,具有烃源岩质量好、规模大、热演化适度与生烃总量大等特征(表 2-13),为各类储集体聚油成藏奠定了资源基础。例如,松辽盆地主要烃源岩发育在青山口组青一段,是暗色泥岩,除在盆地边部(如滨北地区)砂岩含量较高外,在中央坳陷区几乎全区分布,烃源岩厚 60~80m,有机碳含量平均为 2.2%,有机质类型以 Ⅰ—Ⅱ 型为主,有效烃源岩面积达 $6.5 \times 10^4 km^2$,占湖盆总面积的 53%。

表 2-13 中国典型致密油源岩特征

盆地		鄂尔多斯	准噶尔	四川	渤海湾	松辽	柴达木	酒西	三塘湖	吐哈
层位		延长组	二叠系	侏罗系	沙河街组	白垩系	古近—新近系	白垩系	二叠系	侏罗系
有利面积($10^4 km^2$)		5~10	3~5	4~10	5~10	5~10	1~3	0.3~1	0.5~1	0.7~1
烃源岩	岩性	湖相泥页岩	湖相泥岩	湖相泥岩	湖相泥岩	湖相泥岩	湖相泥岩	湖相泥岩	湖相泥岩	湖相泥岩
	干酪根类型	Ⅰ—Ⅱ型	Ⅰ—Ⅱ型	Ⅰ—Ⅱ型	Ⅰ为主	Ⅰ—Ⅱ型	Ⅱ型	Ⅰ—Ⅱ型	Ⅰ—Ⅱ型	Ⅰ—Ⅱ型
	厚度(m)	10~100	10~35	100~150	100~300	80~450	200~1200	400~500	50~700	30~60
	TOC(%)	2~10	3~4	1.0~2.4	1.5~3.5	0.9~3.8	0.4~1.2	1.0~2.5	1~6	1~5
	R_o(%)	0.7~1.2	0.6~1.5	0.5~1.6	0.5~2.0	0.5~2.0	0.6~1.8	0.5~0.8	0.6~1.2	0.5~0.9
资源量(10^8t)		35.5~40.6	15.0~20.0	15.2~18	20.5~25.4	19.0~21.3	3.6~4.4	1.8~2.3	0.9~1.2	1.0~1.5

煤系烃源岩是形成致密气的物质基础。煤系烃源岩具有有机碳含量高、成熟度高和生气量大的特征。通过分析中国与北美典型致密气藏的成藏地质条件(表 2-14),发现主要以煤系地层的Ⅲ型干酪根为主,分布面积广,热演化程度高,生气数量大,生气高峰期出现的地质时代较新、持续较长,更有甚者至今还在生气,为致密气藏的形成提供了充足的资源基础。我国煤系地层十分发育,大面积有效煤系烃源岩为致密气大气区的形成奠定了物质基础。

表 2-14 中美主要致密气盆地烃源岩特征

盆地	北美落基山地区			中国	
	阿尔伯达(加)	大绿河	圣胡安	鄂尔多斯	四川
层位	下白垩统	上白垩统—古近系	上白垩统	石炭系—二叠系	须家河组
岩性	煤层和暗色泥页岩	煤层和含有机质泥页岩	煤层和含有机质泥页岩	煤系和泥岩	煤系和泥岩
沉积环境	浅海沉积平原、三角洲平原	冲积平原—三角洲平原	滨海平原沼泽	河流—三角洲—湖泊	河流—扇三角洲—湖泊
有机质类型	Ⅲ型为主	Ⅲ型为主	Ⅲ型为主	Ⅲ型为主	Ⅲ型为主
TOC(%)	10~80,平均10	0.04~20.5,平均2.04	>2	1.92~3.2(泥岩),62.9(煤层)	1.9
R_o(%)	0.9~1.3	0.8~1.3	0.8~1.45	1.1~2.8	1.0~2.0
煤层厚度(m)	3~9	12	9~15	6~20	4.1
分布面积($10^4 km^2$)	13		1.94	13.8	5
总生气量($10^{12} m^3$)	257	2.4	2.3		2.6

3. 大面积分布的非均质致密储层利于致密油气规模成藏

在宽缓的凹陷与斜坡地区,相带宽、发育稳定,利于形成大面积致密储层。由于沉积环境变化、岩石类型分异、成岩作用不同和构造改造程度差异等因素,导致大面积致密储层非均质性强,并且致密砂岩和碳酸盐岩储层具有不同的储层成因类型、储集性能和分布规律。

致密储层的类型,按照岩石类型可划分为致密砂岩储层和致密碳酸盐岩储层两大类。致密砂岩储层的形成主要受沉积作用、成岩作用和构造作用三大因素影响。沉积环境能量相对较低,成分和结构成熟度低,杂基含量高等因素是储层致密的基本条件;破坏性成岩作用(胶结、压实和充填作用等)导致原生孔隙大量减少,以及建设性成岩作用产生次生孔隙的作用欠发育是储层致密的重要因素;受构造作用控制的溶蚀和破裂等建设性作用的发育程度是致密储层区优质储层发育的关键因素。因此,致密砂岩的成因可以划分为两大类型:一类是受沉积条件的控制,分选不好,造成原生就是致密砂岩;另一类是由复杂成岩作用和构造作用造成的致密。同时,多种因素综合作用导致致密砂岩储层非均值性强。

致密砂岩储层孔隙类型以粒间及粒内溶孔、粒间微孔、微裂缝等次生孔隙为主,原生孔隙少见。储层物性差,孔隙度、渗透率低是致密砂岩储层最基本的地质特征(图2-14)。例如,四川盆地上三叠统须家河组致密砂岩储层孔隙以次生孔为主,少量原生孔,局部发育裂缝。据铸体薄片鉴定,孔隙以次生孔隙为主(85%),少量残余粒间孔(7%)、杂基微孔(8%);储层物性差(图2-14),孔隙度、渗透率之间相关性较差,表明渗透率大小不仅与总孔隙多少有关,更主要受孔隙结构、裂缝发育状况控制。

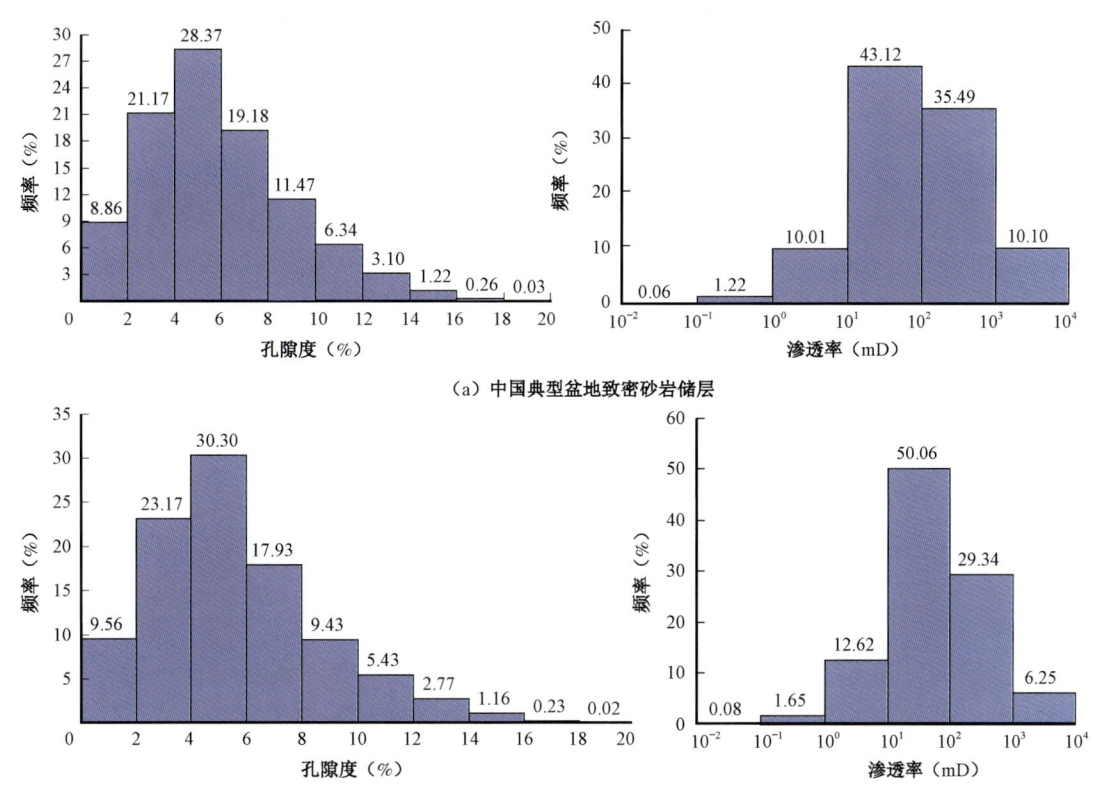

图2-14 致密砂岩储层孔隙度、渗透率分布频率直方图

致密碳酸盐岩储层的成因分为原生成因与次生成因。其中,原生成因储层指原生孔隙作为主要储集空间的储层。原生孔隙受岩石结构控制,并与沉积相密切相关。如骨架孔主要见于礁核相和礁丘核相。各种粒间孔主要见于滩、坝、堤及沙嘴相颗粒碳酸盐岩及礁前、礁后相,而层间缝主要见于浅湖相及深湖相层状、纹层状碳酸盐岩。次生成因储层指次生孔隙作为主

要储集空间的储层。次生孔隙可形成于表生溶蚀,也可形成于深层溶蚀,受成岩作用的影响很大。正是由于影响碳酸盐岩储集空间类型的多种因素的综合作用,导致碳酸盐岩致密储层非均质性强。

我国湖相碳酸盐岩储层物性总体较差(图2-15),为裂缝—孔隙双重介质。由于白云岩抗压强度较低,有利于裂缝形成,对白云岩储集性能具有良好的改善作用,较纯的白云岩储集物性最好,灰质白云岩次之,白云质灰岩较差。

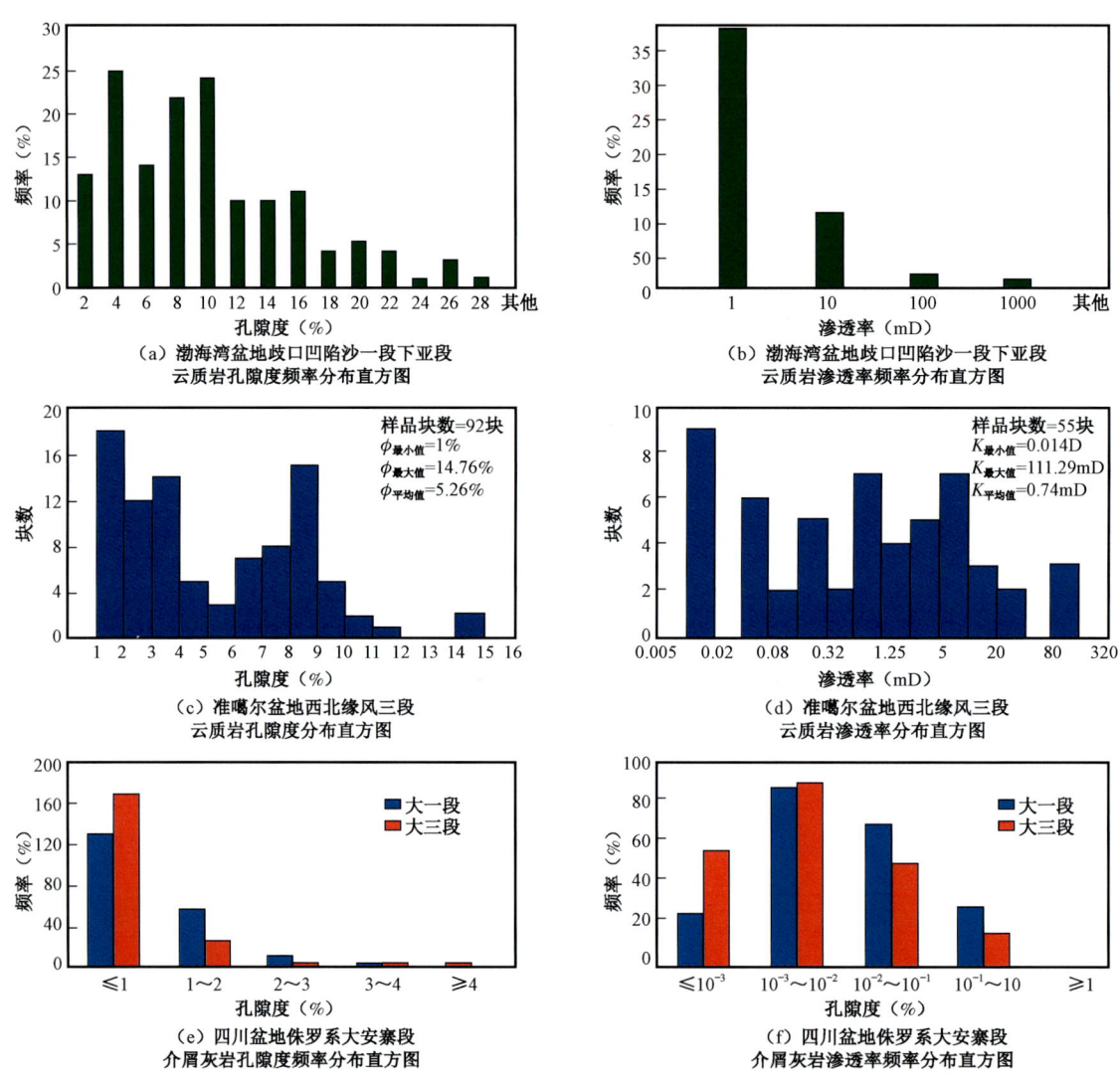

图 2-15 我国典型地区碳酸盐岩储层物性特征

湖相碳酸盐岩储层基质孔隙度多小于10%,渗透率小于1mD,属低孔、低渗致密储层。但部分生物建造碳酸盐岩物性好,如东营凹陷藻礁碳酸盐岩、湖相生物层的平均孔隙度可达30%以上,最高为42.5%;渗透率一般大于5mD,最高可达687mD。柴达木南翼山藻灰岩储层平均孔隙度为17.8%,最高为36.2%;平均渗透率为12mD,最高为432mD。

湖相碳酸盐岩储集空间以裂缝—孔隙双重介质为主要特征,裂缝可有效提高油气储集能力。例如,歧口埕42井区湖相白云岩储层裂缝占总孔隙体积的69%;酒西盆地下沟组泥灰岩基质孔隙度小于8%,渗透率小于0.5mD,而有裂缝的样品孔隙度可达20%,渗透率可达100mD以上,裂缝是重要的储集空间。

4. 源储紧邻、近源运聚是致密油气成藏的主要方式

源储一体,"三明治"型紧密接触是致密油气的重要地质特征。如威利斯顿盆地巴肯(Bakken)组,我国鄂尔多斯盆地下二叠统山西组和下石盒子组、上三叠统延长组,四川盆地三叠系须家河组、侏罗系大安寨组等致密油气,均具有典型的源储一体特征。与常规油气相比,致密油气强调大面积源储共生或源储对接。

致密油烃源岩与储层一体共生发育。我国致密油以陆相湖盆沉积为主,目前在鄂尔多斯盆地三叠系延长组、四川盆地侏罗系大安寨组、准噶尔盆地二叠系芦草沟组等获得工业性发现,渤海湾盆地沙河街组、松辽盆地青山口组等致密油具有良好资源前景,它们的共同特征是源储一体的共生层系,储层与生油岩紧密接触,这种典型的"三明治"结构是大范围成藏的重要基础。

致密气烃源岩与储层大范围紧密接触。目前发现的致密气普遍具有源储大范围紧密接触的配置特征。鄂尔多斯盆地石炭系—二叠系石盒子组和山西组、四川盆地三叠系须家河组均为煤系地层沉积体系,表现为湖盆宽阔、水体不深、砂体连片发育,平面上非均质性致密储层与烃源岩紧密接触、大范围连续成藏。由于河流改道、交叉、归并频繁,但保持时间较长,因而形成的相带宽泛,单期河道数量多、规模有限,多期河道叠置、归并、侧接而形成宏观上呈席状、微观上有较大非均质性的砂岩复合体。

例如,广安气田是四川盆地须家河组已发现的主要气田之一,其主力气层为须四段和须六段。根据测井和岩心物性分析资料,须六段共解释出六个储层段,分别为气层、气水同层和含气水层。这六个储层段中间被致密砂岩或泥岩隔开,使得单个气层高度较小,一般在$4\sim12m$之间,面积为$51.0\sim218.5km^2$。储层段的物性较好,孔隙度为$10.0\%\sim11.8\%$,渗透率为$0.67\sim0.89mD$,排替压力为$0.34\sim1.32MPa$,以中砂岩和中-细砂岩为主。隔层的物性较差,孔隙度为$2.8\%\sim5.5\%$,渗透率为$0.01\sim0.05mD$,排替压力为$0.94\sim8.38MPa$,都是非常致密的砂岩或泥岩,厚$4\sim13m$,分布面积大。

短距离运移层状聚集是致密油气藏形成的主要方式。在区域构造背景下,致密油气藏的形成过程主要受烃源岩热演化、生排烃过程和构造作用等因素控制,微裂缝、层理面和孔隙喉道中赋存的油气水关系复杂。通常认为致密油气优质烃源岩成熟期生烃膨胀增压、脉冲式排烃和气体扩散作用是生排烃的主要动力,构造破裂缝与水力压裂形成的裂缝为主要运移通道,具有非浮力、非优势方位、一次运移或短距离二次运移、大面积聚集特征。与常规油气遵循达西渗流机理、浮力聚集、重力分异,以及具有优势运移方位和通道、经远距离二次运移等运聚特征构成鲜明对比。

生烃增压作用是致密油气排出的主要动力。石油初次运移的动力来源多样,目前普遍认为泥质烃源岩的压实作用、水热膨胀作用、黏土矿物脱水作用和有机质生烃作用等是石油初次运移的主要动力来源。对于致密油气而言,由于优质油源岩生烃作用强,生烃膨胀形成的超压对于石油初次运移有着更为重要的意义。因此,致密油气主要依靠大面积优质烃源岩生烃增压作用排烃。

短距离层状聚集是致密油气运移成藏的主要方式。致密油气生成后通过脉冲式排烃,在不存在优势运移通道情况下,可以在微孔喉中流动,在源内或近源呈层状聚集。通过激光共聚焦显微镜技术分析,鄂尔多斯盆地延长组长7段致密砂岩储层内部微观孔隙结构的荧光图像

显示,孔隙结构普遍较复杂,孔隙连通性相对较好,大部分溶孔及残余粒间孔中均有荧光显示。喉道半径集中在 100~200nm 之间,一般原油单分子直径为 0.5~4nm,束缚水水膜厚度 43nm,因此允许原油分子通过的下限值约 50nm,说明石油可在储层孔喉中运移流动。

由于致密储集体中渗流能力较差,运移距离短,油气主要在烃源岩内部及近源储集体系中层状聚集。例如,鄂尔多斯盆地镇 74 井延长组不同渗透率砂岩与含油饱和度或油层分布的关系表明致密油为短距离源内层状运聚特征:(1)长 7_2 含油细砂岩的渗透率最低值仅有 0.0019mD,孔隙度为 1.75%,但含油饱和度达 42.92%;(2)渗透率小于 0.01mD 的含油砂岩只分布于长 7 油层组和长 8 油层组中,集中于长 8_1 和长 7_2;(3)渗透率为 0.01~0.1mD 的含油砂岩各油层组都有分布,但长 8 油层组所占比例最大,占总数的一半以上,其次是长 7 油层组,其他油层组数量较少;(4)渗透率为 0.1~1mD 的含油砂岩在各油层组中均有分布,长 8 油层组所占比例将近 50%,其次是长 7 油层组,长 6 油层组和长 3 油层组数量相近;(5)渗透率为 1~10mD 的含油砂岩主要分布于长 3 油层组和长 8 油层组中,其他油层组数量较少;(6)渗透率为 10~50mD 的含油砂岩主要集中于长 3 油层组中,其次是长 8 油层组。由此可见,镇北油田延长组石油是在烃源岩生烃作用产生的异常高压作用下运移、聚集的,距离油源越近、充注压力越大,石油注入差储层的能力越强。四川盆地须家河组能够形成大型气区,是须家河组源储一体、超压驱替、近距离运移和层状聚集等典型特征的综合体现(图 2-16)。

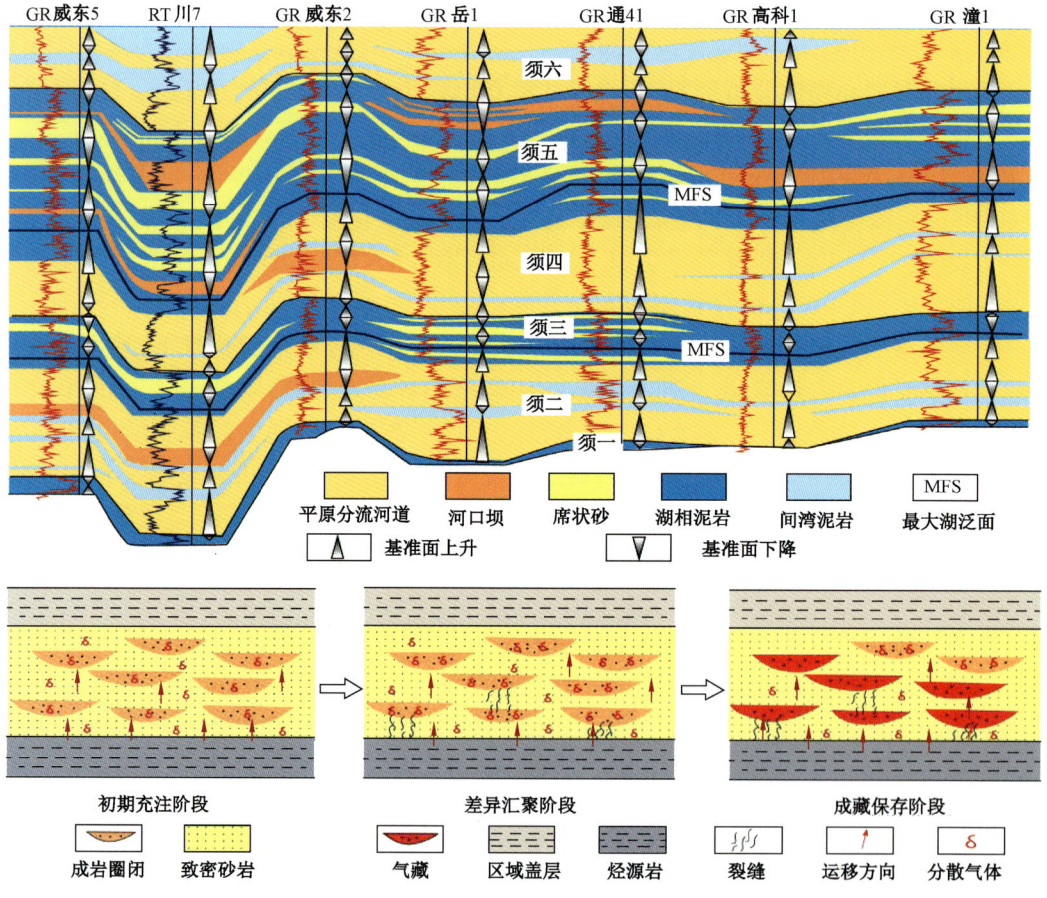

图 2-16 四川盆地须家河组天然气"源储一体"式近距离层状运聚模式

二、煤层气

煤层气的成藏、富集是煤层气生成、储层、盖层、运移、聚集、保存及其有利配置等诸多地质要素共同作用的结果,高产虽然有时要依赖技术措施,但也必须有相应的地质基础。

1. 煤层气富集类型

煤层气富集受三大因素控制,形成五类高产富集区。封盖层控制含气量,应力场控制渗透率,构造体和煤体控制富集带,匹配成五类富集区。

1)区域富煤区内局部构造高点型高产富集区

(1)早埋后升型富集高产区。

这类地区,早期煤层埋藏深、生气量高,后期抬升煤层变浅、压实弱,次生割理发育,渗透性好,在上覆有利盖层条件和滞水环境中,两翼又是烃类供给指向,局部高点形成低应力、高渗透率、高含气、高饱和的高产富集区。固县区块高部位气富水贫(高产块)可作实例,该区单井日产气 $2761\sim5992m^3$,深部断槽内气贫水富(水槽),无气,单井日产水 $6\sim10m^3$。开采4年半,目前高产块单井日产气 $1852\sim5773m^3$,不产水;槽内仅1口井日产气 $178m^3$,其他井目前不产气,日产水 $1.9\sim2.4m^3$。最高点 $8\sim9$ 口井目前日产气最高,为 $5773m^3$;累计产气最高,为 $872.4\times10^4m^3$。

(2)滞留区局部构造高点型富集高产区。

地下水一般在向斜轴部活跃,符合水往低处流的原理。樊庄区块构造高部位(滞流—弱径流区)吸附饱和度95%,含气量大于 $25m^3/t$,单井日产气大于 $2500m^3$;洼陷区(地下水补给区)吸附饱和度55%,含气量小于 $10m^3/t$,单井日产气 $200\sim500m^3$。

(3)应力场相对低值区局部高点型富集高产区。

局部构造高点也往往是应力场相对低值区,特点是煤层渗透率高、单井产量高。煤层气保存条件好,煤层没被水洗刷,含气量高,即动中找静、静中找动(图2-17)。

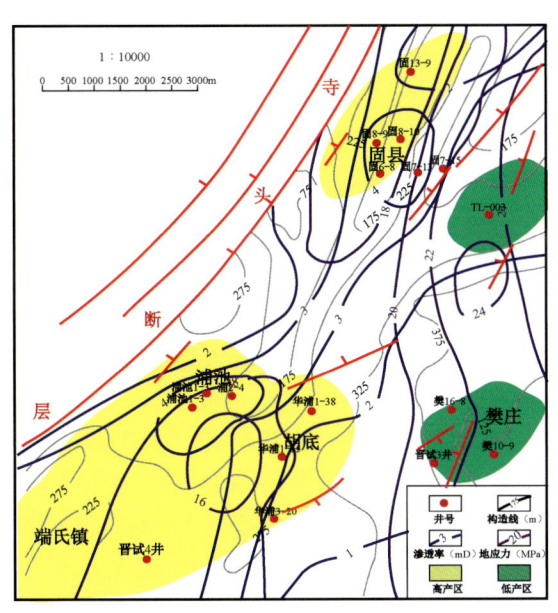

图2-17 沁水盆地南部应力、动态渗透率与高产井分布

(4)封盖条件好的背斜带型富集高产区。

沁南一些区块,如封盖条件好的构造高部位 WL1-2 井组 26 口井 90% 投产后 1 个月内开始产气,产量高,目前处在稳产期。而洼陷带却以产水量较大为特征。

(5)低煤阶生物气区局部构造高点型富集高产区。

霍林河地区甲烷 $\delta^{13}C_1$ 为 -62‰,是生物气成因气;深部煤层气向上运移,浅部盖层条件好,可在高部位富集成游离气与吸附气混合气源的气藏(图 2-18)。

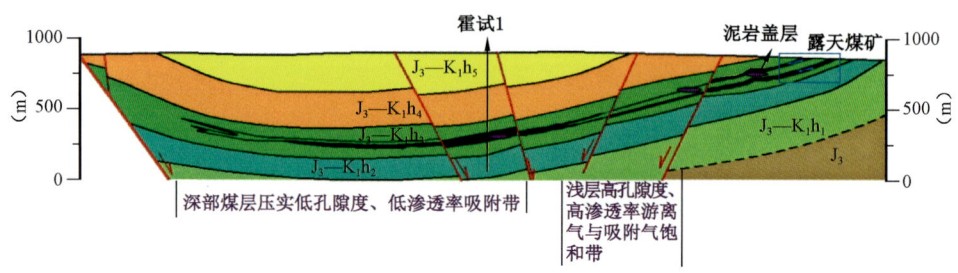

图 2-18 霍林河斜坡地区气藏剖面图

2)直接盖层稳定的上斜坡煤层气富集高产区

上斜坡煤层气富集,其实有多种情况。

(1)简单上斜坡型。

前述沁南煤层气老井区东南部是典型地区之一,宁武盆地南部上斜坡静游富集高产区块,也是一例。静游气田上斜坡煤层浅,压实作用弱,直接盖层由泥灰岩过渡为泥岩,下倾部位有充足烃类补给,形成高渗透率、高含气、高饱和气藏。

(2)浅平台(潜台)型。

潘庄浅潜台有 6 口水平井,煤层深 373~487m,含气量 23m³/t,渗透率 6.3mD。单井平均日产气 $3.0\times10^4m^3$,单井平均累计 $4210\times10^4m^3$,位于高点的 4 口井稳产期不产水,采出程度 45.9%,采气速度最高 12%。该区煤层深度小于 550m,每加深 100m 渗透率降低 0.6mD,产量下降 3700m³。

3)活动适时的火山岩带型

(1)岩床型富集高产区。在铁法盆地,4 套辉绿岩呈岩床侵入煤系地层。侏罗系煤厚 40m,单层厚 10m,煤深 447~1120m,含气量 8~12m³/t,渗透率 1.5mD,R_o 为 0.6%,DT-3 井射孔井段 447~772m,3 段压裂,初期日产气 $1.35\times10^4m^3$,目前 $0.5\times10^4m^3$,累计产气 $860\times10^4m^3$;共投产 23 口,日产气单井平均 1460m³、构造高部位 9 口单井平均 3288m³。

(2)岩墙型(阜新盆地刘家区块 10 条辉绿岩侵入煤层)富集区。岩墙侵入煤层加速热演化生气,后期冷却,裂隙和次生割理发育。

火山岩侵入煤层,岩墙遮挡,岩床封盖,富集高产。这类地区,初期煤层生气量大,后期煤体快速冷却收缩,次生割理发育、渗透性好。如阜新盆地刘家区块,煤厚 30~90m,含气量 7.2~9.8m³/t,吸附饱和度 85%~96%;渗透率 0.5mD。初期 41 口井单井日产气平均为 2500m³,最高为 $1.6\times10^4m^3$;8 年累计产出 $914.8\times10^4m^3$,采出程度 35%,预测采收率 50% 以上。

4)低(煤阶)浅封闭厚煤层型

封闭好的浅层,低煤阶厚煤层有利于煤层气富集。尽管煤阶低、生气和含气量低,但巨厚煤层弥补了低含气特点,只要有好的盖层,上倾部位压实减弱,煤层渗透性变好,可形成高渗透率、高饱和气藏,甚至游离气和吸附气共生、互动、共储。霍林河盆地霍试1井射开煤层厚34m,煤层埋深911m,日产1256m³。

5)次生割理发育区型

尽管煤层埋藏深,但局部构造高部位断层活动使煤层次生割理发育,渗透性好,煤层变储层,游离气与吸附气共生、互动、共储。如准噶尔盆地彩504井射开煤层井段2567~2583m,日产气达到6500m³。沁水盆地郑60井3#煤深1336.9m,日产气稳产2000m³。

2. 煤层气富集成藏影响因素

1)沉积环境对煤层气富集的影响

沉积环境间接影响富集,高镜质组、低灰分煤是勘探重点(表2-15)。决定煤层气富集的因素中,有些是间接的,图2-19说明沉积环境可以影响煤岩组分、灰分的多少,这自然也就会间接影响煤层气的聚集。

表2-15 鄂尔多斯盆地太原组沉积环境对煤岩组分、灰分的影响

沉积相	成煤环境	成煤母质	煤层	典型井	灰分(%)	镜质组(%)
海陆交互相	潮坪泥炭	好	8#	吉试1、保11	6.1~9.7	80.2~83.3
	湖洼沼泽	差		楼1、乡试1	26.4~30.1	36.7~59.2
陆相	河间湾	好	5#	宫1、吉试4	8.4~9.3	80~83.1
	河边高地	差		合1-1、三交9-1	27.7~28.1	50.1~60

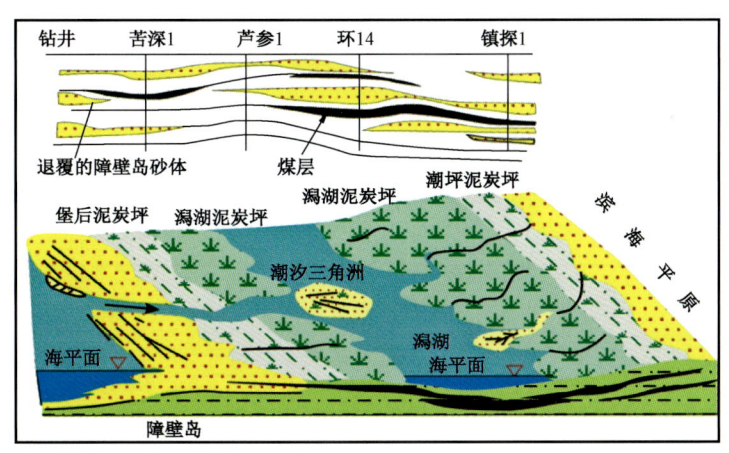

图2-19 鄂尔多斯盆地太原组障壁岛—潮坪—潟湖相聚煤模式

这样的例子不少,鄂尔多斯盆地东部山西组煤层气田就很具代表性。该组聚煤模式如图2-20、图2-21所示,河间湾远离河道,稳定滞水环境使陆生木本植物繁盛。

三角洲平原河间湾沼泽相木本厚煤(东、西部)三角洲前缘河边高地木本薄煤(腹部)盛,岸后迅速堆积。即木质物在高地生长,在间湾堆积成厚且稳定的煤层,其灰分低、镜质组高、含气量高、单井产量高、盖层好。与有少量炭屑供给、细粒沉积物丰富的湖洼相煤层相反(表2-16)。

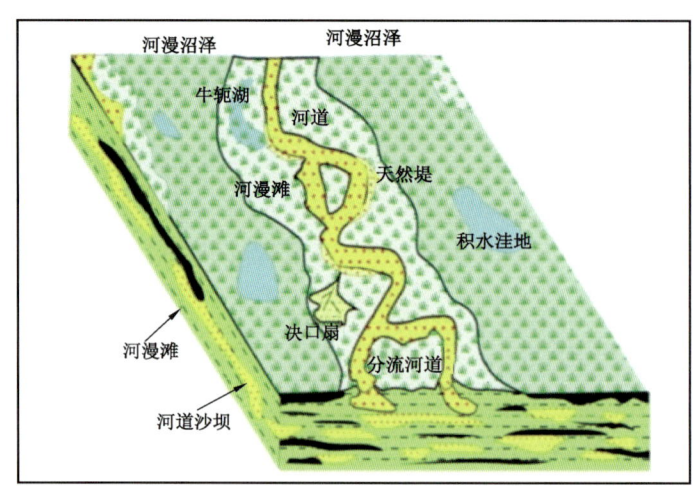

图 2-20 鄂尔多斯盆地山西组聚煤模式

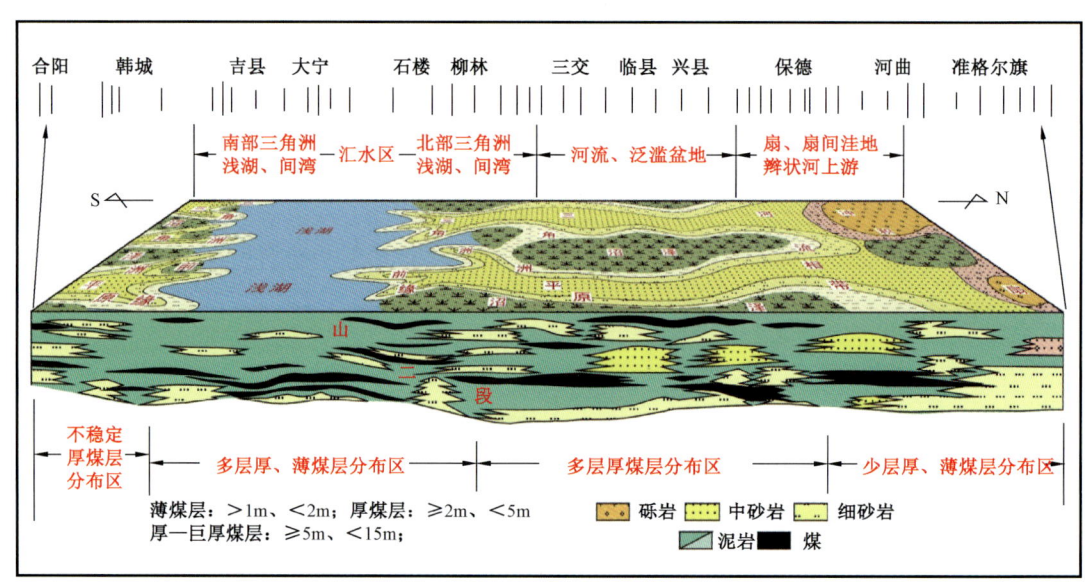

图 2-21 鄂尔多斯盆地东缘山西组二段煤层分布

表 2-16 鄂东气田石炭系—二叠系不同煤岩相带煤质与产量数据表

沉积相	典型井	煤层厚 (m/层)	灰分 (%)	镜质组含量 (%)	含气量 (m³/t)	日产气 (m³)
河间湾	吉试1	20/2	6.1~9.7	80~84	21	2847
河边高地	合1-1	3~5/2	27.7~28.1	50.1~60	2~5	50
湖洼沼泽	楼1	2~4	26.4~30.1	36.7	5~8	200

2) 圈闭影响

从富集高产的角度来讨论气藏的类型,将气藏分为压力封闭气藏、构造圈闭气藏、承压水封堵气藏和顶板水网络状微渗滤封闭气藏四类(图 2-22)。富集高产的基本条件是:断层较少,盖层较厚,气源充足,煤层厚稳,物性较好。其中压力封闭气藏特点为:富集,局部高产,需大液量、大排量、大砂量压裂;构造圈闭气藏特点为:较多井区高产,可兼探游离气;承压水封堵气藏特点为：多类圈闭，高产富集，适用大液量小排量、变排量恒压压裂或水平井开发；顶板水网络状微渗滤封闭气藏特点为：层间水活跃，水大气少，有的适用水平井开发。

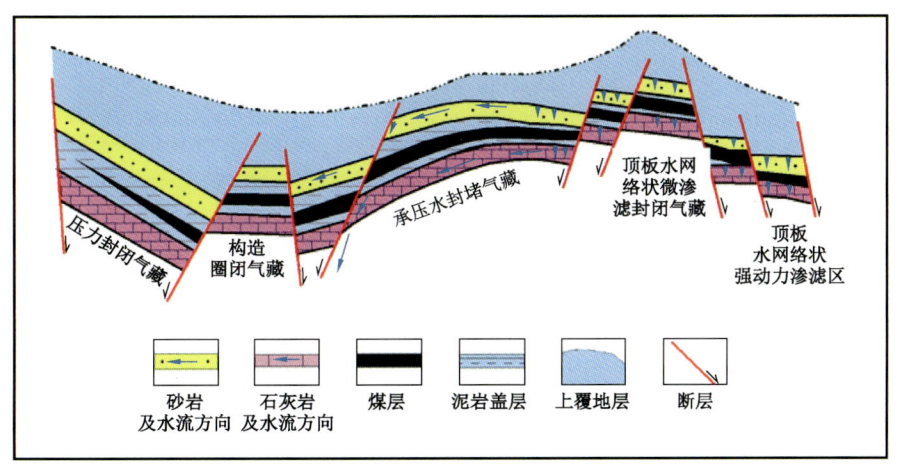

图 2-22 四类圈闭形成可以富集高产的煤层气藏

3）模式影响

三类煤层气成藏模式（图 2-23），都能形成富集高产煤层气区但以自生自储吸附型较为典型，内生外储型可与前者形成复合高产区三类成藏模式：自生自储吸附型、自生自储游离型和内生外储型。有的煤层上部砂岩在一定圈闭条件下形成游离气藏，煤层吸附气和砂岩游离具有同源性、伴生性、转换性和叠置性。

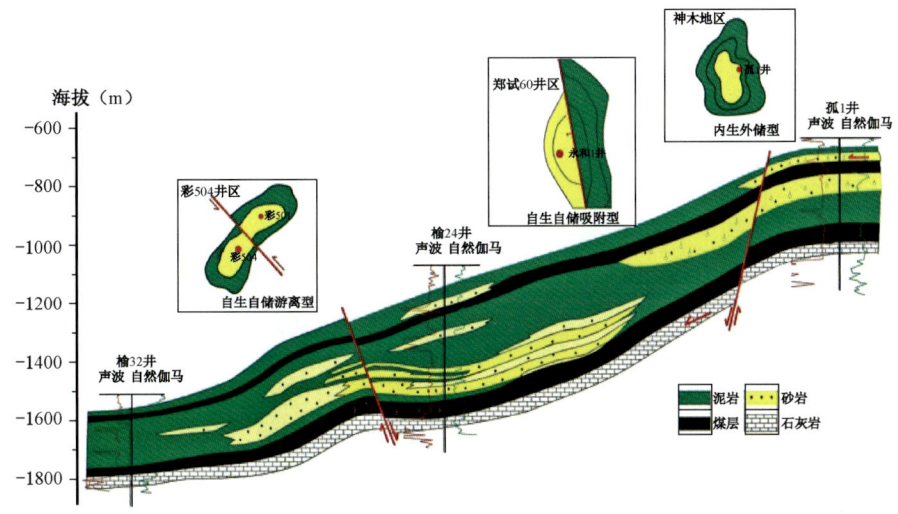

图 2-23 三类煤层气成藏模式示意图

4）成藏期影响

三期成藏均可富集高产。据地质条件和气、水分析，有早期成藏、构造改造后期成藏和开采中三类成藏期。

（1）早期成藏：具有充分的生气环境，良好的运聚势能，足够的吸附作用，有利的可封闭、高饱和、高渗透成藏条件。

（2）构造改造后期成藏：如图2-24所示，煤层气可得到较好的保存。

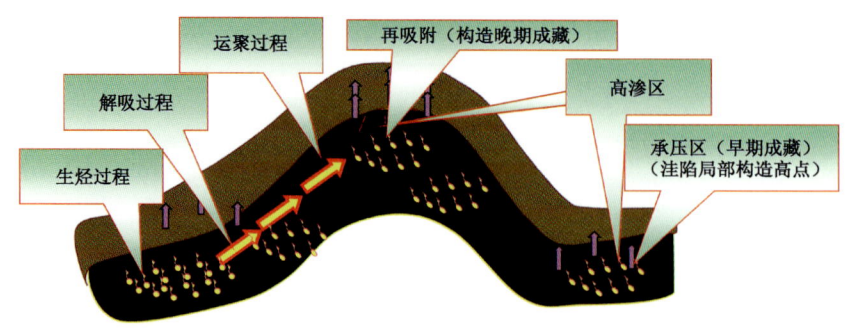

图2-24 构造改造后期成藏示意图

（3）开采中调整成藏：随着开采压力下降，煤层气由吸附态变游离态，打破原始平衡状态，气水重新分配，解吸气窜层或窜位，即所谓"二次成藏"。窜位指水向低部位、气向高部位运移，沿煤层上倾部位再聚集，高点形成自喷高产气井。初期高点气、水、煤粉为三相流；中期水向低部位运移，气向高部位运移；后期高点自喷高产，变为单相气流。窜层指因断层或直井压裂排量过大、排采应力释放较多，沟通上下水层，如阜新采动区，这是我国断块气藏采气速度低的主要矛盾。煤层气开采中，压力降至解吸点后气水窜位、窜层导致二次成藏，为一次开发井找煤层吸附气、二次开发井找高产游离气提供了可能。

三、页岩气

北美海相页岩气具有先天优势，优质页岩储层厚度大（30~100m）、分布稳定，埋深适中（1000~3000m），热成熟度适宜（R_o为1.1%~2.0%）（图2-25）。沉积埋藏演化过程中构造

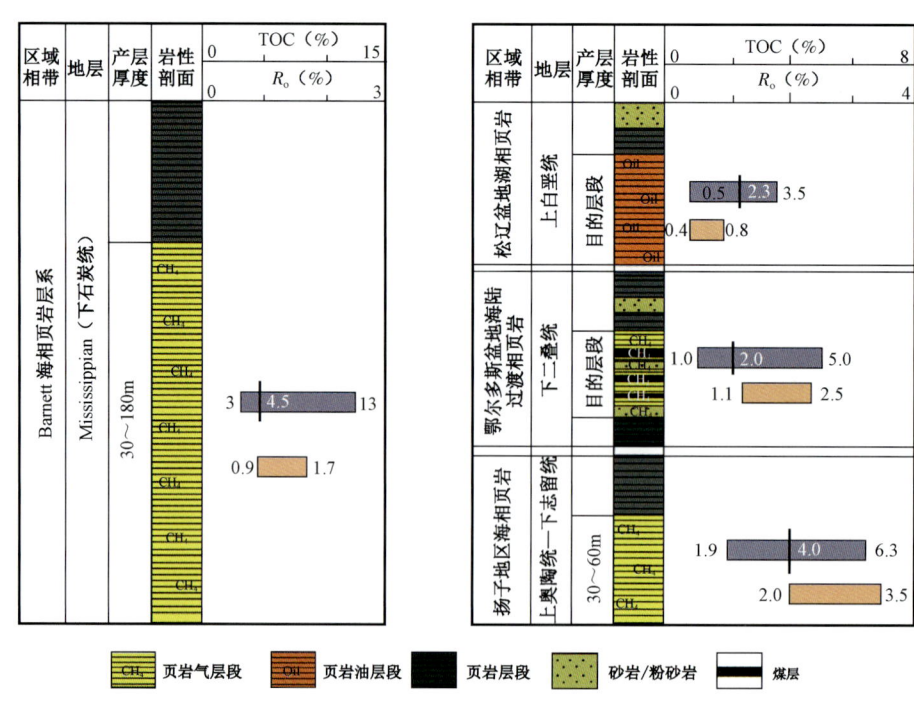

图2-25 中美页岩气成藏特征与主控因素对比示意图

抬升次数少、抬升幅度小,未造成页岩气大规模破坏。资源富集"甜点区"范围较大(通常在 $0.5\times10^4\sim1.0\times10^4\text{km}^2$ 之间甚至 $1.0\times10^4\text{km}^2$ 以上),页岩气层普遍超压,水平两向应力及垂向应力差都较小(一般为 $2\sim5\text{MPa}$),储层压裂改造时容易形成纵横交错的网状体积裂缝,改造体积大($4000\times10^4\sim12700\times10^4\text{m}^3$)。中国发育海相、海陆过渡相和陆相三类页岩气储层(图2-25),以中国南方五峰组—龙马溪组为代表的海相页岩气储层厚度为 $20\sim30\text{m}$,埋深较大($1000\sim5000\text{m}$)(图2-26),热成熟度高(R_o 为 $2.0\%\sim3.5\%$)。沉积埋藏演化过程中遭受过多次构造抬升且抬升幅度大,造成许多地区页岩气的破坏。四川盆地西部(如威远地区)及南部(如长宁地区)区域地应力复杂,水平两向应力较大(变化范围为 $10\sim20\text{MPa}$),储层压裂改造时不易形成网状体积裂缝,主要以水平方向的顺层缝为主,改造体积小($4000\times10^4\sim8000\times10^4\text{m}^3$)。海陆过渡相页岩气储层以薄互层($5\sim10\text{m}$)为主,物性差(孔隙度为 $1.0\%\sim3.0\%$)。陆相页岩气储层埋藏深度大,热成熟度低(R_o 为 $0.6\%\sim1.2\%$),页岩气主要以生油过程中的伴生气为主,储层含气量低(小于 $1.0\sim2.0\text{m}^3/\text{t}$)。陆相页岩气储层脆性矿物含量低($20\%\sim40\%$),可压性较差。

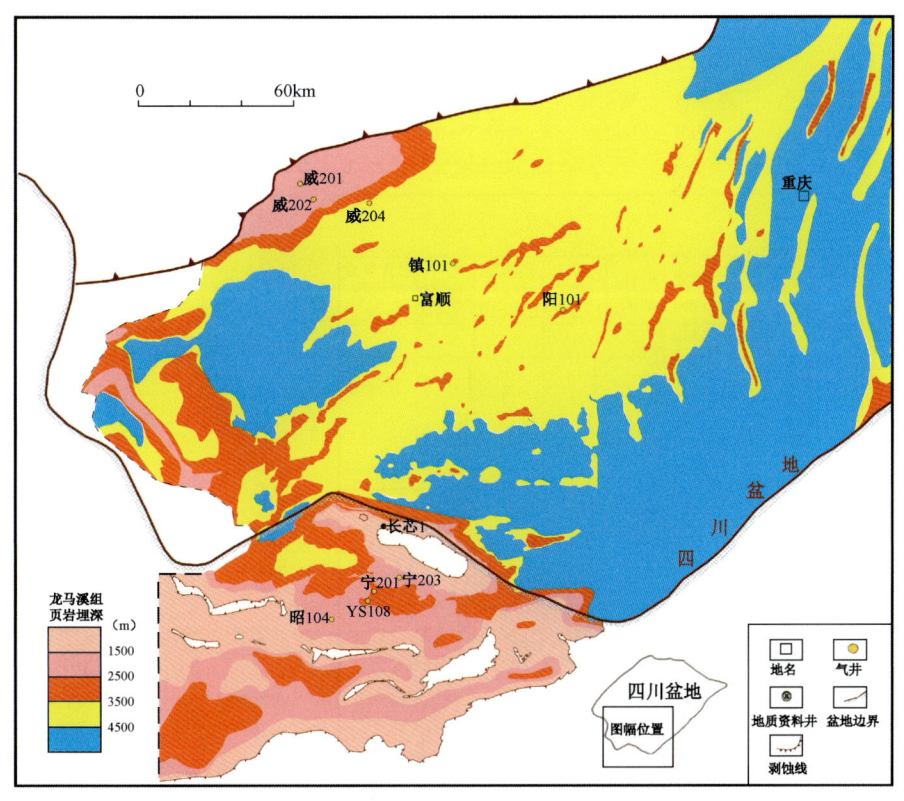

图2-26 四川盆地南部五峰组—龙马溪组页岩底界埋深图

中国三类页岩气成藏主控因素具有明显差异(表2-17)。陆相页岩气单层厚度大,横向变化快,有机碳含量高(TOC 为 $1.0\%\sim6.0\%$),以Ⅰ型—Ⅱ型为主,主体处于生油阶段(R_o 为 $0.5\%\sim1.0\%$),页岩成岩作用低,黏土矿物遇水膨胀,矿物含量多,坳陷中心是页岩气有利分布区,但分布局限、埋深偏大($>3000\text{m}$)。海陆过渡相页岩气单层厚度小,累计厚度大,集中段不连续,有机碳含量高(TOC 为 $1\%\sim30\%$),以Ⅲ型干酪根为主,主要为成气型母质,主体处于成气高峰期(R_o 为 $1.0\%\sim2.5\%$),脆性矿物与黏土矿物含量适中,以基质孔为主,有机质纳米孔不发育,埋藏深度适中,有利区面积大,页岩气成藏前景较好。海相页岩气集中段厚度为30~100m,有机碳含量高(TOC>2%),有机质类型以Ⅰ型—Ⅱ型为主,属倾成油型母质类型,热演化程度高(R_o为2.0%~4.0%),整体处在热裂解成气阶段,脆性矿物含量高,黏土矿物含量低,微米—纳米级孔隙较发育,含气性最好(图2-27)。

表2-17 三类页岩气主控因素对比简表

类型	有利区范围	集中段特征	生气潜力	含气性	可压裂性
海相页岩	面积大 ($10×10^4$~$20×10^4$km²)	厚度大 连续 (30~80m)	生气量大 (Ⅰ型—Ⅱ₁型,R_o为2.0%~5.0%,以油裂解气为主)	含气量高 (有机质孔发育,比表面积大,含气量1.0~8.0m³/t)	好 (脆性矿物>40%,黏土矿物以伊利石为主)
海陆过渡相页岩	面积较大 ($5×10^4$~$10×10^4$km²)	厚度小 不连续 (<15m)	生气量偏小 (Ⅱ₂型—Ⅲ型,R_o为1.0%~2.5%,以热解气为主)	含气量低 (有机质孔不发育,比表面积小,含气量多数小于1m³/t)	一般 (脆性矿物30%~60%,黏土矿物以伊/蒙混层为主)
陆相页岩	分布局限 (<$5×10^4$km²)	厚度较大、变化快 (20~70m)	生气量小 (Ⅰ型—Ⅱ₂型,R_o为0.5%~1.3%,以生油为主)	含气量偏低 (有机质孔不发育,比表面积小,含气量0.5~2.2m³/t)	差 (脆性矿物20%~50%,黏土矿物以蒙皂石为主)

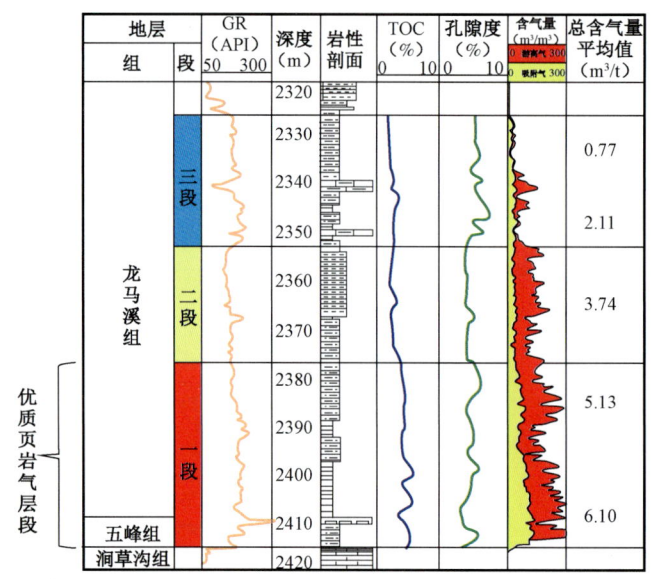

图2-27 四川盆地五峰组—龙马溪组含气页岩综合柱状图

四川盆地五峰组—龙马溪组页岩气形成富集高产主要受四大因素控制:沉积环境、岩相组合、热演化程度和构造保存。

(1)海相半深水—深水陆棚沉积,富有机质页岩稳定分布,是五峰组—龙马溪组页岩气形成的有利相带(图2-28)。较大规模(连续厚度大、分布面积大)富有机质页岩是页岩气形成富集的重要物质基础。富有机质页岩的形成有两个重要条件:①水体中生物丰富,能为页岩提供充足的有机物质;②水体安静、缺氧、沉积物充分,能为有机物质有效保存提供良好环境。海相半深水—深水陆棚相水体深、循环性差,易形成水体下部贫氧或缺氧条件,是富有机质页岩形成的有利沉积环境。

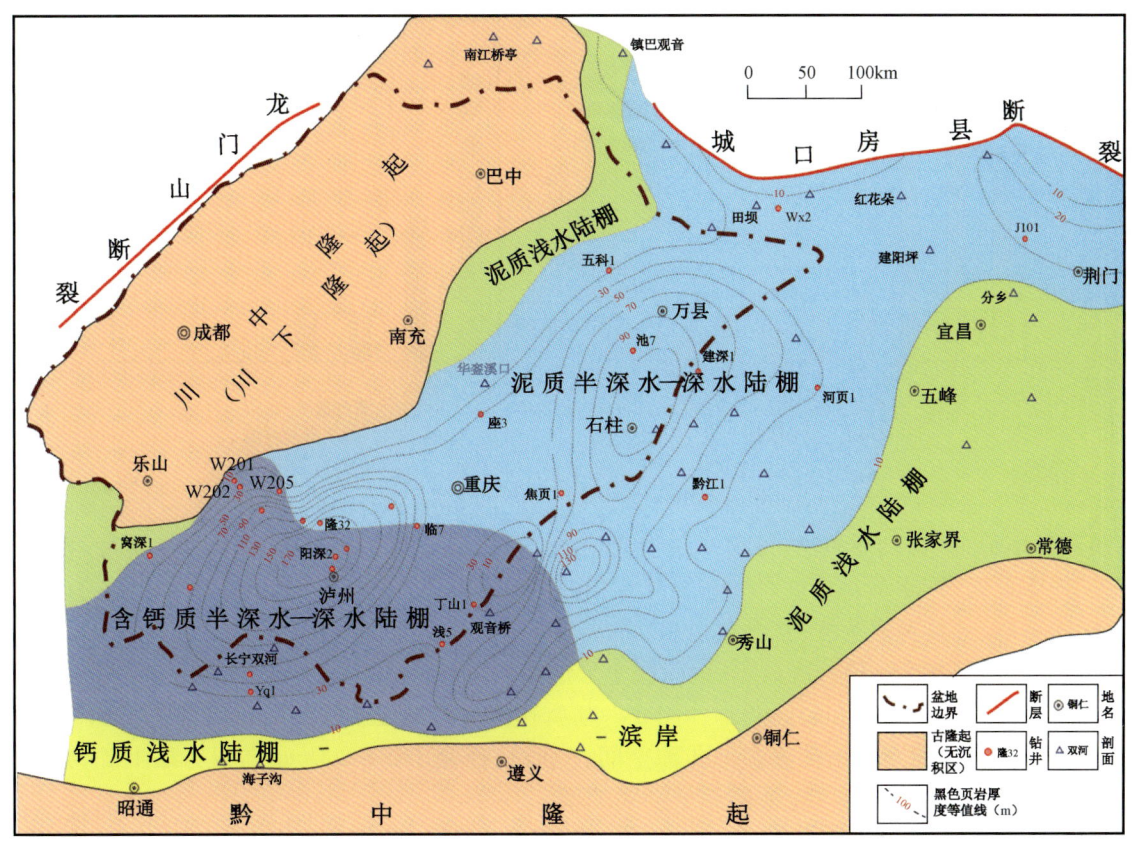

图2-28 五峰组—龙马溪组早期(SQ2)沉积相图

奥陶纪末—志留纪初,在全球持续性海平面上升背景下,扬子板块所处区域普遍海侵,上扬子克拉通地台在川中隆起、黔中隆起和雪峰隆起三个古隆起控制下,于四川盆地及周缘形成了川南—黔北、川东—鄂西大面积低能、欠补偿、缺氧的海相半深水—深水陆棚环境,沉积了五峰组—龙马溪组大套岩性单一、细粒、厚度大、富有机质、富硅质/钙质黑色页岩。如前所述,五峰组—龙马溪组富有机质页岩集中段位于其底部,TOC>2%,连续厚度大(一般介于20~100m之间),横向分布稳定。据实钻资料统计,富顺—永川地区集中段页岩厚度介于40~100m之间,威远地区厚度介于30~40m之间,长宁地区厚度介于30~60m之间,涪陵地区厚度介于38~45m之间。

(2)有机质丰度高、类型好,热裂解成气,为五峰组—龙马溪组页岩气成藏提供了重要气源。五峰组—龙马溪组主力页岩气层段有机碳含量高,且由上至下不断增高,全层段有机碳含量大于2.0%,一般为2.5%~4.0%,最高达8.6%。威远构造区有机碳含量介于2.7%~3.0%之间,长宁构造区有机碳含量介于3.1%~4.0%之间,焦石坝构造区有机碳含量介于3.2%~3.8%之间。有机质类型好,均为腐泥型—混合型。热演化程度适中,R_o介于2.1%~3.6%之间,一般小于3.0%,属高成熟原油热裂解有效成气阶段。钻探证实,全区五峰组—龙马溪组普遍含气,大面积聚集。与五峰组—龙马溪组页岩相比,筇竹寺组页岩TOC虽然也较高,但其含气量却不足,普遍低于 $2.0\text{m}^3/\text{t}$,测试初始产量为 $(1.0\sim2.8)\times10^4\text{m}^3/\text{d}$。据大量统计数据判断认为(图 2-29),筇竹寺组页岩热演化程度过高(R_o 均大于 3.4%),造成页岩储层碳化、有机质孔隙降低、含气量低、产能较小。

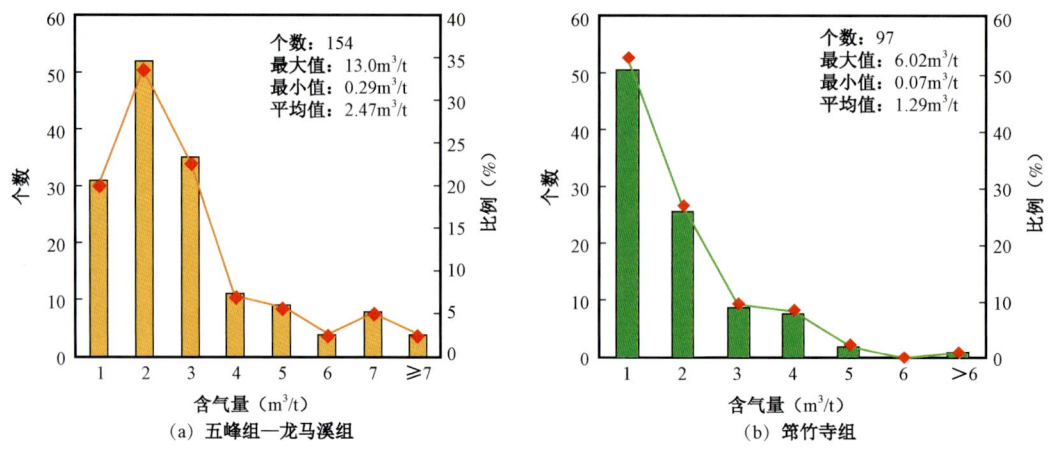

图 2-29 四川盆地五峰组—龙马溪组与筇竹寺组页岩含气量统计直方图

(3)富硅质、富钙质页岩,发育基质孔隙和裂缝,形成了五峰组—龙马溪组优质页岩气储层。硅质页岩、钙质页岩是页岩气储层最有利的岩石相。五峰组—龙马溪组页岩气主力产层以硅质页岩、钙质页岩为主,富含放射虫、海绵骨针等微体化石。硅质、钙质成因部分为生物和生物化学成因(图 2-30),高硅、高钙有利于形成页岩基质孔隙与裂缝。五峰组—龙马溪组页岩储集空间由基质孔隙和裂缝两部分构成。基质孔隙发育黏土矿物晶间孔、有机质纳米孔、碎屑颗粒粒间孔和粒内溶蚀孔等多种孔隙空间,一般孔径介于 5~200nm 之间。黏土矿物晶间孔、有机质纳米孔是页岩气主要的储集空间类型。

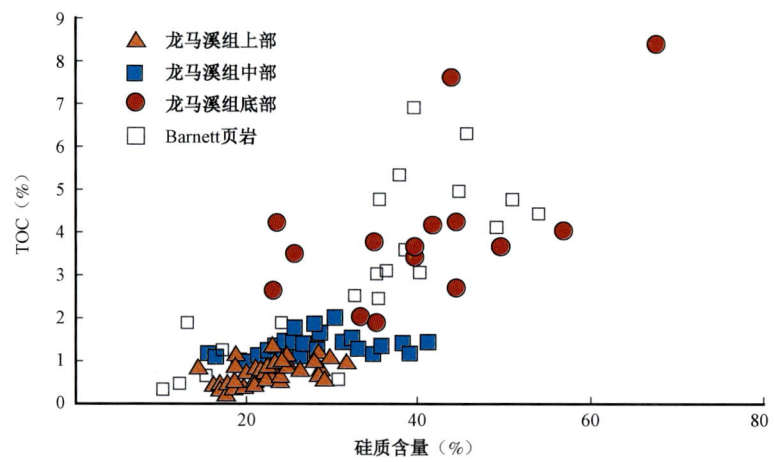

图 2-30 四川盆地五峰组—龙马溪组页岩硅质含量与有机碳含量的关系

不同构造背景下,五峰组—龙马溪组页岩发育丰富的页理缝、构造缝、节理缝等裂缝性储集空间,在构造褶皱区往往构成网状裂缝体系。天然裂缝的大量存在,为页岩气富集提供充足的空间,降低页岩储层改造的起裂压力,易形成人造裂缝网络,增大人工改造的裂缝总体积。五峰组—龙马溪组页岩储集物性优越,孔隙度介于 2.78%~7.08% 之间,平均为 4.65%;渗透率介于 0.001~0.058mD 之间,平均为 0.012mD,达到优质页岩储层的孔渗条件。

(4)构造稳定,保存条件优越,地层超压,控制五峰组—龙马溪组页岩气的富集与高产。与北美相比,四川盆地经历了多期复杂的构造运动,页岩地层遭受不同程度的破坏。为此,需要寻找构造相对稳定的复背(向)斜地区,页岩地层未被断层、褶皱破坏,大面积连续分布(表2-18)。以四川盆地为例,自震旦系沉积以来经历了加里东等多期构造运动的叠加改造,导致地层发生强烈褶皱形变、抬升剥蚀,保存条件复杂;下古生界海相页岩地层时代老,历史埋藏深度大,有机质热演化程度高,处于高成熟—过成熟阶段。良好的构造和保存条件是控制南方海相页岩气聚集与富集的重要因素。在南方构造复杂地区,盆地内部构造相对稳定的大型复背(向)斜宽缓区断层不发育,地层保存条件较好,有利于页岩气的形成与富集。盆地周缘改造区断层发育,保存条件不佳,页岩气勘探风险较高。长宁地区为构造稳定区,龙马溪组页岩普遍超压,压力系数为1.3~2.0,多口页岩气井获工业气流;云南昭通为强烈改造区,保存条件差,钻探未获气。川东万县复向斜焦石坝背斜龙马溪组为异常高压,压力系数达1.5,焦页1HF井测试获日产气$17.3 \times 10^4 m^3$,表明梳状复向斜宽缓区页岩地层保存条件好,有利于页岩气高产。盆地外隔槽式变形带桑柘坪向斜的彭页HF-1井在龙马溪组测试获日产气$2.3 \times 10^4 m^3$,地层压力为常压,压力系数为1.0,表明构造强变形带向斜区具有一定的保存条件但遭受部分破坏,页岩气单井产量低。盆地外围构造区页岩气含气性普遍很差,云南昭通的昭101井含气量只有$0.17~0.51 m^3/t$,平均为$0.33 m^3/t$,钻探未获工业油气流。上述勘探成果表明,以梳状复背斜宽缓区为主的正向构造最为有利,是海相页岩气核心区分布的主要构造部位。

表2-18 构造稳定区和构造改造区页岩气层参数对比表

对比项目	稳定区	改造区
改造作用	改造程度弱 产气层段顶底板封盖好	抬升剥蚀和断裂作用强 有利页岩层段顶底板易遭破坏
埋深	1500~4500m	多浅于2000m,局部大于4000m
储层压力	大面积超压为主 压力系数1.3~2.2	以常压或低压为主 压力系数0.8~1.0
含气量	平均大于$3.0 m^3/t$	低于$2 m^3/t$
钻探结果	高产井多,产量 $1.0 \times 10^4 ~ 54.7 \times 10^4 m^3/d$	产量低, $<3 \times 10^4 m^3/d$或无气

北美以及中国页岩气高产井均表现出异常高压的状况。地层超压是页岩储层保存条件好的重要表现,页岩气单井产量与压力系数呈明显的正相关关系,因为地层压力高多数是由于有机质生烃增压作用,持续排烃,含气性好,产量高(图2-31,表2-19)。

勘探表明,四川盆地五峰组—龙马溪组海相页岩气为超压页岩气,其形成机制为:(1)以裂解气为主要气源的增压;(2)早期深埋增压、后期构造抬升,良好的顶、底板和侧向封堵条件使其保存了较高的原始地层压力;(3)由丰富的有机质纳米孔隙群形成的"微气藏"压力系统易于保存。超压页岩气的关键评价指标及下限为储层压力系数大于1.3、TOC值大于3.0%、孔隙度大于4%和含气量大于$3.0 m^3/t$等。四川盆地内部五峰组—龙马溪组地层压力系数均大于1.2,普遍超压,其页岩层段含气量一般大于$4 m^3/t$,如长宁地区为$4.1 m^3/t$,涪陵为$4.6 m^3/t$等。龙马溪组含气量普遍好于筇竹寺组,详细分析后发现,龙马溪组页岩产层上覆巨厚的黏土质页岩,塑性好,下伏泥质含量高、稳定性好的宝塔组石灰岩,两者裂缝均不发育,因此自封闭能力强,形成超压页岩气层;筇竹寺组上部为裂缝性砂质页岩与石灰岩,下部为风化型白云岩含水层,水动力活跃,气体逸散严重,造成其含气量低。

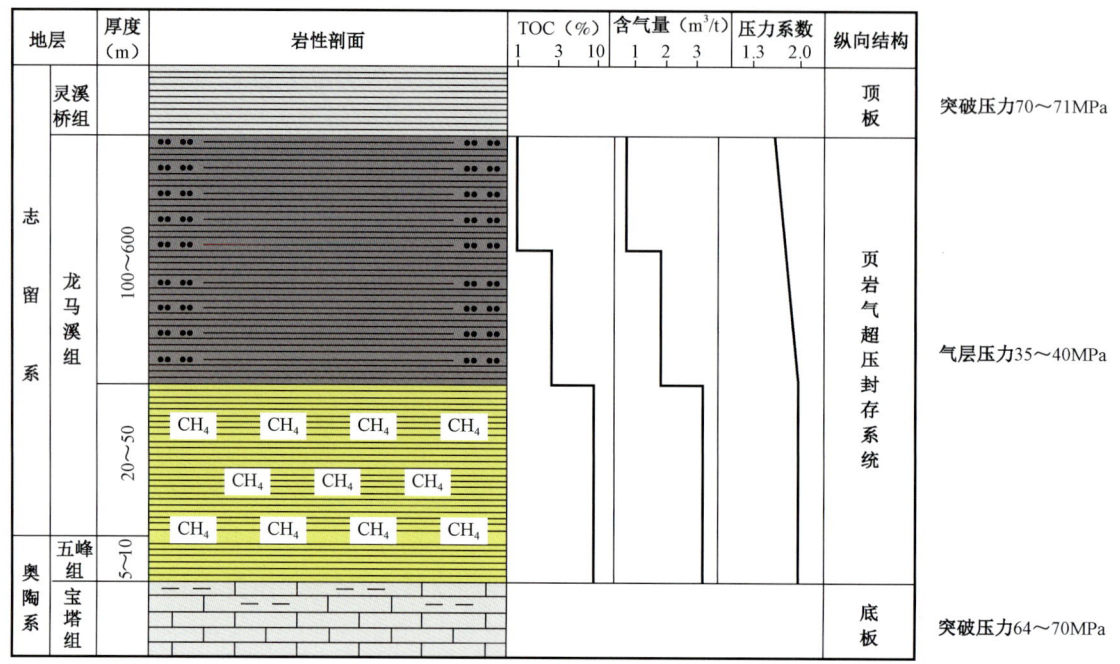

图 2-31 四川盆地五峰组—龙马溪组页岩气保存条件模式图

表 2-19 四川盆地龙马溪组与筇竹寺组页岩气参数对比

地层	地区	深度(m)	构造	TOC(%)	R_o(%)	ϕ(%)	压力系数	产量($10^4 m^3/d$)	含气量(m^3/t)	
									预测	实测
龙马溪组	长宁	2156~4500	隆起	2.70~3.25	2.70~3.25	2.4~6.7	1.0>1.4	61.72 试气	1.5~5.5	2.0~5.2
	威远	1500~2500	隆起	2.60~3.20	2.80~3.0	3.9~4.7	<1.4		2.29~5.0	2.4~4.8
	礁石坝	2250~3500	隆起	1.65~3.65	2.20~3.13	2~8	1~2.2	10~156 试气	1.8~6.88	3.2~6.1
筇竹寺组	长宁	3227~4500	隆起	2.5~4.0	3.2~4.0	0.11~2.5	<1.4		0.96~1.18	0.2~0.8
	威远	2674~3000	隆起	2.0~3.5	3.2~3.6	0.82~4.86	<1.4	2.01	0.75~4.3	0.8~3.51

在构造复杂的南方海相页岩分布区,稳定区复背(向)斜区内断层不发育,地表出露三叠系—二叠系,页岩地层未被断层、褶皱破坏,大面积连续分布,有利于水平井大型水力压裂改造,成为页岩气规模化开发的核心区。焦石坝页岩气主产区位于万县复向斜焦石坝背斜的宽缓带,断层不发育,地层平缓,黑色页岩连片分布面积大于$400 km^2$,可采资源量$4000 \times 10^8 m^3$。盆地外齐岳山断裂以东的龙马溪组页岩分布区断层发育,背斜区多出露前二叠系,龙马溪组被断层、褶皱破坏,地层埋深小、连片分布面积小;向斜区一般保存下三叠统以下地层,地层埋藏较深,有一定连片分布,但向斜狭窄、地层倾角大且多以单斜形式直接出露地表,不利于页岩气

聚集与富集。

川南长宁页岩气主产区——宁201井区,位于四川盆地川南低陡构造带长宁背斜西南翼部,是背斜构造背景下的平缓向斜区。龙马溪组页岩地层产状平缓,断层发育较少,保存条件较好,有利于页岩气的聚集与富集。长宁地区已投产水平井单井平均产量约 $10×10^4 m^3/d$,已成为蜀南海相页岩气重点勘探开发地区。

盆地外围构造改造区断层发育,页岩含气性普遍较差。以云南昭通地区为例,多期次的构造运动造成沉积地层的大面积抬升与剥蚀,通天断层发育,保存条件差。昭101井钻探显示,寒武系牛蹄塘组页岩由于断层发育、高角度缝发育,大部分裂缝被方解石充填,存在少量半充填缝和不连续高导缝,含气量 $0.17 \sim 0.51 m^3/t$,平均为 $0.33 m^3/t$,其中 90% 为氮气,钻探未获气。

地层超压(压力系数>1.2)是页岩含气性好、单井产量高的重要条件。超压表明页岩地层具有良好的保存条件,页岩气单井产量与压力系数呈明显正相关,地层压力越高,含气性越好,产量也越高。勘探实践表明,海相页岩气核心区龙马溪组产层压力系数与埋深成正比,产层埋深越大,地层压力系数越高,单井测试产量也越高。

长宁—威远、富顺—永川、涪陵等地区已获页岩气井中,产层中部埋深一般为 1500 ~ 3800m,平均为 2500m,压力系数为 1.2 ~ 2.2(图 2-32)。当埋深大于 2500m 时,地层压力系数一般大于 1.5,直井测试产量普遍大于 $2×10^4 m^3/d$,水平井测试产量大于 $10×10^4 m^3/d$。异常高压往往对应高含气量。四川盆地内部龙马溪组地层压力系数普遍大于 1.2,优质页岩集中段含气量一般大于 $4m^3/t$,如长宁地区含气量平均为 $4.1m^3/t$,涪陵地区含气量平均为 $4.6m^3/t$;在盆地边缘,如彭水地区,地层压力系数为 1.0(正常压力),含气量为 $2.3\sim2.92m^3/t$,水平井单井测试产量一般为 $2.2×10^4 m^3/d$。

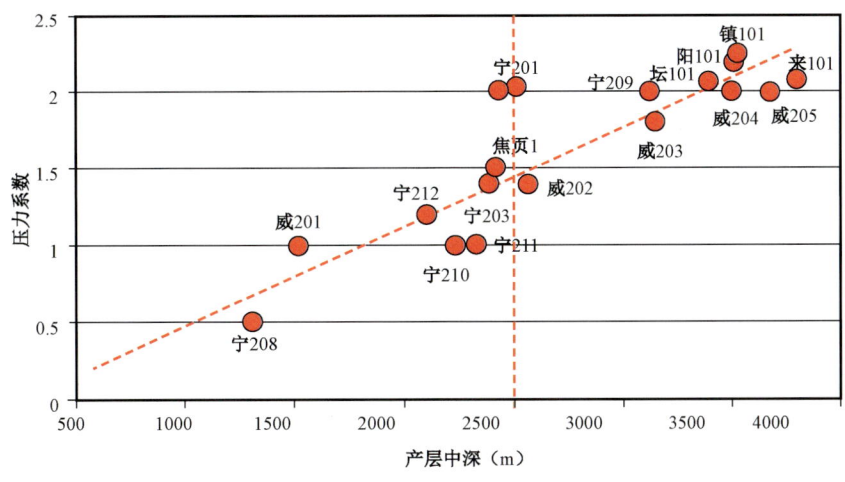

图 2-32 四川盆地五峰组—龙马溪组页岩气产层中深与压力系数关系图

值得注意的是,对于其他层系的页岩,埋深与地层超压不一定成正比。如四川盆地内部筇竹寺组埋深虽然大多超过 3500m,但尚未发现异常高压区,地层压力系数一般在 1.0 左右。

勘探开发实践发现,四川盆地龙五峰组—马溪组发育构造型和连续型两类页岩气富集模式(图 2-33)。"构造型甜点"以焦石坝页岩气田为代表,具有构造边缘复杂、内部稳定、裂缝发育等特点。"连续型甜点区"以威远—富顺—永川—长宁气田为代表,属盆地内大型凹陷中心和构造斜坡区,面积大、稳定、连续分布。无论哪种富集模式,其富集高产均受上述四大要素控制。依据四大要素及两类富集模式,提出五峰组—龙马溪组海相页岩气富集高产"甜点区",其具有最优越的页岩气成藏与富集条件及开发条件,是当前实现页岩气规模开发的主要目标。

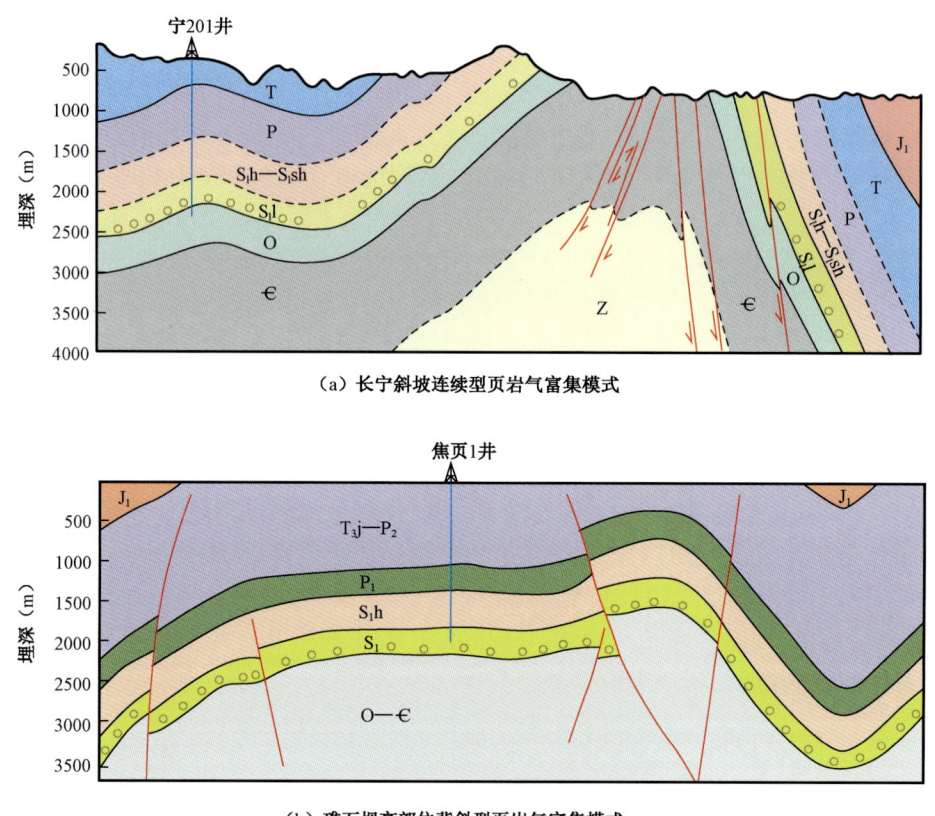

图 2-33　四川盆地五峰组—龙马溪组页岩气高产富集模式图

综合评价认为(表2-20),五峰组—龙马溪组海相页岩气核心区主要位于四川盆地南部和东部,已形成焦石坝、长宁—威远、富顺—永川、昭通等主力产区(表2-21,图2-34)。主力产气层富有机质集中段厚度为30~50m,横向分布稳定,埋深一般为1000~4000m,平均为3000m左右。核心区内具有明显的经济与工程优势,地表相对平坦,海拔200~750m,其中川南地势平缓,川东为低山丘陵地带,水系发达,长江干流及支流贯穿整个地区,水资源丰富,大部分地区位于盆地内常规油气的主产区,地面设施和油气管网完善,已具备大规模页岩气勘探开发的条件。研究与勘探实践表明,中国南方海相页岩气核心区具有页岩品质优、分布面积广、厚度大、丰度高、埋深适中、资源潜力大的特点,是目前中国推进页岩气规模开发的最有利区与商业性页岩气开发的主产区,页岩气产量占全国页岩气总产量的95%以上。核心区主力产层——龙马溪组底部优质页岩埋深小于4500m的有利区面积约$4.5 \times 10^4 km^2$,产层厚度平均为45m,页岩含气量为4.35~7.56m^3/t,平均为6.10m^3/t,核心区页岩气可采资源量为$4 \times 10^{12} m^3$。

表 2-20 五峰组—龙马溪组高产富气页岩层段评价指标表

特征	属性		判别指标
含气性优	四高	高TOC含量	>3%
		高孔隙度	>3%
		高含气量	>3.0m³/t
		高压力系数	>1.3
可压性优	一好	可压性好	杨氏模量>24GPa,泊松比<0.15
	两发育	页理发育	15层/cm
		微裂隙发育程度	发育

表 2-21 五峰组—龙马溪组主力产气层段基本特征对比表

主要参数	威远	黄金坝	长宁	巫溪	焦石坝
深度(m)	1500~3700	2000~2500	2000~2500	1500~3500	2100~2500
厚度(m)	24~40	30~40	33~46	45~93	38~50
R_o(%)	2.2~2.6	2.8~3.1	2.8~3.1	2.0~2.8	2.6
TOC(%)	2.6~3.47	3.3~5.2	2.7~8.5	1.8~11	2.42~7.43
孔隙度(%)	4.4~5.87	3.4~7.51	3.4~8.2	3.0~6.0	5.0~8.0
含气量(m³/t)	2.51~4.35	2.4~4.1	1.7~6.5	2.0~8.0	6.1~6.9
地层压力系数	0.9~1.96	1.96	2.03	1.2	1.55
黏土含量(%)	31~45	27.5	29.1	30	
脆性指数	37~70	51~63	55~65	>50	51~67
构造部位	斜坡	斜坡	斜坡	背斜	背斜
天然裂缝	局部发育	局部发育	局部发育	局部发育	发育

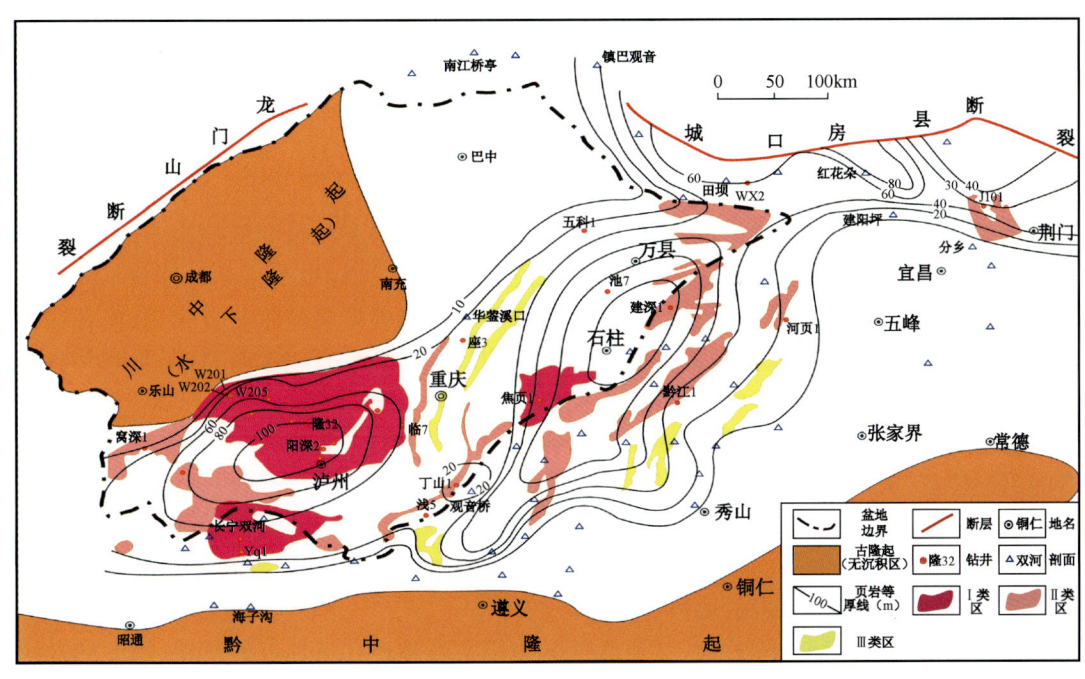

图 2-34 四川盆地五峰组—龙马溪组页岩气有利区带分布图

四、油页岩

油页岩富集成矿主控因素有四个,分别是盆地类型及古构造条件、古沉积环境及层序条件、古地貌条件和有机质富集条件,其中古气候及沉积环境是油页岩发育的主要因素。另外,不同地区油页岩富集成矿的主控因素重要性略有不同。

1. 东部地区

1) 古气候条件

气候对湖泊初始生产力、有机质保存、油页岩层数和厚度有明显的控制作用。气候变化是影响有机质生产力的主要因素。温湿的气候有利于植物的生长,而在干燥少雨的气候中植物生长受到限制。干燥少雨的气候条件下,入湖径流量小,陆源有机质输入减少,湖水营养矿物质含量降低,使水生浮游生物生长受限制,原始有机质生产力低下。而在潮湿多雨气候条件下,入湖径流量大,带来丰富的陆生植物和营养物质,使水生浮游生物得以繁荣,从而使有机质生产力提高。

桦甸盆地油页岩段沉积时期,气候表现为干湿交替的波动变化,反映了此时湖平面也存在波动性变化。当气候温暖湿润时,降雨量大于蒸发量,湖泛作用使湖平面上升,导致湖水中营养物质含量升高,使湖泊生产力提高,有利于油页岩的形成;当气候转为干旱时,降雨量小于蒸发量,导致湖平面下降,湖泊水体咸化,有利于有机质的保存。气候通过影响湖泊水体蒸发量与补给量的平衡而控制着湖平面的变化,从而控制了油页岩的层数和厚度。

2) 古沉积条件

沉积相展布控制了油页岩的平面展布和油页岩成因类型。沉积物供给与构造沉降通过影响可容空间大小共同控制了沉积相的叠加和沉积体系展布,从而间接控制了油页岩的平面展布特征。当沉积物供给速率较小且发生湖侵条件下即水进体系域时期。抚顺盆地以湖沼相和湖相为主,桦甸以湖相和扇三角洲相为主,农安以半深湖相和深湖相为主,依兰盆地以冲积扇相、扇三角洲相和湖相为主。抚顺盆地形成了浅湖相和深湖相油页岩,桦甸盆地形成了浅湖相和半深湖相油页岩,而依兰盆地则形成了湖沼相油页岩。上述不同成因油页岩的形成主要与沉积演化有关。

3) 古构造条件

构造对于油页岩矿的控制作用体现在两个方面,一个是同沉积时期的控制作用,另一个是沉积之后的改造作用。同沉积时期的古构造特征在盆地演化过程中的活动体现着不同的同沉积构造运动形式。它们或者同期发展,对盆地沉积和油页岩的聚集产生复合作用;或者在某个阶段单独表现明显。并且,这些不同形式的同沉积构造运动既具有成因联系,又具有各自的特点。因此,断陷盆地和坳陷型盆地的古构造控制作用也有一定的不同。

以抚顺盆地为例,盆地主要构造为控盆断裂和同沉积构造。其中,控盆断裂主要控制了油页岩的沉积位置、沉积厚度和含油率;同沉积构造主要表现在控制了盆地内部油页岩的展布形式以及油页岩的块段分布。纵向同沉积正断层控制了油页岩矿带整体的东西向展布形式。纵向同沉积正断层控制了盆地的轴向,因此控制了油页岩矿带整体的东西向展布形式。横向同沉积正断层控制了较厚油页岩的块段分布。

松辽盆地是一个大型坳陷盆地,盆地后期的作用主要体现在对油页岩产状、厚度和含油率等的改造作用。晚白垩世嫩江组沉积末期—明水组沉积时期,松辽盆地从断块作用为主转化为褶皱作用,形成一系列褶皱构造。伴随着褶皱构造形成,东南隆起区整体构造抬升,油页岩埋深整体变浅。而在背斜构造发育的地区,剥蚀作用强烈,导致部分油页岩出露于地表,甚至上部油页岩层全部被剥蚀。构造演化特征对松辽盆地南部油页岩的分布和厚度起到了重要的改造作用。

2. 中西部地区

1) 含有丰富的有机质是油页岩矿产形成的物质基础

中西部分布着许多大型含油气盆地,盆地中烃源岩的分布控制油页岩的分布,高丰度的有机质分布是油页岩形成的物质基础,优质烃源岩的分布即为油页岩。对中国其他地区的研究也显示,含油率与有机碳含量之间的正相关关系比较明显,并得出当有机碳含量大于6%时,含油率大于3.15%。

2) 偏还原的沉积环境有利于高含油率油页岩形成

生物标志化合物组成特征可以反映有机质的沉积环境。通常认为Pr/Ph大于1指示了氧化—弱氧化环境,而当Pr/Ph小于1时指示了还原环境。在中西部,从Pr/Ph比值与含油率的相关性看,发现当Pr/Ph比值小于1时,比值越小的越偏还原沉积环境,其含油率越高。而当Pr/Ph大于1时,含油率明显变小,因此,还原环境有利于含油率高的油页岩的形成,氧化环境不利于油页岩矿的形成。

3) 高位水进体系域有利于油页岩形成

中西部油页岩发育在大型内陆湖泊中的坳陷期。我国中西部油页岩的主要形成环境为湖相、沼泽相和海陆过渡相。在准噶尔盆地南缘油页岩发育在二叠系芦草沟组,该时期的构造沉降较大并且持续时间长,在博格达山形成深坳陷。并且,当时的气候温暖潮湿,植物繁盛,水生生物极为发育,有机质丰富,在半深湖—深湖沉积环境,沉积了厚度巨大的油页岩。

民和盆地也是西部有一定代表性的小型湖泊—沼泽类型的含油页岩盆地,形成于中生代,油页岩与煤层伴生,油页岩位于煤层之上,由于该类型油页岩有机质母质有较多陆源高等植物的母质输入,因此主要的有机质类型为腐泥—腐殖型和腐殖型。

3. 南方地区

南方地区处于太平洋与特提斯构造域作用带,油页岩矿床主要发育于受新生代太平洋构造域影响的我国被动大陆边缘、晚白垩世—新近纪形成的拉张断陷盆地中。目前,已发现了茂名、钦县、句容、北部湾等含油页岩盆地,其中以茂名盆地为典型代表。

中国南方盆地油页岩的形成主要受构造、沉积环境和气候等因素控制。对于陆相断陷盆地,气候和构造运动对内陆盆地油页岩的形成、赋存和分布起着重要控制作用,很大程度上决定了矿产形成和分布规律。构造运动控制了新生代沉积盆地的基本形态,进而决定了油页岩形成的沉积环境和空间条件,同时也影响油页岩的保存与破坏。在温暖潮湿、亚热带气候条件下,湖盆易于保持一定的水体深度,有机质丰盛,水介质具有一定盐度,有利于油页岩的形成。

4. 西藏地区

西藏地区处于古亚洲洋与特提斯构造域作用带,油页岩矿床主要发育于受新生代特提斯构造域影响、燕山期晚三叠世—新近纪形成的残留前陆盆地与残留断陷盆地中。已发现了伦坡拉、羌塘等含油页岩盆地,其中以羌塘盆地为典型代表。

西部—青藏区油页岩的形成明显受到古地理环境的控制和古气候的影响,其中古地理是控制油页岩展布的关键。油页岩的生成与海平面的升降或潟湖的间歇性开放也有密切关系,海水的侵入导致盐度密度分层而形成缺氧环境。古气候的变化是决定油页岩生成的根本原因,湿热的气候环境有利于油页岩的形成,干旱炎热的气候环境限制了生物的大量繁殖,不利于油页岩的形成。

五、油砂

依据对地表出露的 49 个重点油砂油成矿带形成条件的详细解剖,总结出我国油砂油的四个主要成矿条件。

1. 充足的原油供给

油砂油有三种来源:(1)古油藏中原油通过断层或不整合面运移至地表或浅部储层中;(2)古油藏被构造运动直接抬升至地表或浅部,油砂油就是古油藏中残留的部分原油;(3)盆地中烃源岩生成的原油通过断层、不整合面或疏导层直接长距离运移到盆地的隆起区或斜坡带上的地表或浅部储层中。在油砂油的形成过程中无论是原油的长距离运移,还是到地表或浅部原油的散失等都会造成原油的大量损失,因此,形成具有一定规模油砂矿的盆地均发生过较大规模的油气聚集。

油砂油富集区,通常位于大型含油气盆地的隆起区或边缘的油气运移聚集长期指向区,油源供给充足。如准噶尔盆地西北缘,松辽西斜坡,塔里木盆地的库车坳陷、塔西南坳陷和巴楚—柯坪地区等。

2. 优势运移通道

通过优势通道,油气向特定区域汇集—散失,形成油砂油。准噶尔盆地西北缘的油砂矿,生油中心生成的原油由下倾方向的沿不整合面向上倾方向运移,到油砂区后,先充满与不整合面接触的吐谷鲁组底砾岩,再向上倒灌进了底砾岩之上的砂岩层。松辽盆地西斜坡油砂矿是生油凹陷中形成的原油沿断层和不整合面运移至浅层—地表形成的。

3. 聚集和散失共同作用

重质油砂油首先是大量油气运聚,在运聚过程中或在运聚之后,在构造活动等作用下,轻油散失,重质油残留原地成矿。轻油油砂是在干旱条件下,潜水面位于地下 100 多米以下,轻质油经优势通道运聚,在成矿区内聚集,漂浮于潜水面之上成矿。由于储层直接出露地表,潜水面也随季节波动,轻质油主要以挥发方式在不断散失。干沥青是古油藏破坏后的残留物。

4. 构造改造成矿为主

油气的运聚、散失都与构造活动密切相关。已调查的多数油砂矿为构造改造成矿。在含油气盆地演化过程中,特别是盆地回返期,盆地边缘抬升,内部隆起带形成,油气大规模运移。如果缺少盖层,油气直接向地表运聚、散失,形成油砂矿。构造活动还会破坏已有油藏,形成油气再运聚—散失成矿,或油藏抬升破坏,残留原油成矿。

六、天然气水合物

天然气水合物形成的控制因素很多,其中主要有温压条件、气源条件、沉积条件和构造条件等。这些条件控制着天然气水合物矿藏的赋存状态、形成规律和规模大小,所以,对这些控制因素的研究是天然气水合物勘探和开发必不可少的手段。一般情况下,天然气水合物要求温度较低,必须小于10℃,大于10℃水合物基本分解;压力一般大于10MPa。温度和压力条件往往可以相互补偿,即温度高的情况下,压力大可以保持水合物的稳定存在,反之亦然。

气源条件是水合物形成的物质基础,直接控制着水合物气藏类型;沉积条件控制着水合物容矿场所,并提供封盖条件;构造条件控制天然气运移通道。三者都对天然气水合物矿藏的富集起着直接控制作用,三方面条件都有利的话,往往能形成大规模、高丰度的天然气水合物矿藏。而且成藏气源条件、沉积条件和构造条件往往是相互影响、相互作用的。其中,构造条件往往控制着气源条件和沉积条件。构造活动直接产生断裂带,是深部热解气源的必要通道,也是沉积层中生物气聚集的重要场所;沉积作用直接受构造运动控制,大的构造背景控制着沉积物源;沉积物形成的底辟作用也是断层发育的重要因素。所以,在分析天然气水合物成藏控制因素的时候,往往是既要单因素分析,又要多因素结合,才能正确得出某个具体天然气水合物矿藏的成藏控制因素,为天然气水合物勘探开发做出实际指导。

第三章　非常规油气资源评价方法与规范

评价方法的建立和评价规范的制定是确保评价流程一致、评价方法一致、评价结果可对比的关键。评价方法有专著进行论述,本章重点介绍评价规范的建立。

第一节　评价单元划分

非常规油气资源评价是按照层系进行评价(表3-1),基本的评价单元为区块。在主要含油气盆地区,评价单元按一级构造单元、区块/二级构造单元进行划分,资源的汇总是把按区块/二级构造单元的资源汇总到一级构造单元,再汇总到盆地资源量。中小盆地只划分到一级构造单元/区块,即只进行区块/一级构造单元的资源计算。非盆地区,如南方地区,以区块为基本单元来计算资源。

表3-1　非常规资源评价单元划分

评价区	评价单元			资源类型
	一级	二级	三级	
盆地区	盆地	一级构造单元	区块/二级构造单元	致密油、致密气、煤层气、页岩气、油页岩、油砂
	中小盆地	一级构造单元/区块		致密油、致密气、煤层气、油页岩、油砂
非盆地区	地区	区块		页岩气、油页岩、油砂、天然气水合物

第二节　资源评价方法体系

非常规油气资源评价,主要采用资源丰度类比法、EUR类比法,小面元容积法、体积法和容积法。考虑到评价方法的完整性,还增加了资源空间分布预测法和成藏数值模拟法。目前,后两种评价方法还有待完善,资源评价中并未采用。此外,针对页岩气资源评价,还增加了含气量法,详见表3-2。

表3-2　非常规资源评价方法

资源类型	评价方法	
	中—低勘探程度区	中—高勘探程度区
致密气 致密油 页岩气	类比法:资源丰度类比法,EUR类比法; 统计法:小面元容积法,体积法/容积法,含气量法(页岩气); 综合评价法:特尔菲法,离散点分布法,三角分布法	统计法:资源空间分布预测法; 成因法:成藏数值模拟法
煤层气 油页岩 油砂 天然气水合物	统计法:体积法/容积法; 综合评价法:特尔菲法,离散点分布法,三角分布法	

由于非常规资源成藏差异性大,勘探程度差别明显,在资源计算时将采用不用的计算方法(表3-2)。成藏条件相似的致密油、致密气主要采用资源丰度类比法、EUR类比法、小面元容积法、体积法/容积法和特尔菲法;页岩气主要采用资源丰度类比法、EUR类比法、小面元容积法、体积法/容积法、含气量法和特尔菲法。煤层气、油页岩、油砂、天然气水合物主要采用体积法/容积法。上述主要评价方法的计算公式和参数见第三节资源评价规范中。

第三节　资源评价规范

第一次进行系统评价的致密油、致密气、页岩气等非常规油气资源是近几年国内非常规油气领域的热点。由于研究时间短,缺少统一的评价标准,为确保评价结果的一致性和可对比性,明确基本的定义、内涵,规范使用的术语和评价方法以及提交的研究成果十分必要,基于此,编制了非常规油气资源评价规范、致密油资源评价规范、致密气资源评价规范、页岩气资源评价规范和煤层气资源评价规范。

一、非常规油气资源评价概述

本规范的对象为致密油、致密气、煤层气和页岩气,研究范围主要包括上述四类非常规资源的定义、典型生产井研究、资源评价方法和提交的成果等。

1. 术语与定义

1) 非常规油气资源(unconventional oil and gas resources)

非常规油气资源是指大面积连续分布,在现今经济技术条件下,难以完全用常规技术进行经济、有效开发的油气资源。非常规油气资源主要包括致密油、致密砂岩气、煤层气、页岩气、油页岩、油砂和天然气水合物等类型。

2) 致密油(tight oil)

聚集在富有机质生油岩中的石油,储层渗透率极低,覆压基质渗透率不大于0.1mD,储层岩性为碎屑岩或碳酸盐岩。对于赋存在富有机质生油岩基质和裂缝中的石油,即页岩油,不作为资源评价的范畴。

致密油包括两种油藏:源储不同层的致密油藏和源储同层的页岩油层。前者储层夹持在生油岩内,或紧邻生油岩上下;后者源储相同或薄互层。

(1) 富有机质生油岩(organic-rich source rock)。

致密油富有机质生油岩,主要是指有机质丰度(TOC)大于1%、成熟度(R_o)在0.7%~1.3%之间、有机质类型为Ⅰ型—Ⅱ型的泥质岩或碳酸盐岩。

(2) 致密油储层(reservoir of tight oil)。

致密油储层,主要指连续厚度或集中段厚度不小于10m、砂岩或碳酸盐岩储层占比大于70%、泥岩夹层不超过2m的储层,覆压基质渗透率不大于0.1mD。

3) 致密砂岩气(简称致密气,tight gas)

覆压基质渗透率不大于0.1mD的砂岩气层,单井一般无自然产能或自然产能低于工业气流下限,但在一定经济条件和技术措施下可以获得工业天然气产量。通常情况下,这些措施包括压裂、水平井和多分支井等。

4)煤层气(coalbed methane,简称 CBM)

赋存在煤层中,原始赋存状态以吸附在煤基质颗粒表面为主,以游离于煤割理、裂隙和孔隙中或溶解于煤层水中为辅,并以甲烷为主要成分的烃类气体。煤层气定义见 DZ/T 0216—2010。

5)页岩气(shale gas)

页岩气是以吸附态或游离态赋存于黑色富有机质、具有极低渗透率的页岩、泥质粉砂岩和砂岩夹层系统中的天然气。在覆压条件下,页岩基质渗透率不大于 0.001mD。单井一般无自然产能或自然产能低于工业气流下限,但在一定经济条件和技术措施下可以获得工业天然气产量。通常情况下,这些措施包括水平井、多级压裂等。

(1)页岩(shale)。

页岩是由粒径在 0.0039mm 以下,由细粒碎屑、黏土、有机质等组成的具页状或薄片状层理、易碎的一类沉积岩,美国一般将粒径在 0.0039mm 以下的沉积岩统称为页岩(表 3-3)。

(2)富有机质页岩(organic-rich shale)。

指总有机碳含量(TOC)在 2% 以上、自然伽马值较高(GR 一般在 150API 以上)的黑色页岩。

(3)页岩系统(shale system)。

页岩系统为以暗色页岩为主,含薄的、夹层状的粉砂质泥岩、泥质粉砂岩、粉砂岩、砂岩和碳酸盐岩等岩石组合。暗色页岩占地层厚度比例在 70% 以上。

表 3-3 碎屑岩按粒径分类表

颗粒粒径 (2 的几何级数制,mm)	>2	2~0.0625	0.0625~0.0039	<0.0039	
				无纹层、无页理	有纹层、有页理
岩石类型	砾岩	砂岩	粉砂	泥岩	页岩

(4)页岩含气量(gas content of shale)。

指赋存于单位质量页岩岩石中的天然气总量(单位为毫升/克岩石或米^3/吨岩石),主要包括游离气量和吸附气量。主要按照相关操作规范,通过钻井取心现场解析、实验室分析和测井解释等手段获得。游离气量指赋存于页岩孔缝中、呈游离态分布的天然气;吸附气量指赋存于页岩有机体和黏土矿物颗粒表面的、呈吸附态分布的天然气。

6)资源量(resources)

包括地质资源量和技术可采资源量。地质资源量指赋存于有效储层中,在现有技术条件下可探明的原地资源量;技术可采资源量指在现有技术条件下原地资源量中的可采量。原地资源量和可采量的定义见 GB/T 19492—2004。

7)资源评价(evaluation for resources)

在充分掌握地面物化探资料、井筒资料和地质综合研究资料的基础上,通过对非常规油气资源评价参数的分析研究,运用类比法、统计法、成因法等评价方法,评价非常规油气资源规模及分布,并提出有利目标和勘探部署。类比法、统计法和成因法的定义见 SY/T 5867。

8)资源丰度(richness of resources)

指每平方千米储层中含有的油气资源量,石油用万吨/千米^2(10^4t/km^2)表示,天然气用亿米^3/千米^2(10^8m^3/km^2)表示。

9)甜点区(core area)

指已有评价井,直井或水平井初试产量达到工业油气流,已探明一定规模非常规油气资源,油气成藏条件最好、地质认识较清楚的油气富集区,是近期非常规油气勘探开发的目标区。该区可作为其他区块类比评价的参照标准。

10) 有利区(favorable area)

指已有少量探井,地质评价较好的非常规资源分布区,是中长期勘探开发的有利区。

11) 远景区(potential area)

指具有非常规油气资源成藏地质条件、具备发展潜力的地区,是非常规资源勘探开发的储备区。

12) 单井最终可采储量(estimated ultimate recovery of single well,EUR)

指已经生产多年以上的开发井,根据产能递减规律,运用趋势预测方法,评估的该井最终可采储量。

2. 典型井选择与评价

1) 典型生产井的选择

典型生产井的标准应具备以下条件:(1) 累计生产时间在 5 年以上,有每月生产数据记录;(2) 已知单井控制面积、主要产层;(3) 已知单井可采储量和探明储量。

2) 研究内容

(1) 基本地质特征:所属盆地、构造单元、构造位置、主要储层、主要烃源岩层等。

(2) 目的层特征:埋深、厚度、孔隙度、渗透率等。

(3) 烃源岩层特征:有效厚度、TOC、R_o、有机质类型、生烃强度等。

(4) 生产情况:月生产数据、控制面积、压裂长度、压裂宽度、压力系数、前 30 天平均产能、第一年递减率、平均递减率等。

(5) 月生产曲线绘制。

(6) 关键参数:计算最终可采储量(EUR);计算最终采收率;确定单位面积可采资源量和地质资源量。

3. 资源评价方法

1) 资源丰度类比法

一种由已知区面积资源丰度推测评价区面积资源丰度,然后计算出评价区非常规油气资源量的方法。类比法步骤如下。

(1) 确定评价区边界。从资源评价角度看,非常规油气的边界与岩性地层区带的边界一致,主要边界类型包括:盆地构造单元边界;主要砂岩体沉积体系或富有机质页岩边界;断层、地层尖灭边界;储层岩性或物性边界。

(2) 选择刻度区。根据评价区的地质特征,选择具有相似特征的一个或多个刻度区。

(3) 计算相似系数。根据油气成藏条件地质风险评价结果,逐一类比评价区与所选的刻度区,求出对应相似系数。计算公式如下:

$$a = R_f/R_c \tag{3-1}$$

式中 a——评价区与刻度区类比的相似系数;

R_f——评价区油气成藏条件地质评价结果,即把握系数;

R_c——刻度区油气成藏条件地质评价结果,即把握系数。

(4)计算评价区地质资源量。根据相似系数和刻度区的面积资源丰度,求出评价区地质资源量。计算公式如下:

$$Q_{ip} = \sum_{i=1}^{n}(A \times Z_i \times a_i)/n \qquad (3-2)$$

式中　Q_{ip}——评价区非常规油气地质资源量,$10^8 m^3$;

　　　A——评价区面积,km^2;

　　　Z_i——第 i 个刻度区非常规油气资源丰度,石油单位为万吨每平方千米($10^4 t/km^2$),天然气单位为亿立方米每平方千米($10^8 m^3/km^2$);

　　　a_i——评价区与第 i 个刻度区类比的相似系数;

　　　n——刻度区个数。

(5)计算评价区可采资源量。可采资源量的计算公式如下:

$$Q_r = Q_{ip} \times E_r \qquad (3-3)$$

式中　Q_r——评价区非常规油气可采资源量,石油单位为亿吨($10^8 t$),天然气单位为亿立方米($10^8 m^3$);

　　　Q_{ip}——评价区非常规油气地质资源量,石油单位为亿吨($10^8 t$),天然气单位为亿立方米($10^8 m^3$);

　　　E_r——刻度区非常规油气平均可采系数。

2)EUR 类比法

一种由已开发井 EUR 推测评价区平均井 EUR,然后计算出评价区非常规油气资源量的方法。类比法步骤如下。

(1)评价区分类。将评价区分为甜点区(A 类)、有利区(B 类)和远景区(C 类)三类,并计算各类的面积比例。

(2)选择单井 EUR 刻度区。根据潜力区的石油地质特征,为 A 类选择具有相似特征的一个或多个刻度区;同样方法,为 B 类和 C 类选择具有相似特征的一个或多个刻度区。

(3)关键参数确定。分别统计 A 类、B 类和 C 类刻度区的 EUR,确定 EUR 均值、方差、最小值和最大值;分别统计 A 类、B 类和 C 类刻度区的平均井控面积和采收率(可采系数)。

(4)计算评价区可采资源量。可采资源量的计算公式如下:

$$\begin{cases} Q_r = Q_{r-c} + Q_{r-f} + Q_{r-p} \\ Q_{r-c} = EUR_c \times A \times k_c / W_c \\ Q_{r-f} = EUR_f \times A \times k_f / W_f \\ Q_{r-p} = EUR_p \times A \times k_p / W_p \end{cases} \qquad (3-4)$$

式中　Q_r——评价区非常规油气可采资源量,石油单位为亿吨($10^8 t$),天然气单位为亿立方米($10^8 m^3$);

　　　Q_{r-c}——核心区非常规油气可采资源量,石油单位为亿吨($10^8 t$),天然气单位为亿立方米($10^8 m^3$);

　　　Q_{r-f}——有利区非常规油气可采资源量,石油单位为亿吨($10^8 t$),天然气单位为亿立方米($10^8 m^3$);

Q_{r-p}——远景区非常规油气可采资源量,石油单位为亿吨(10^8t),天然气单位为亿立方米($10^8 m^3$);

EUR_c,EUR_f,EUR_p——核心区、有利区和远景区对应区刻度区 EUR 均值,石油单位为亿吨(10^8t),天然气单位为亿立方米($10^8 m^3$);

A——评价区面积,km^2;

k_c、k_f、k_p——核心区、有利区和远景区对应刻度区占评价区百分比;

W_c、W_f、W_p——核心区、有利区和远景区对应刻度区平均井控面积,km^2。

(5)计算评价区地质资源量。地质资源量的计算公式如下:

$$Q_{ip} = Q_{r-c}/E_{r-c} + Q_{r-f}/E_{r-f} + Q_{r-p}/E_{r-p} \tag{3-5}$$

式中 Q_{ip}——评价区非常规油气地质资源量,石油单位为亿吨(10^8t),天然气单位为亿立方米($10^8 m^3$);

Q_{r-c}、Q_{r-f}、Q_{r-p}——核心区、有利区和远景区非常规油气可采资源量,石油单位为亿吨(10^8t),天然气单位为亿立方米($10^8 m^3$);

E_{r-c}、E_{r-f}、E_{r-p}——核心区、有利区和远景区非常规油气平均可采系数。

3)小面元容积法

将评价区划分为若干网格单元(或称面元),考虑每个网格单元非常规油气有效厚度、有效孔隙度等参数的变化,然后逐一计算出每个网格单元资源量。步骤如下。

(1)评价区网格划分,小面元面积确定。一般采用矩形网划分评价区网格,也可根据评价区储层物性参数的数据来源确定网格类型,地震资料解释成果可采用矩形网。录井或测井成果可采用 PEBI 网。综合解释成果(等值线数据)可采用三角网或其他变面积网格。

(2)小面元有效孔隙度、有效厚度、含油/气饱和度的求取。根据以下两种情况采用不同的求取方法:小面元中有数据点,则取数据点的各项参数的平均值;小面元中没有数据点,则使用网格插值工具软件,求取关键参数。

(3)计算小面元地质资源量。计算公式如下:

$$Cell\_Q = 100 \times A \times H \times \phi \times (1 - S_w) \times \rho_o / B_o \tag{3-6}$$

$$Cell\_Q = 0.001 \times A \times H \times \phi \times (1 - S_w) / B_g \tag{3-7}$$

式中 Q——油气地质资源量,石油单位为亿吨(10^8t),天然气单位为亿立方米($10^8 m^3$);

A——小面元含油气面积,km^2;

H——小面元油气层有效厚度,m;

ϕ——小面元有效孔隙度;

ρ_o——小面元地面原油密度;

S_w——小面元原始含水饱和度;

B_o——原始原油体积系数;

B_g——原始天然气体积系数。

(4)计算评价区地质资源量和可采资源量。计算公式如下:

$$\begin{cases} Q_{ip} = \sum_{i=1}^{n} Cell\_Q_i \\ Q_{ur} = \sum_{i=1}^{n} (Cell\_Q_i \times Er_i) \end{cases} \tag{3-8}$$

式中 Q_{ip}——评价区非常规油气地质资源量,石油单位为亿吨(10^8t),天然气单位为亿立方米(10^8m^3);

Q_{ur}——评价区非常规油气可采资源量,石油单位为亿吨(10^8t),天然气单位为亿立方米(10^8m^3);

n——评价区划分出的面元(网格)个数;

Cell_Q_i——第i个面元非常规油气地质资源量,石油单位为亿吨(10^8t),天然气单位为亿立方米(10^8m^3);

Er$_i$——第i个面元非常规油气可采系数。

4) 页岩气含气量法

页岩气赋存方式包括游离气、吸附气和溶解气。页岩中溶解气量极少,页岩气总资源量计算中仅计算游离气量和吸附气量。计算公式如下:

$$Q = \sum_{i=1}^{n}(Q_{游i} + Q_{吸i}) \tag{3-9}$$

式中 Q——评价区页岩气可采资源量,10^8m^3;

$Q_{游i}$——第i个评价单元页岩游离气可采资源量,10^8m^3;

$Q_{吸i}$——第i个评价单元页岩吸附气可采资源量,10^8m^3;

n——评价单元个数。

(1) 页岩游离气可采资源量确定。计算公式如下:

$$Q_{游i} = A_i \times h_i \times \phi_{gi} \times S_{gi} \times f_i / Z_g \tag{3-10}$$

式中 $Q_{游i}$——第i个评价单元页岩游离气可采资源量,10^8m^3;

A_i——第i个评价单元面积,km^2;

h_i——第i个评价单元富有机质页岩有效厚度,km;

ϕ_{gi}——第i个评价单元富有机质页岩含气孔隙度,%;

S_{gi}——第i个评价单元富有机质页岩含气饱和度,%;

f_i——第i个评价单元页岩气资源可采系数,%;

Z_g——页岩气压缩因子。

(2) 页岩吸附气可采资源量确定。计算公式如下:

$$Q_{吸i} = A_i \times h_i \times \rho_i \times q_{吸i} \times f_i \tag{3-11}$$

式中 $Q_{吸i}$——第i个评价单元页岩游离气可采资源量,10^8m^3;

A_i——第i个评价单元面积,km^2;

h_i——第i个评价单元富有机质页岩有效厚度,km;

ρ_i——第i个评价单元富有机质页岩岩石密度,t/m^3;

$q_{吸i}$——第i个评价单元富有机质页岩吸附气含量,m^3/t;

f_i——第i个评价单元页岩气资源可采系数,%。

(3) 计算参数确定。含气量是容积法计算页岩气资源量中的关键参数。在勘探开发程度较高或资料较丰富的页岩气区,上述参数均应来源于实际数据。在缺乏实际数据的情况下,可由等温吸附实验模拟、类比、统计、测井资料解释等方法获得,各种方法所获得的含气量数值具有不同的地质意义和使用条件。

采用类比法或统计法获得含气量数据时,类比区与类比系数参照类比法。由等温吸附实验模拟法获取含气量数据时,吸附气含量为:

$$q_{\text{吸}i} = \frac{V_L \times p}{p_L \times p} \tag{3-12}$$

式中　V_L——兰格缪尔(Langmuir)体积,m^3;
　　　p——地层压力,MPa;
　　　p_L——兰格缪尔(Langmuir)压力,MPa。

需要注意的是,由等温吸附模拟获得的吸附气含量可能较实际数值要大,需应用实际数据校正后使用。

5) 页岩气总含气量法

由总含气量和富有机质页岩体积计算页岩气资源量的方法。

(1) 计算公式。

$$Q = \sum_{i=1}^{n} A_i \times h_i \times \rho_i \times C_{ti} \times f_i \tag{3-13}$$

式中　Q——评价区页岩气可采资源量,$10^8 m^3$;
　　　A_i——第 i 个评价单元面积,km^2;
　　　h_i——第 i 个评价单元富有机质页岩有效厚度,km;
　　　ρ_i——第 i 个评价单元富有机质页岩岩石密度,t/m^3;
　　　C_{ti}——第 i 个评价单元富有机质页岩含气量,m^3/t;
　　　f_i——第 i 个评价单元页岩气资源可采系数,%。

(2) 参数确定。

总含气量按照一定操作规程和标准,通过钻井取心解析获取或由刻度区类比获得。在勘探开发程度较高或资料较丰富的页岩气区,上述参数均应来源于实际数据。缺乏实际数据情况下,可由类比、统计、测井资料解释等方法获得。

6) 随机模拟法

这是一种比较精细的非常规油气资源评价方法。通过已发现油藏分布,确定资源丰度分布趋势,从而计算资源。适合于在钻探井较多并已发现有多个油气藏的地区使用。

7) 数值模拟法

数值模拟也叫计算机模拟,是以计算机为手段,通过数值计算和图像显示,研究油气成藏过程从而计算油气资源的评价方法。数值模拟是一种比较精细的非常规油气资源评价方法,依赖于地质模型、数学模型的建立和盆地模拟技术,适合于在资料较多、油气成藏历史认识较清楚的地区使用。

4. 资源评价成果

1) 非常规油气资源评价结果汇总

非常规资源评价主要是按层系进行计算,也可按区带或区块评价。采用多种方法计算结果汇总时可采用特尔菲法,即根据计算参数的可靠程度赋予不同计算结果的权重,得出层系或区块的资源量。

2)非常规油气资源评价报告

编写非常规油气资源评价研究报告,编制资源评价附图(表)册。

二、致密油资源评价规范

近年来,我国致密油勘探的快速发展带动了相关评价技术的快速发展,促进了致密油资源的大量发现,积累了大量勘探经验。为了适应我国石油天然气行业不断增长的需要,促进我国致密油资源评价工作的规范化和标准化,促进技术发展与交流,在大量勘探实践和分析测试数据基础上,经分析研究,初步形成了致密油的资源评价技术规范。

在规范中界定了致密油资源评价的范围、规范性引用文件、术语和定义、刻度区解剖与参数研究内容、典型生产井的选择与研究内容、资源评价方法、资源评价成果等内容。由于已详细论述过非常规资源评价规范中的评价方法和要求的图表,本部分只简要介绍致密油资源评价技术规范的部分内容。

1. 致密油内涵

指夹持或紧邻富有机质生油岩中致密碎屑岩或碳酸盐岩聚集的石油,储层覆压基质渗透率不大于0.1mD。单井一般无自然产能或自然产能低于工业油流下限,但在一定经济条件和技术措施下可获得工业石油产量。这些措施包括酸化压裂、多级压裂和水平井等。而储存于富有机质、纳米级孔径页岩地层中的成熟石油(即页岩油)不同于致密油,目前很多学者把页岩油也纳入致密油的范畴。

2. 致密油资源起算条件

考虑如下因素:(1)储层厚度,原则上致密油油层厚度不小于3m或集中段累计厚度大于15m;(2)含油面积下限,致密油连续分布面积不小于50km^2;(3)烃源岩有机碳含量下限,原则上 TOC 不小于1%;(4)烃源岩成熟度,烃源岩处于生油窗内,一般要求 R_o 为 0.6% ~1.3%;(5)资源计算深度,主体在 1000~4500m 之间。

3. 致密油资源评价方法

主要采用资源丰度类比法、EUR 类比法、小面元容积法和特尔菲法。

4. 刻度区建立

刻度区选择是该规范的重要内容。首先是进行刻度区的选择,包括:(1)认知程度,勘探程度高、地质规律认识程度高、油气资源探明率较高或资源分布与潜力的认识程度较高;(2)研究对象,为勘探区块、区带;(3)地质条件,为致密油大面积、连续型分布。其次是刻度区解剖,内容包括如下方面。

(1)基本地质与勘探情况。涉及刻度区的地理位置和区域构造位置,刻度区边界确定的主要依据,刻度区类型、面积、勘探开发历程、致密油勘探成功率和发现的油田个数,地质储量以及探明石油可采储量,石油生产情况,当前年产量与累计产量。

(2)成藏条件。①烃源岩条件,描述刻度区发育的烃源岩层位、岩性、时代,评价烃源岩层系的有机质丰度、烃源岩类型、生烃潜力、热演化程度,以及生烃强度和排烃强度。②储层条件,描述储层分布、储层面积、储层厚度(单层有效厚度、总厚),以及夹层厚度等;储集岩类型与岩性,储层形成的沉积环境,以及沉积成岩作用与储层改造作用;储集空间、孔隙类型、储层物性等。③保存条件,描述刻度区地质背景与构造演化环境,是否有利于石油的保存;描述致密油储层物性封堵与盖层封堵的条件,是否有利于石油的保存;描述致密油储层边底水特征,是否有利于石油的保存。④油层分布及埋深情况,描述油层及主力油层层位,油层埋藏深度。

（3）关键参数研究。确定影响刻度区致密油成藏以及致密油资源丰度的关键地质参数,量化刻度区的基本石油地质条件,包括致密油成藏的油源、储层、圈闭、保存和配套等条件,确定致密油成藏定量描述参数。

（4）刻度区解剖与参数研究成果。①成果图件:刻度区构造位置图,刻度区勘探成果图,地层综合柱状图,油藏剖面图。②数据表:刻度区基础地质参数表(表3-4),刻度区类比参数表(表3-5)。

表3-4 致密油刻度区基础地质参数表

参数类型	参数名称	单　位
工程参数	探井井数	口
	二维地震	km
	三维地震	km^2
	原油密度	g/cm^3
	原油黏度(50℃)	mPa·s
	油藏温度	℃
	地层压力	MPa
	压力系数	
	含油饱和度	%
	气油比	m^3/m^3
	地层水矿化度	mg/g
	单井平均EUR	m^3
	平均采收率	%
储集条件	埋深	m
	单层最大厚度	
	平均厚度	
	沉积相类型	
	储层百分比	%
	孔隙类型	
	孔隙度	%
	渗透率	mD
烃源条件	烃源岩岩性	
	烃源岩厚度	m
	有机碳含量	%
	烃源岩分布面积	km^2
	成熟度(R_o)	%
	S_1+S_2	mg/g
	氯仿沥青"A"	mg/g
	有机质类型	
	生烃强度	10^{8}m^3/km^2
	生排烃高峰期	Ma

续表

参数类型	参数名称	单 位
保存条件	封盖层层位	
	封盖层岩性	
	封盖层厚度	m
	构造破坏强度	
储量情况	含油面积	km²
	油层有效厚度	m
	储量级别	
	地质储量	$10^8 m^3$
	可采储量	
	储量丰度	$10^8 m^3/km^2$
	可采储量丰度	
	刻度区资源量丰度	
开发情况	动用含油面积	km²
	动用地质储量	$10^8 m^3$
	平均单井产量	$10^4 m^3$
	累计采出量	$10^8 m^3$
	采出程度	%

表3-5 致密油刻度区类比地质参数表

参数类型	参数名称	单 位
储层条件	储层厚度	m
	储层百分比	%
	孔隙类型	
	孔隙度	%
烃源条件	烃源岩厚度	m
	有机碳含量	%
	成熟度(R_o)	%
	有机质类型	
保存条件	封盖层岩性	

(5)资源评价成果。①资源评价报告。②成果图:致密油分布图;砂体厚度和物性平面分布图;烃源岩生烃强度平面分布图;有效烃源岩厚度平面分布图;主力烃源岩 TOC 平面分布图;主力烃源岩 R_o 平面分布图;目的层有利区综合评价图。③数据表:评价区致密油资源评价结果汇总表;潜力区致密油资源评价结果表;扩展区致密油资源评价结果表。

5. 致密油有利区地质评价标准

根据致密储层的类型可划分为致密砂岩有利区和致密碳酸盐岩有利区,评价参数和标准见表3-6和表3-7。

表 3-6 致密砂岩有利区选择标准

参数		取值标准
储层	面积（km²）	≥50
	厚度（m）	≥10
	孔隙度（%）	≥4
烃源岩	TOC（%）	≥1
	R_o（%）	0.6~1.3
构造背景		较稳定
地表条件		有利
油气显示		有发现
埋深（m）		500~4000

表 3-7 致密碳酸盐岩有利区选择标准

参数		取值标准
储层	面积（km²）	≥100
	厚度（m）	≥3
	孔隙度（%）	≥1
烃源岩	TOC（%）	≥1
	R_o（%）	0.6~1.3
构造背景		较稳定
地表条件		有利
油气显示		有发现
埋深（m）		500~4000

三、致密气资源评价规范

由于致密气资源评价规范内容与致密油基本相同，只在评价参数和指标等方面有所差异，为避免重复，仅简要介绍致密气资源评价技术规范的部分内容。

1. 致密气内涵

覆压基质渗透率不大于 0.1mD 的砂岩气层，单井一般无自然产能或自然产能低于工业气流下限，但在一定经济条件和技术措施下可获得工业天然气产量。通常情况下，这些措施包括压裂、水平井、多分支井等。

2. 致密气资源起算条件

储层标准：覆压基质渗透率不大于 0.1mD 的致密储层所占比例大于 80%，分布面积较大。烃源岩标准：以含煤地层 Ⅱ 型、Ⅲ 型烃源岩为主的，热演化成熟度 R_o 一般大于 1.0%；以 Ⅰ 型、Ⅱ 型烃源岩为主的，TOC 一般大于 1.5%，热演化成熟度 R_o 一般大于 1.3%；分布面积较大。

3. 甜点区评价标准

(1)烃源岩厚度大于一定值。含煤地层累计厚度较大,R_o 大于 1.1%;或 Ⅰ 型、Ⅱ 型烃源岩 TOC 大于 3% 的地层累计厚度较大,R_o 大于 1.3%。(2)储层厚度较大,物性相对较好,或裂缝、微裂缝发育。储层基质空气渗透率大于 0.5mD,孔隙度大于 8%,裂缝或微裂缝较发育的致密砂岩储层累计厚度较大,可局部发育低幅度构造。(3)含气饱和度及储量丰度相对较高。含气饱和度与该区致密砂岩气区平均含气饱和度之差大于 5%,储量丰度高于该平均丰度 2 倍以上。(4)气区应有较大分布面积。即单个区域或邻近的多个区域分布面积较大,能满足经济规模建产条件。

4. 资源评价方法

中—低勘探程度可采用资源丰度类比法、EUR 类比法和小面元容积法;中—高勘探程度可采用 EUR 类比法、小面元容积法、随机模拟法和数值模拟法。

四、页岩气资源评价规范

1. 术语和定义

页岩气指以游离态、吸附态为主,赋存在富有机质页岩段中的天然气,覆压页岩渗透率一般小于 0.001mD,单井无自然产能,需通过技术措施才能获得工业气流。

富有机质页岩。指总有机碳含量(TOC)在 1%~2% 以上、自然伽马值较高(GR 一般在 150API 以上)的黑色页岩。其中,海相有机碳含量大于 2.0%,其他大于 1%。

富有机质页岩地层系统。以富有机质页岩为主,薄粉砂岩、砂岩、碳酸盐岩等夹层组成。富有机质页岩层段指富有机质页岩及富有机质页岩与粉砂岩、细砂岩、碳酸盐岩等薄夹层的地层单元,薄夹层单层厚度不大于 1m,累计薄夹层占该页岩层段的总厚度比例小于 20%。

页岩含气量指赋存于单位质量页岩岩石中的天然气总量(单位为 m^3/t 岩石),主要包括游离气量和吸附气量。主要按照相关操作规范,通过钻井取心现场解析、实验室分析、测井解释等手段获得。游离气量指赋存于页岩孔缝中,呈游离态分布的天然气;吸附气量指赋存于页岩有机体和黏土矿物颗粒表面的,呈吸附态分布的天然气量。

2. 资源评价方法

主要采用资源丰度类比法,EUR 法,容积法和总含气量法。

3. 有利区评价标准

中国海相、煤系和湖相页岩气有利区优选参数及指标见表 3-8、表 3-9 和表 3-10。

表 3-8 中国海相页岩气有利区/层段确定条件与标准

参数	中国选区标准	美国		意义
		选区标准	产区下限	
有机碳(%)	>2.0	>4	>3	烃源岩质量与有效范围
成熟度(%)	Ⅰ—Ⅱ₁>1.1,Ⅱ₂>0.9,Ⅲ>0.9	>1.4	>1.0	
石英等脆性矿物(%)	>40	>20	>40	储层质量
黏土矿物(%)	<30	<30	<30	

续表

参数	中国选区标准	美国 选区标准	美国 产区下限	意义
孔隙度(%)	>2	>2	>2	潜力与前景
渗透率(nD)	>1	>50	>10	潜力与前景
含气量(m³/t)	>2	>2	>1	潜力与前景
直井初期日产(10⁴m³/d)	1.0	4	>0.85	潜力与前景
含水饱和度(%)	<45	<25	<35	潜力与前景
含油饱和度(%)	<5	<1	低	潜力与前景
资源丰度(10⁸m³/km²)	>2.0	>2.5	>3	潜力与前景
EUR(10⁸m³)	0.3	>0.3	>0.3	潜力与前景
地层压力	常压—超压	超压	常压—超压	生产方式与产能
有效页岩连续厚度(m)	>30~50	>30	>30	生产方式与产能
夹层厚度(m)	<1	—	—	生产方式与产能
砂地比(%)	<30	—	—	生产方式与产能
顶底板岩性及厚度(m)	非渗透性岩层,>10	—	—	生产方式与产能
保存条件	稳定区、改造程度低	构造稳定区	构造稳定区	生产方式与产能

表3-9 中国湖相页岩气有利区/层段确定条件与标准

参数	湖相	美国 选区标准	美国 产区下限	意义
有机碳(%)	>1.0	>4	>3	烃源岩质量与有效范围
成熟度(%)	Ⅰ—Ⅱ₁>1.1,Ⅱ₂>0.9,Ⅲ>0.9	>1.4	>1.0	烃源岩质量与有效范围
石英等脆性矿物(%)	>40	>20	>40	储层质量
黏土矿物(%)	<40	<30	<30	储层质量
孔隙度(%)	>2	>2	>2	潜力与前景
渗透率(nD)	>10	>50	>10	潜力与前景
含气量(m³/t)	>1	>2	>1	潜力与前景
直井初期日产(10⁴m³)	0.5	4	>0.85	潜力与前景
含水饱和度(%)	<45	<25	<35	潜力与前景
含油饱和度(%)	<10	<1	低	潜力与前景
资源丰度(10⁸m³/km²)	>2	>2.5	>3	潜力与前景
EUR(10⁸m³)	0.3	>0.3	>0.3	潜力与前景
地层压力	常压—超压	超压	常压—超压	生产方式与产能
有效页岩连续厚度(m)	>15	>30	>30	生产方式与产能
夹层厚度(m)	<3	—	—	生产方式与产能
砂地比(%)	<30	—	—	生产方式与产能
顶底板岩性及厚度(m)	非渗透性岩层,>10	—	—	生产方式与产能
保存条件	—	构造稳定区	构造稳定区	生产方式与产能

注:有效页岩连续厚度指满足TOC、夹层厚度、砂地比等标准的页岩集中段厚度。

表 3-10　中国海陆过渡相(C—P)页岩气有利区/层段确定条件与标准

参数	海陆过渡相—湖沼相煤系	美国		意义
		选区标准	产区下限	
有机碳(%)	>1.0	>4	>3	泥质烃源岩质量与有效范围
成熟度(%)	Ⅰ—Ⅱ$_1$>1.1，Ⅱ$_2$>0.9，Ⅲ>0.9	>1.4	>1.0	
石英等脆性矿物(%)	>40	>20	>40	储层质量
黏土矿物(%)	<40	<30	<30	
孔隙度(%)	>2	>2	>2	潜力与前景
渗透率(nD)	>10	>50	>10	
含气量(m^3/t)	>1.0	>2	>1	
直井初期日产($10^4 m^3$/d)	0.5	4	>0.85	
含水饱和度(%)	<45	<25	<35	
含油饱和度(%)	<10	<1	低	
资源丰度($10^8 m^3/km^2$)	>2	>2.5	>3	
EUR($10^8 m^3$)	0.3	>0.3	>0.3	
地层压力	常压—超压	超压	常压—超压	生产方式与产能
有效页岩连续厚度(m)	>15	>30	>30	
夹层厚度(m)	<3	—	—	
砂地比(%)	<30			
顶底板岩性及厚度(m)	非渗透性岩层，>10			
保存条件	—	构造稳定区	构造稳定区	

注：有效页岩连续厚度指满足 TOC、夹层厚度、砂地比等标准的页岩集中段厚度。

五、煤层气资源评价规范

1. 评价层次

为大区—含气盆地(群)—含气区带—计算单元。

大区划分原则：煤层气资源与常规油气、油砂、油页岩资源放在统一的大区框架内进行评价。划分为五个大区(不包括海域区)，即东部区、中部区、西部区、南方区、青藏区。

含气盆地(群)划分原则：在大区内，按主要聚煤作用差异、区域构造变形特征、煤层气赋存特征和地域上的临近关系等划分含气盆地(群)。划分为 48 个含气盆地。

含气区带划分原则：依据盆地构造单元区划，结合煤层气成藏富集的特殊性，对盆地含气区带进行划分。包括 124 个含气区带。

2. 计算单元

划分原则是以地质边界或人为技术边界为划分依据，例如构造线、煤厚突变线、煤阶变化线、煤层含气边界、井田或采区边界、预测区边界、网格边界、水平标高线、煤炭储量级别等。

(1)纵向上，以单一煤层为计算单元，煤岩、煤质和煤体结构特征差别不大的煤层组可以合并为一个计算单元。

(2)横向上,以单一煤层底部或煤层组中部埋深线作为边界划分计算单元。

(3)在评价计算过程中,可根据实际情况进一步划分出次一级计算单元。

3. 煤阶评价

分为低煤阶(褐煤,$R_o < 0.65\%$),中煤阶(长焰煤、气煤、肥煤、焦煤、瘦煤,$0.65\% \leq R_o \leq 1.9\%$),高煤阶(贫煤、无烟煤,$R_o > 1.9\%$)。

4. 深度评价

中—高煤阶分为:(1)风化带—1000m;(2)1000~1500m;(3)1500~2000m。

低煤阶分为:(1)风化带—500m;(2)500~1000m;(3)1000~1500m;(4)1500~2000m。

5. 资源系列评价

资源系列包括待发现的潜在资源量和已发现储量(图3-1)。

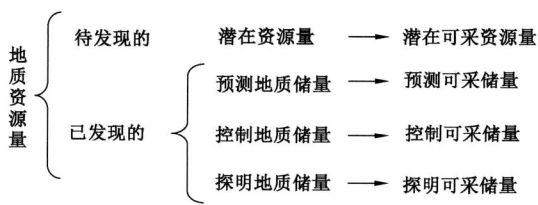

图3-1 煤层气资源评价系列

6. 资源评价方法

(1)煤炭资源储量法。在计算单元内可获得的煤炭储量或资源量数据(第三次全国煤田预测与评价结果),可采用下式计算煤层气地质资源量/储量:

$$G_i = \sum_{j=1}^{n} C_{vj} \cdot \overline{C}_j \tag{3-14}$$

式中 n——计算单元中划分的次一级计算单元总数;

G_i——第i个计算单元的煤层气地质资源量/储量,$10^8 m^3$;

C_{vj}——第j个次一级计算单元的煤炭储量或资源量,$10^8 t$;

$\overline{C}_j$——第j个次一级计算单元的煤储层平均空气干燥基含气量,m^3/t。

(2)体积法。在计算单元内尚未获得煤炭储量或资源量数据,则计算公式为:

$$G_i = \sum_{j=1}^{n} 0.01 \cdot A_j \cdot \overline{h}_j \cdot \overline{D}_j \cdot \overline{C}_j \tag{3-15}$$

式中 n——计算单元中划分的次一级计算单元总数;

G_i——第i个计算单元的煤层气地质资源量/储量,$10^8 m^3$;

A_j——第j个次一级计算单元的煤储层含气面积,km^2;

$\overline{h}_j$——第j个次一级计算单元的煤储层平均厚度,m;

$\overline{D}_j$——第j个次一级计算单元的煤储层平均视密度,t/m^3;

$\overline{C}_j$——第j个次一级计算单元的煤层平均空气干燥基含气量,m^3/t。

(3)数值模拟法。数值模拟法是利用数值模拟软件对已获得的储层参数和实际的生产数据(或试采数据)进行拟合匹配,最后获取气井的预计生产曲线和可采储量。

数值模拟软件选择:必须能够模拟煤储层的独特双孔隙特征和气、水两相流体的三种流动方式(解吸、扩散和渗流)及其相互作用过程,以及煤体岩石力学性质和力学表现等。

根据资料的掌握程度和计算精度,数值模拟法的计算结果可作为控制可采储量和探明可采储量。

(4)产量递减法。产量递减法是通过研究煤层气井的产气规律、分析气井的生产特性和历史资料来预测储量,一般是在煤层气井经历了产气高峰并开始稳产或出现递减后,利用产量递减曲线的斜率对未来产量进行计算。产量递减法实际上是煤层气井生产特性外推法,运用产量递减法必须满足以下几个条件:有理由相信所选用的生产曲线具有典型的代表意义;可以明确界定气井的产气面积;产量—时间曲线上在产气高峰后至少有3个月以上稳定的气产量递减曲线斜率值;必须有效排除由于市场减缩、修井或地表水处理等非地质原因造成的产量变化对递减曲线斜率值判定的影响。

产量递减法可以用于探明可采储量的计算,特别是在气井投入生产开发阶段,产量递减法可以配合体积法和数值模拟法一起提高储量计算精度。

7. 储量起算条件

以探井的井距为基本井距确定煤层气勘查程度。煤层气储量计算以单井产量下限为起算标准。单井产量应达到起算标准并连续生产不少于3个月。只有在煤层气井产气量达到起算标准的地区才可以计算探明储量。根据国内平均经济技术水平,确定的单井平均产量下限值见表3-11。单井产量首先应通过排采取得,在条件允许的地区可采用类比或数值模拟等方法取得。

表3-11 探明储量起算单井产量下限标准

煤层埋深(m)	单井平均产量(m^3/d)
<500	500
500~1000	1000
>1000	2000

储量计算边界:储量计算单元的边界,应在矿权范围内,可由查明的各类地质边界,如断层、煤层变化(变薄、尖灭、剥蚀、变质等)、含气量下限、煤层净厚下限(0.5~0.8m)等边界确定(对煤层组的情况可根据实际条件做适当调整);若未查明地质边界,则要由达到产量下限的煤层气井确定,也可由矿权区边界、自然地理边界或合理外推的井控储量计算线等确定。煤层含气量下限见表3-12,也可根据具体条件通过论证进行调整,如煤层厚度不同时应适当调整。

表3-12 煤层含气量下限标准

煤类	变质程度R_o(%)	空气干燥基含气量(m^3/t)
褐煤—长焰煤	<0.7	0.5
气煤—瘦煤	0.7~1.9	4
贫煤—无烟煤	>1.9	8

8. 提交成果

（1）成果图表:煤层气地质资源/储量系列评价结果汇总表;煤层气资源/储量层系分布汇总表;煤层气资源/储量深度分布汇总表;煤层气资源/储量煤阶分类汇总表;煤层气地层综合柱状图;煤层气资源/储量综合评价图;煤层气资源/储量煤阶分布图;煤层气资源/储量层系分布图;煤层气资源/储量深度分布图;煤层气资源/储量系列分布图。（2）研究报告:评价报告及附图(表)册。

第四章 刻度区解剖

刻度区是油气资源评价中用于类比评价的地质单元,该地质单元勘探程度较高、地质认识清楚、资源丰度及分布清楚。刻度区解剖的目的就是建立刻度区的地质参数、资源评价参数,获得不同类型地质单元刻度区的成藏特征参数和资源评价中一些关键类比参数及资源量计算参数,建立关键参数与主要地质因素相关预测模型与取值标准,以此作为在其他具有相似油气赋存特点地区开展资源评价和选区获取参数的类比依据。通常要依据评价区地质条件分别建立相似地质单元的刻度区,便于类比,减少偏差。

第一节 刻度区选择

由于我国非常规资源整体起步晚,勘探程度低,建立刻度区难度较大,因此除选择国内相对勘探程度较高的地区作为刻度区(应称为解剖区)外,选择更多的是北美已开发的区块,如致密油、页岩气资源进行刻度区解剖,开展非常规资源评价地质和评价参数研究,期望对我国非常规资源直接或间接类比评价。共解剖致密油、致密气、煤层气、页岩气刻度区33个(表4-1),其中致密油刻度区为四川盆地公山庙、桂花、龙岗,松辽盆地三肇地区,准噶尔盆地的吉木萨尔,鄂尔多斯盆地的西233区,威利斯顿盆地Bakken组,Gulf Coast地区Eagle Ford组,共8个。致密气刻度区为四川盆地的安岳气田、合川气田、广安气田、马101块,鄂尔多斯盆地的苏里格气田,共5个。页岩气刻度区为阿尔伯达盆地Kaybob/Pembina Duverney、沃思堡盆地Barnett核心区、Barnett外围区,墨西哥湾盆地的Haynesville核心区、Haynesville外围区,Appalachian盆地Marcellus(西部边缘区)、Marcellus(中部山间区)、Marcellus(东部褶皱带)、Utica,Ardmore盆地Wood Ford(Ardmore)、Wood Ford(Arkoma),Horn River盆地的Horn River,Arkoma盆地的Fayetteville,四川盆地的长宁、威远、焦石坝龙马溪组以及长宁—威远筇竹寺组,鄂尔多斯盆地下寺湾区块,共18个。煤层气刻度区为鄂尔多斯盆地的保德(中—低阶煤刻度区)、三交(中—高阶煤刻度区),共2个。下面简要介绍几个刻度区的解剖内容。

表4-1 非常规资源刻度区大表

序号	刻度区名称	地层	盆地	国家	资源类型
1	Kaybob/Pembina Duverney	中泥盆统	阿尔伯达盆地	加拿大	页岩气
2	Barnett核心区; Barnett外围区	石炭系	沃思堡盆地	美国	页岩气
3	Haynesville核心区; Haynesville外围区	侏罗系	墨西哥湾盆地	美国	页岩气
4	Marcellus(西部边缘区); Marcellus(中部山间区); Marcellus(东部褶皱带)	中泥盆统	Appalachian盆地	美国	页岩气
5	Wood Ford(Ardmore)	上泥盆统—下石炭统	Ardmore盆地	美国	页岩气
6	Wood Ford(Arkoma)	上泥盆统—下石炭统	Arkoma盆地	美国	页岩气

续表

序号	刻度区名称	地层	盆地	国家	资源类型
7	Horn River	泥盆系	Horn River 盆地	加拿大	页岩气
8	Fayetteville	石炭系	Arkoma 盆地	美国	页岩气
9	Utica	中奥陶统	Appalachian 盆地	美国	页岩气
10	长宁;威远;涪陵焦石坝	上奥陶统—下志留统	四川盆地	中国	页岩气
11	下寺湾区块	三叠系	鄂尔多斯盆地	中国	页岩气
12	长宁—威远筇竹寺组气区	下寒武统	四川盆地	中国	页岩气
13	公山庙;桂花;龙岗	侏罗系	四川盆地	中国	致密油
14	三肇地区	白垩系扶余油层	松辽盆地	中国	致密油
15	吉木萨尔	二叠系芦草沟组	准噶尔盆地	中国	致密油
16	西233区	三叠系长7段	鄂尔多斯盆地	中国	致密油
17	Bakken 组	上泥盆统—下石炭统	Williston 盆地	美国	致密油
18	Eagle Ford 组	上白垩统	Gulf Coast 地区	美国	致密油
19	保德(中—低阶煤刻度区);三交(中—高阶煤刻度区)	山西组—太原组	鄂尔多斯盆地	中国	煤层气
20	安岳气田;合川气田;广安气田;马101块	三叠系	四川盆地	中国	致密气
21	苏里格气田	山西组—太原组	鄂尔多斯盆地	中国	致密气

一、致密油气

致密油气刻度区不同于常规油气刻度区,平面上致密油气刻度区可以是区块或区带级刻度区;纵向上可以是一个成藏组合,一个含油气层系。区块级与区带级属同一刻度区级别,或同类刻度区级别。区块级刻度区是在符合刻度区优选原则的前提下,优选的不同资源丰度的勘探区块,方便参数求取与资料收集。通过油气资源评价,获取类比参数体系与资源丰度等关键参数。区带级刻度区是在符合刻度区优选原则的前提下,建立的以沉积相带为背景条件的油气勘探区带。

类比刻度区的选择与确定是与评价目标相适应的。刻度区解剖的根本目的是为类比法提供类比参照标准,具体来讲,刻度区解剖的目的主要有三个方面:(1)建立各刻度区的石油地质特征参数和类比参数;(2)求取用于各类油气资源量计算的资源参数、参数分布和参数预测模型;(3)建立类比刻度区基础资料库。具体来讲包括建立有效烃源岩标准、建立有效储层标准、确定致密储层石油排聚系数、确定可采系数、明确致密油气成藏特征、建立成因法致密油气资源评价地质模型。

刻度区的选择是否合理直接影响类比结果的可靠性和合理性。刻度区选择遵循"三高"原则。为了能够比较准确地确定刻度区的资源量,刻度区选择的原则之一是遵循"三高"原则,即勘探程度高、地质规律认识程度高和油气资源探明率较高或资源分布与潜力认识程度较高。

致密油气刻度区根据实际工作需要可以分为两种类型。(1)刻度区:符合"三高"要求,即勘探程度高、认识程度高、资源探明程度高;(2)重点解剖区:由于勘探程度的限制达不到"三高"要求,但却是当前油气勘探中的重点、热点地区或者代表了某种特定的评价目标类型。通过对国内外重点盆地或地区致密油气区块的调研分析,优选出 8 个致密油刻度区、5 个致密气刻度区(表 4—2)。

表 4—2 致密油气刻度区表

序号	资源类型	刻度区名称	地层	盆地	国家
1	致密油	公山庙	中—下侏罗统自流井组	四川	中国
2		桂花	中—下侏罗统自流井组大安寨段		
3		龙岗解剖区	中—下侏罗统自流井组		
4		三肇	上白垩统泉头组扶余油层	松辽	
5		吉木萨尔	中二叠统芦草沟组	准噶尔	
6		西 233 井区	上三叠统延长组 7 段	鄂尔多斯	
7		Bakken	上泥盆统—下石炭统	Williston	美国
8		Eagle Ford	上白垩统	Gulf Coast	
9	致密气	苏里格	石炭系—二叠系山西组—太原组	鄂尔多斯	中国
10		安岳	上三叠统须家河组	四川	
11		合川			
12		广安			
13		马 101 区块			

二、煤层气

在鄂尔多斯盆地东缘选择两个勘探开发程度高的煤层气区块作为刻度区解剖,这两个区块代表不同煤阶刻度区,其中保德区块代表中—低阶煤层气,三交区块代表中阶煤层气。对这两个区块进行解剖与关键参数论证,为国内同煤阶煤层气区块资源评价参数的论证与取值,尤其是可采系数,提供类比依据。

三、页岩气

根据刻度区解剖的目的和任务,刻度区的选择遵循两个原则:区内黑色页岩有效储层规模分布,在同类页岩气分布区具有典型性和代表性;区内勘探和地质认识程度较高,地质资料和评价参数比较丰富,对页岩气赋存条件、分布规律和富集主控因素认识比较清楚。

由于我国页岩气勘探开发起步较晚,目前仅在长宁、威远、涪陵等局部区块取得突破,因此刻度区选择不仅考虑国内有限的几个区块,还需要选择北美页岩气主力气田进行解剖。为此,从中国和北美 9 个盆地共选择了 18 个刻度区作为页岩气资源评价解剖对象(表 4—3)。

表 4—3 页岩气刻度区表

序号	刻度区名称	地层	盆地	沉积背景	构造背景
1	Kaybob/Pembina Duverney	中泥盆统	阿尔伯达盆地	深水陆棚	前陆盆地
2	Barnett 核心区	石炭系	沃思堡盆地	深水陆棚	前陆盆地
3	Barnett 外围区	石炭系	沃思堡盆地	深水陆棚	前陆盆地
4	Haynesville 核心区	侏罗系	墨西哥湾盆地	深水陆棚	裂谷盆地

续表

序号	刻度区名称	地层	盆地	沉积背景	构造背景
5	Haynesville 外围区	侏罗系	墨西哥湾盆地	深水陆棚	裂谷盆地
6	Marcellus（西部边缘区）	中泥盆统	Appalachian 盆地	深水陆棚	前陆盆地
7	Marcellus（中部山间区）	中泥盆统	Appalachian 盆地	深水陆棚	前陆盆地
8	Marcellus（东部褶皱带）	中泥盆统	Appalachian 盆地	深水陆棚	前陆盆地褶皱带
9	Wood Ford（Ardmore）	上泥盆统—下石炭统	Ardmore 盆地	深水陆棚	前陆盆地
10	Wood Ford（Arkoma）	上泥盆统—下石炭统	Arkoma 盆地	深水陆棚	前陆盆地
11	Horn River	泥盆系	Horn River 盆地	深水陆棚	前陆盆地
12	Fayetteville	石炭系	Arkoma 盆地	深水陆棚	前陆盆地
13	Utica	中奥陶统	Appalachian 盆地	深水陆棚	前陆盆地
14	长宁气田	上奥陶统—下志留统	四川盆地	深水陆棚	叠合盆地内向斜和斜坡
15	威远	上奥陶统—下志留统	四川盆地	半深水陆棚	古隆起斜坡
16	涪陵气田	上奥陶统—下志留统	四川盆地	深水陆棚	复向斜内箱状背斜
17	长宁—威远筇竹寺组气区	下寒武统	四川盆地	深水陆棚	叠合盆地内古隆起
18	下寺湾区块	三叠系	鄂尔多斯盆地	深湖	宽缓斜坡

上述刻度区包括 17 个海相页岩气刻度区和 1 个陆相页岩气刻度区。17 个海相刻度区主要分布于前陆盆地区、裂谷盆地中央隆起区以及叠合盆地斜坡带、向斜区和隆起区，产层形成于（半）深水陆棚环境，热成熟范围包括中—低成熟至极高成熟阶段，在我国海相页岩分布区具有广泛代表性。陆相页岩气刻度区为鄂尔多斯盆地延长石油下寺湾页岩气区块，是我国陆相页岩气国家级示范区，在陆相页岩分布区具有广泛代表性。

第二节 刻度区解剖

一、致密油气

在开展详细地质评价的基础上，通过解剖优选出的 13 个致密油气刻度区，建立资源评价关键参数取值标准，为致密油气资源评价奠定基础。限于篇幅所限，下面以我国松辽盆地三肇凹陷致密油刻度区、鄂尔多斯盆地苏里格致密气为例，介绍刻度区解剖过程。

1. 三肇凹陷致密油刻度区

1）地质概况

三肇凹陷地处黑龙江省安达市和肇东、肇州、肇源三县境内，西接大庆长垣，东到朝阳沟油田，北抵滨洲铁路，南至松花江边，面积约 5533km^2（图 4—1），为松辽盆地中央坳陷区的一个二级构造单元，整体呈现"三洼四鼻"的构造格局：徐家围子向斜、升西向斜和永乐向斜，升平鼻状构造、宋芳屯鼻状构造、肇州鼻状构造和尚家鼻状构造。

中—新生界自下而上沉积了火石岭组、沙河子组、营城组、登娄库组、泉头组、青山口组、姚家组、嫩江组、四方台组、明水组、依安组、大安组、泰康组和第四系。其下白垩统泉头组四段为一套河流及三角洲沉积形成的砂岩储层,是该地区下部含油组合的主要产油层之一。

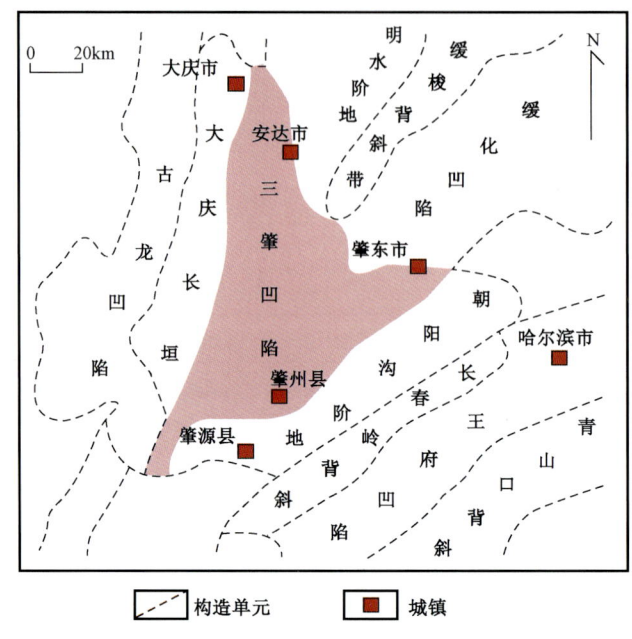

图4-1 三肇凹陷构造位置图

三肇凹陷扶杨油层的油主要来自上覆的上白垩统青山口组一段烃源岩,同时青一段烃源岩又是扶杨油层油的盖层,属于上生下储式生储盖组合。目前在三肇地区已发现了朝阳沟、头台、榆树林、肇州、永乐、宋芳屯等多个以扶杨油层为主的大型岩性油藏和构造—岩性复合油藏,近年来,新增探明石油地质储量约 5.38×10^8 t,取得了良好的勘探成果。但三肇凹陷剩余资源以致密砂岩储层中的致密油为主,资源品位差,单井产量低,剩余致密油资源量及其分布特征不清楚。

2)三肇凹陷泉头组四段致密油成藏条件

(1)烃源岩。青山口组沉积时期,松辽盆地发生了规模较大的湖侵事件,形成了一套深湖—半深湖沉积,在三肇凹陷沉积了大面积、厚层、有机质丰度高的深湖相黑色泥岩夹油页岩。青山口组一段为扶余油层致密油藏的主力烃源岩,大部分平均厚度在50m以上,局部在80m以上(图4-2)。

青山口烃源岩有机质类型大部分为Ⅰ型和Ⅱ$_1$型,少部分属于Ⅲ型,有机质镜质组反射率为 $0.55\% \sim 1.26\%$,处于生油窗阶段。前人统计的地球化学资料表明,三肇凹陷青一段烃源岩有机碳平均值为3.14%,主要分布在 $1.0\% \sim 6.0\%$ 之间。氯仿沥青"A"平均值为0.626%,主频分布在 $0.2\% \sim 0.9\%$ 之间。生烃潜量 $S_1 + S_2$ 平均值高达29.27mg/g,主频分布在 $10 \sim 35$ mg/g 之间,达到最好烃源岩标准(表4-4)。因此,青一段成熟烃源岩是三肇凹陷扶余油层成藏的前提。三肇凹陷青一段生油门限深度为1100~1300m,生油高峰深度为1800m,对应的生油时期为嫩江组—明水组沉积末期,此时,三肇凹陷大部分处在镜质组反射率值在 $0.9\% \sim 1.3\%$ 范围内。目前扶杨油层发现的油气聚集区主要分布在镜质组反射率值大于0.9%的范围内。

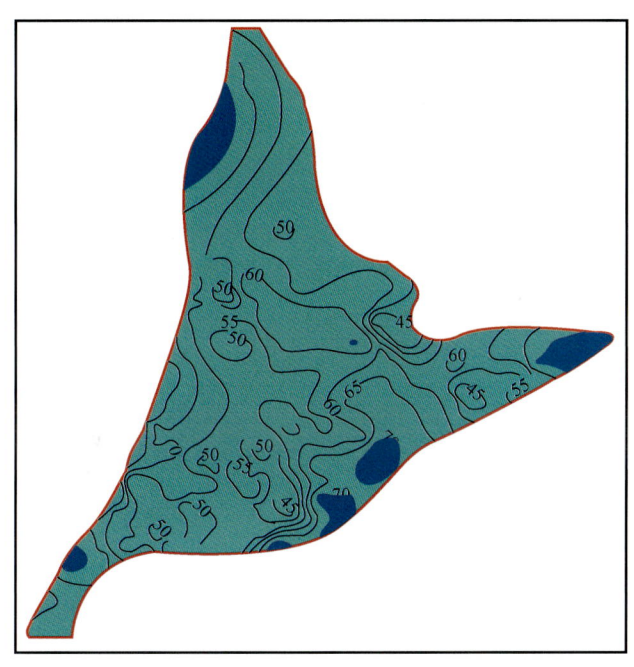

图 4-2 青一段烃源岩厚度等值线图(据大庆油田研究院)

表 4-4 三肇凹陷青山口组烃源岩有机质丰度数据表(据侯启军,2009,修改)

构造带	层位	面积 (km^2)	暗色泥岩厚度(m)	有机碳含量 (%)	氯仿沥青"A" (%)	S_1+S_2 (mg/g)	R_o (%)	评价结果
三肇凹陷	青一段	5533	50~60	$\frac{0.11~7.92}{3.14(87)}$	$\frac{0.006~1.752}{0.626(51)}$	$\frac{0.01~484}{29.27(108)}$	$\frac{0.47~1.26}{0.91(53)}$	最好
	青二段+青三段	5500	150~250	$\frac{0.1~2.73}{0.83(89)}$	$\frac{0.002~0.108}{0.04(10)}$	$\frac{0.01~35.38}{6.49(85)}$	$\frac{0.6~0.83}{0.76(8)}$	中等

注:有机碳含量、氯仿沥青"A"、S_1+S_2、R_o 的数据格式为 "$\frac{范围}{均值(样品数)}$"。

青一段烃源岩生排烃强度大。三肇地区青一段烃源岩生排烃强度平均大于 $300\times10^4 t/km^2$(图 4-3)。从源储配置上看,青一段烃源岩与下伏泉四段砂岩储层直接接触。此外,该区断层及微裂缝系统发育,利于青山口组烃源岩生成的油气直接进入到泉头组四段储层中聚集成藏。

(2)储层。松辽盆地三肇凹陷泉四段致密油储层,埋深 1670~2213m,具有储层分布广、厚度薄、物性差的显著特征。泉四段主要为浅水三角洲沉积,分流河道、水下分流河道砂体较为发育。由于受古地形控制,扶余油层沉积时期河道横向迁移摆动,使砂体错叠连片,砂岩厚度一般为 5.8~14.4m,单层砂体最大厚度达 8.8m,一般为 2~5m。岩石类型主要为长石岩屑细砂岩和岩屑细砂岩,岩石成分成熟度较低,岩屑含量占的比例为 34%~45%,为次生孔隙的形成提供了基础。储集空间有原生粒间孔,次生粒间溶孔、粒内溶孔、微裂缝等,次生溶蚀孔占 50% 以上。储层孔隙度为 1%~27.4%,平均为 10.3%,渗透率范围为 0.01~779.0mD,平均为 1.77mD,属于典型的低孔、特低渗透储层。

(3)保存。三肇凹陷扶余油层的盖层是青山口组暗色泥岩,最大厚度位于凹陷中心处,平均厚 300m。在青山口组沉积时期,发育巨厚的暗色泥岩,岩性致密,具有沉积厚度大、沉积稳

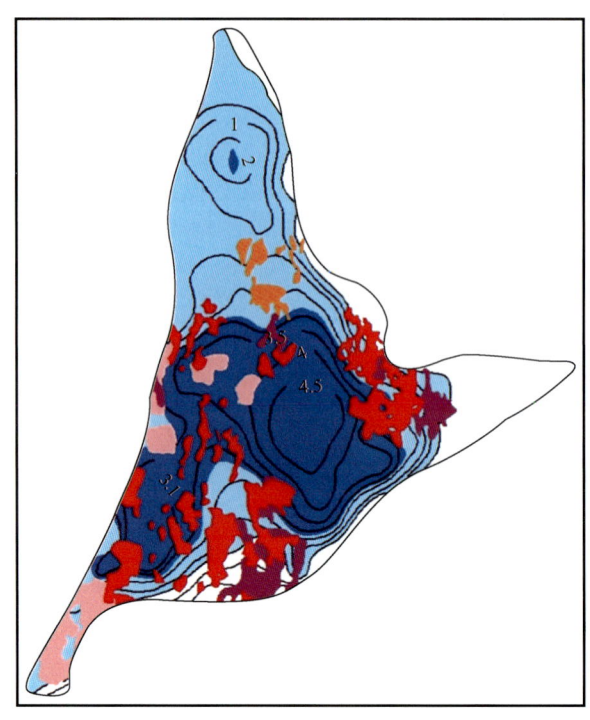

图 4-3 松辽盆地北部青一段排烃强度图(据大庆油田研究院)

定、排替压力大的特点,既是有利的生油层,又是良好的区域性盖层。青山口组泥岩既为下部成藏组合提供了烃源岩,又兼作区域盖层,为上生下储式生储盖组合。这种成藏组合的特点是烃源岩与区域盖层合二为一,覆盖在储层之上,为理想的生储盖组合。

(4) 油气成藏。三肇凹陷青山口组一段烃源岩于下白垩统四方台组沉积末期向外排烃,至明水组沉积末期达到排烃高峰期。青一段烃源岩生成的油气在超压和构造应力作用下,沿裂缝和断面等运移通道向下运移至扶余油层砂岩储层中,形成上生下储式成藏组合。

3) 致密油资源计算

根据三肇地区的地质特征和勘探程度,刻度区解剖中资源量的计算将采用小面元容积法、资源丰度类比法和 EUR 类比法三种方法,并重点研究这三种方法中涉及的资源评价关键参数。

(1) 小面元容积法。

小面元容积法的基本原理是:将评价区划分为若干个网格单元,依据每个网格单元的面积、有效厚度、有效孔隙度、含油饱和度等参数,逐一计算出每个小面元的资源量,进而汇总得到整个评价区的资源量。小面元容积法中需要的关键参数包括储层有效厚度、孔隙度、含油饱和度、石油充满系数、原油密度及体积系数。

储层有效厚度指达到资源量起算标准的含油层系中具有产油能力的储集岩累计厚度。三肇凹陷扶余油层砂岩厚度一般为 $5.8 \sim 14.4 \mathrm{m}$,单层砂体最大厚度达 $8.8 \mathrm{m}$,一般为 $2 \sim 5 \mathrm{m}$。岩心分析结果表明,扶余油层储层有效孔隙度一般分布在 $4\% \sim 15\%$ 之间,平均为 9.5%;空气渗透率一般分布在 $0.1 \sim 2.0 \mathrm{mD}$ 之间,平均为 $0.78 \mathrm{mD}$,物性较差。

在升平油田扶余油层 2011 年提交探明储量报告中,取心井段单层原始含油饱和度采用密闭取心井编制图版回归的公式计算,未取心井段采用测井解释公式计算,单井原始含油饱和度用各层含油体积权衡,储量计算单元的原始含油饱和度采用算术平均和面积权衡两种方法计算,得出含油饱和度数值在51%~62%之间(表4-5),综合参考其他各提交探明储量区块含油饱和度值,三肇凹陷含油饱和度平均取值为30%~50%。平面上,根据储层厚度、储集物性及断层发育展布,类比确定含油饱和度数据平面分布。石油充满系数反映了储层中油气充满的程度,受烃源岩厚度及其成熟度、有机碳含量、储层有效厚度、生储盖组合多重因素控制,考虑三肇凹陷扶余油层为常规油、致密油并存,致密油"甜点区"分布的局限性,取石油充满系数为70%。根据已提交储量区块得到三肇凹陷扶余油层地面原油密度为0.87g/cm³,体积系数为1.06。

表4-5 升平油田升79-15区块扶余油层原始含油饱和度取值

区块	层位	计算单元	井数(口)	单井饱和度范围	含油饱和度		
					算术平均	面积权衡	取值
升79-15	扶一组	升521-1	2	0.587~0.588	0.5875	0.5964	0.596
		升521	4	0.550~0.657	0.6062	0.6056	0.606
		升511	1	0.608	0.608	0.6054	0.605
	扶二组	升521-1	1	0.617	0.617	0.6184	0.618
		升521	2	0.607~0.629	0.618	0.6118	0.612
		升511	1	0.549	0.549	0.5502	0.55

因三肇凹陷泉头组四段常规岩性油藏与致密油藏并存,根据近年来研究区目的层已经提交常规油探明储量$5.38×10^8$t,探明面积1265.6km²,将研究区面积5533km²减去以上常规油探明面积,得到小面元容积法计算的致密油评价区面积为4267.4km²。

应用小面元容积法,计算三肇凹陷致密油地质资源量为$60278.8×10^4$t,平均资源丰度$14.1×10^4$t/km²。依据资源丰度值大小,把评价区划分为高丰度(A类)、中丰度(B类)和低丰度(C类)三类地区(图4-4)。A类区资源丰度大于$25×10^4$t/km²,B类区资源丰度介于$10×10^4$~$25×10^4$t/km²之间,C类区资源丰度小于$10×10^4$t/km²。经计算,A类区面积为1029.5km²,B类区面积为441.2km²,C类区面积为2796.7km²。

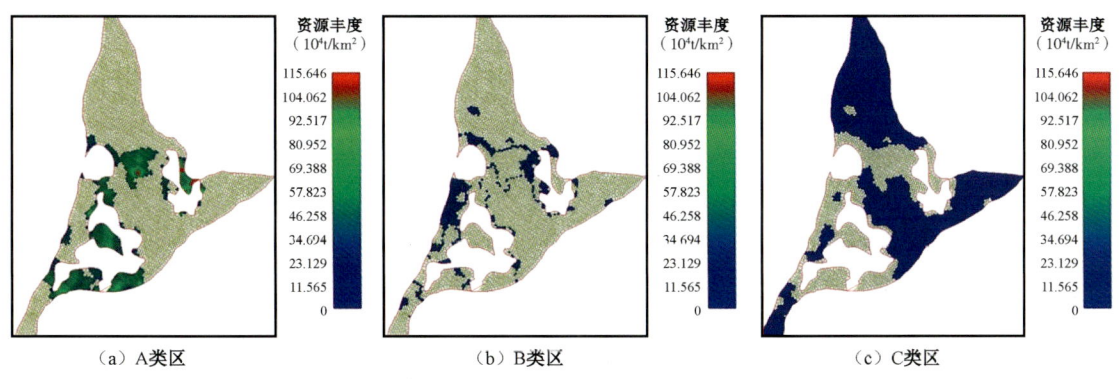

图4-4 三肇凹陷泉头组四段致密油藏资源丰度分类图

参照国内外致密油区采收率资料,如北美Williston盆地、西加拿大沉积盆地和墨西哥湾盆地的致密油区采收率值(4%~12%),参考肇州油田刻度区采收率值(13.5%),并结合该地区26口井单井采收率计算值(表4-6),确定三肇地区高丰度、中丰度和低丰度地区的采收率分别为13%、7.5%和4%,计算出的研究区资源丰度结果如表4-7、图4-4和图4-5所示。A

类区地质资源量 46039.3×10⁴t,可采资源量 5985×10⁴t;B 类区地质资源量 7517.2×10⁴t,可采资源量 563.8×10⁴t;C 类区地质资源量 6726.3×10⁴t,可采资源量 269×10⁴t。

表 4-6　三肇凹陷扶余油层致密油井单井可采系数表

井名	EUR	单井控制面积(km^2)	单井可采系数
州扶83-平47	0.0047	0.5	0.06
升扶44-侧平58	0.0079	0.5	0.07
肇33-平28	0.8	0.5	6.96
肇分31-平28	2.1	0.5	14.21
州扶57-平51	0.12	0.5	1.08
州扶51-平52	2.1	0.5	22.74
州扶65-平51	0.2	0.5	2.44
州扶61-平51	0.4	0.5	4.87
州扶57-平43	0.15	0.5	1.02
州扶49-平45	0.5	0.5	4.35
州扶76-平51	0.6	0.5	4.64
州扶74-平51	0.8	0.5	6.09
州扶87-平51	0.5	0.5	6.96
州扶71-平37	0.4	0.5	4.33
州扶51-平47	0.5	0.5	5.08
芳187-138	0.7	0.5	7.58
芳190-136	0.4	0.5	3.09
芳190-140	0.3	0.5	4.06
芳190-138	0.6	0.5	6.09
芳188-137	0.4	0.5	3.48
z30-29	0.4	0.5	4.33
z30-30	0.034	0.5	0.37
z36-291	0.8	0.5	9.28
z33-281	1.7	0.5	10.36
z33-271	0.3	0.5	2.03
z33-26	1	0.5	11.25

表 4-7　三肇凹陷泉头组四段致密油藏小面元容积法评价结果

地质参数	高丰度区(A 类)	中丰度区(B 类)	低丰度区(C 类)	全区
面积(km^2)	1029.5	441.2	2796.7	4267.4
地质资源丰度($10^4 t/km^2$)	>25	10~25	<10	
采收率(%)	13	7.5	4	11.3
地质资源量($10^4 t$)	46039.3	7517.2	6726.3	60282.8
可采资源量($10^4 t$)	5985	563.8	269	6817.8

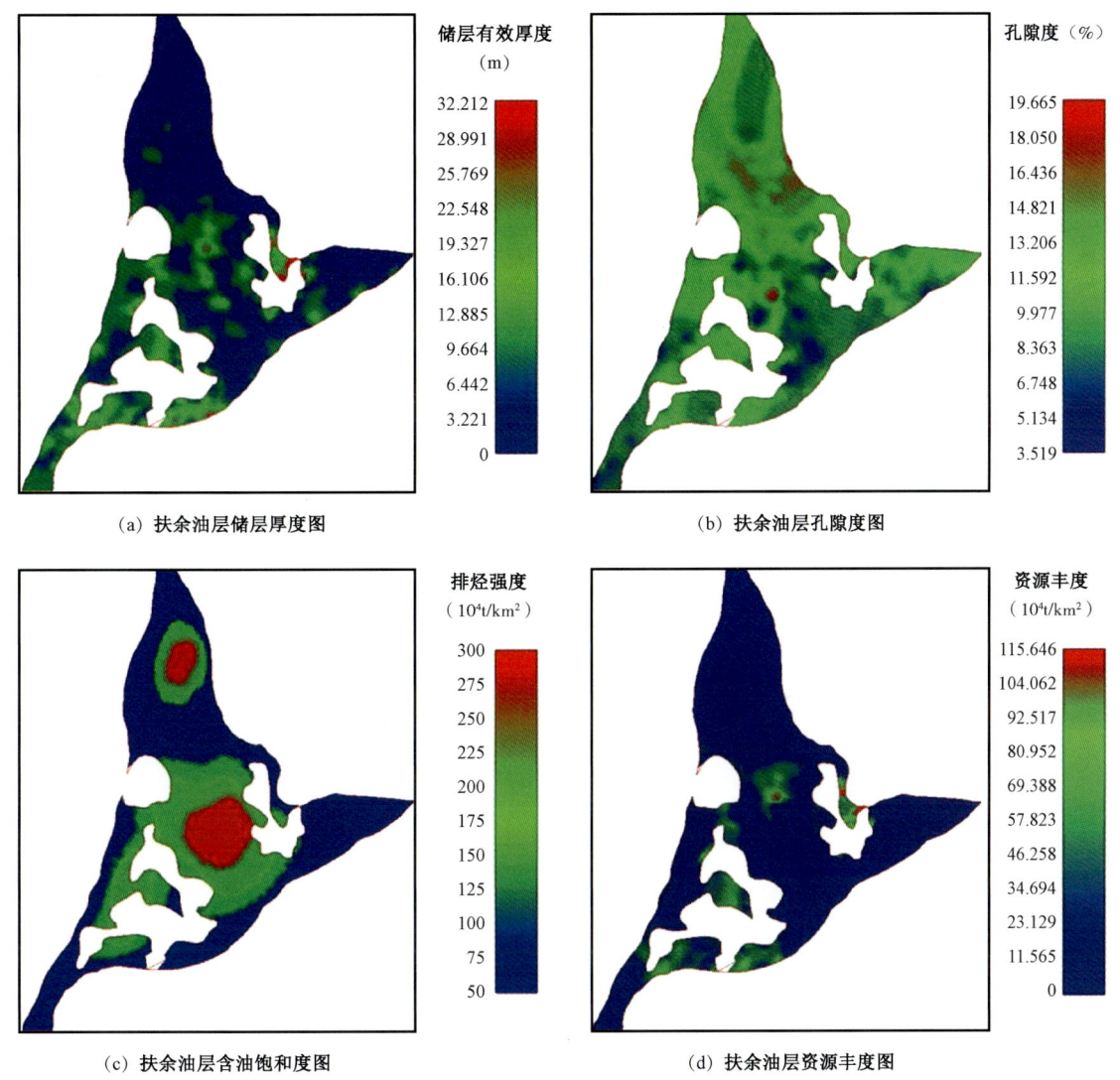

图 4-5 三肇凹陷泉头组四段致密油藏小面元容积法评价成果图

(2)资源丰度类比法。

资源丰度类比法是指将评价区与类比区的地质条件进行类比,确定二者之间的相似系数,求出评价区的资源丰度,进而计算资源的方法。由于致密油气分布非均质性强,为使评价结果更可靠,首先常采用分级资源丰度类比法计算资源量,即依据地质条件的差异,综合小面元容积法计算结果,将评价区划分为核心区或甜点区(A类)、有利区或扩展区(B类)和远景区(C类)三类;其次选择与所分类区地质特征相似的典型刻度区分别进行类比评价;最后分别计算各评价区对应的相似系数、地质资源量和可采资源量。

刻度区解剖中,选取三肇凹陷内南部的肇州油田作为刻度区进行类比。参照小面元容积法评价结果,将三肇凹陷分为 A、B 和 C 三类区,与肇州刻度区进行类比。类比评价结果见表 4-8、表 4-9。

表 4-8　三肇凹陷泉头组四段致密油类比参数表

类比参数	肇州刻度区	三肇 A 类区	三肇 B 类区	三肇 C 类区
储层岩性	砂岩—粉砂岩	砂岩—粉砂岩	砂岩—粉砂岩	砂岩—粉砂岩
储层厚度(m)	15	8	5	3
孔隙类型	粒间溶孔、粒内溶孔	粒间溶孔	粒间溶孔	粒间溶孔
有效孔隙度(%)	9	11	9	6
烃源层厚度(m)	57	90	60	30
TOC(%)	2.9	2	1	0.8
R_o(%)	0.9	1.1	0.9	0.75
有机质类型	I 类	I 类	I 类	I 类
封隔层岩性	泥岩	泥岩	泥岩	泥岩
封隔层厚度(m)	332	100	100	100
相似系数	1	1.077	0.862	0.677

表 4-9　资源丰度类比法结果

评价/参数	A 类区	B 类区	C 类区	三肇全区
面积(km^2)	1029.5	441.2	2796.7	4267.4
地质资源丰度($10^4 t/km^2$)	34.1	13.7	6.9	14.2
可采资源丰度($10^4 t/km^2$)	2.94	1.1	0.29	1.01
采收率(%)	13	7.5	4	10.9
地质资源量($10^4 t$)	35129.7	6065.2	19270	60464.9
可采资源量($10^4 t$)	4566.9	454.9	770.8	5792.6

(3)EUR 类比法。

EUR 类比法是首先建立已开发井的 EUR、单井控制面积、可采系数等参数,再通过类比计算待评价区的各项参数,计算评价区致密油资源量的方法。同分级资源丰度类比法一样,EUR 类比法应用时首要对评价区进行分类,将评价区分为 A 类(核心区或甜点区)、B 类区(有利区或扩展区)和 C 类(远景区)三类,并计算各类区块的面积比例;然后通过计算确定 A、B、C 三类区的 EUR 和井控面积;最后根据公式计算评价区的可采资源量。EUR 类比法计算过程中需要的参数有:评价区不同分类区的面积、单井 EUR、单井控制面积。计算结果可以采用单一均值,也可以采用不同概率的分布值表示。

评价区已有致密油井的区块位于肇州油田西部、宋芳屯油田西北部和徐家围子油田东部,共有水平井和直井 26 口。因井数量少,分布范围局限,所以井控面积取均值。按照油田提供的资料,研究区水平井段平均长约 1000m,垂直厚度约 2m,压裂主缝长 300~600m,取均值 500m,计算单井控制面积约为 $0.5km^2$。

每口井分别采用指数递减、对数递减和幂指数递减三种递减拟合产量数据,计算不同情景下各井的 EUR 值,得到相应的高计算值、中计算值和低计算值。在资源量计算时,将三者的平均值作为单井 EUR,或根据实际的产能情况,给定各计算值可能出现的概率大小,从而得到单井可能的 EUR 概率分布值。

统计并拟合 EUR 值发现,三肇凹陷扶余油层生产井的 EUR 值可以分为三类:A 类区的 EUR 最大值为 2.1×10^4 t,中值为 1.93×10^4 t,低值为 1.6×10^4 t;B 类区的 EUR 最大值为 1×10^4 t,中值为 0.76×10^4 t,低值为 0.6×10^4 t;C 类区的 EUR 最大值为 0.5×10^4 t,中值为 0.36×10^4 t,低值为 0.12×10^4 t(表 4-10)。三类区 EUR 概率分布如图 4-6、图 4-7 所示。EUR 法计算结果见表 4-11。

表 4-10 三肇凹陷扶余油层致密油井概率为 90%、50% 和 10% 的 EUR

研究区	单井控制面积(km^2)	A 类井 EUR(10^4t)			B 类井 EUR(10^4t)			C 类井 EUR(10^4t)		
		90%	50%	10%	90%	50%	10%	90%	50%	10%
三肇凹陷	0.5	1.6	1.93	2.1	0.6	0.76	1	0.12	0.36	0.5

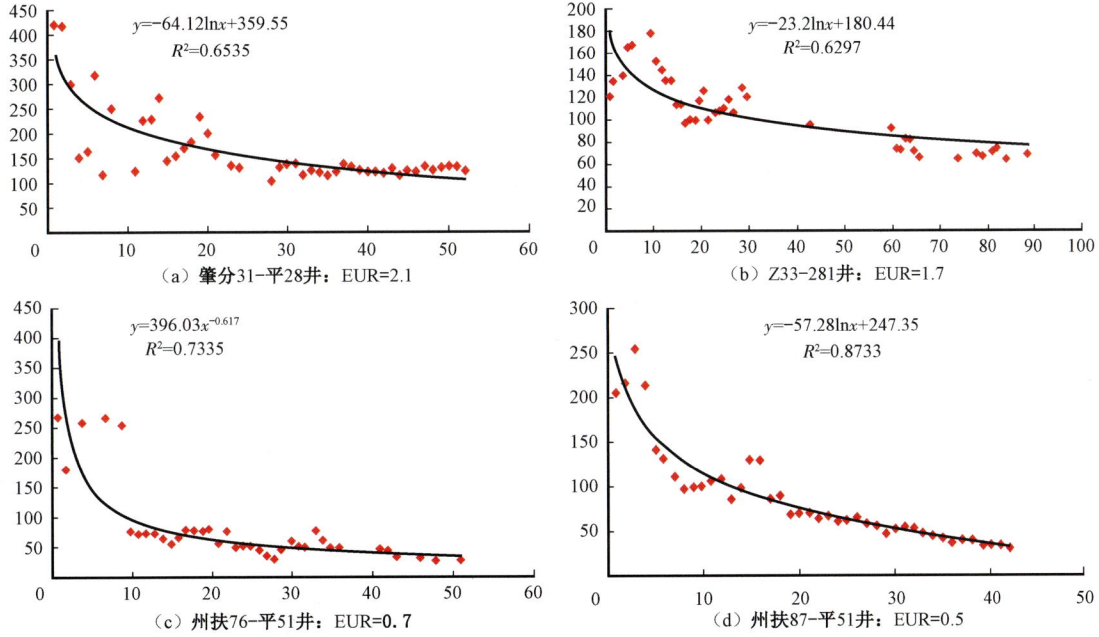

图 4-6 三肇凹陷扶余油层致密油部分单井 EUR 拟合曲线图

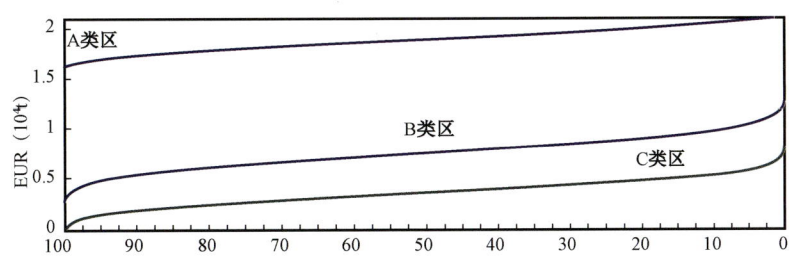

图 4-7 松辽盆地三肇凹陷扶余油层致密油井 EUR 概率分布图

表 4−11　EUR 类比法评价结果

分类区		A 类区	B 类区	C 类区	全区
面积(km^2)		1029.5	441.2	2796.7	4267.4
采收率(%)		13	7.5	4	
地质资源量 ($10^4 t$)	90%	19425.9	4122.8	11406.3	34955
	50%	21013.6	5797.7	21709.4	48520.7
	10%	22524.4	7387.1	31831.6	61743.1
可采资源量 ($10^4 t$)	90%	2525.4	309.2	456.3	3290.9
	50%	2731.8	434.8	868.4	4035
	10%	2928.2	554.1	1273.3	4755.6

根据对三肇凹陷致密油成藏条件和资源潜力的认识,综合三种方法计算该区的致密油资源量。由于 EUR 法数据少,权重取值相对小,权重取 0.2,小面元容积法和资源丰度类比法权重分别取值 0.4,最后计算综合结果地质资源量期望值为 $58003.22 \times 10^4 t$(表 4−12),可采资源量 $5851.16 \times 10^4 t$,可采系数为 10.1%。

表 4−12　三肇凹陷泉头组四段致密油资源量综合评价结果

分类区	EUR	小面元容积法	资源丰度类比法	综合
面积(km^2)	4267.4	4267.4	4267.4	4267.4
权系数取值	0.2	0.4	0.4	
地质资源量期望值($10^4 t$)	48520.7	60282.8	60464.9	58003.22
地质资源丰度($10^4 t/km^2$)	11.4	14.1	14.2	13.6
可采资源量期望值($10^4 t$)	4035	6817.8	5792.6	5851.16
可采资源丰度($10^4 t/km^2$)	0.95	1.59	1.36	1.37

4)关键参数取值

致密油资源评价关键参数主要包括资源丰度、单井 EUR、可采系数、运聚系数等。从前述解剖结果看,三肇地区地质资源丰度为 $13.6 \times 10^4 t/km^2$(地质资源量 $58003.22 \times 10^4 t$ 与面积 $4267.4 km^2$ 的比值),可采资源丰度为 $1.37 \times 10^4 t/km^2$(可采资源量 $5851.16 \times 10^4 t$ 与面积 $4267.4 km^2$ 的比值)。可采系数为 10.1%(可采资源量 $5851.16 \times 10^4 t$ 与地质资源量 $58003.22 \times 10^4 t$ 的比值)。

运聚系数参数,必须要明确该区生烃总量。由于三肇地区的烃源岩厚度、面积、生烃潜力、有机质成烃转化率等参数已经确定,依据生烃量计算公式,该区致密油生烃量总量为 $98.8 \times 10^8 t$,依据地质资源 $55856.7 \times 10^4 t$,计算运聚系数为 5.7%。

2. 苏里格致密气刻度区

1)刻度区位置

苏里格刻度区地理上横跨内蒙古自治区与陕西省,地表主要为沙漠和草滩区,面积约 $6 \times 10^4 km^2$(图 4−8);构造上位于鄂尔多斯盆地中北部,跨越伊陕斜坡和伊盟隆起两个构造单元,主体为一个缓坡构造。

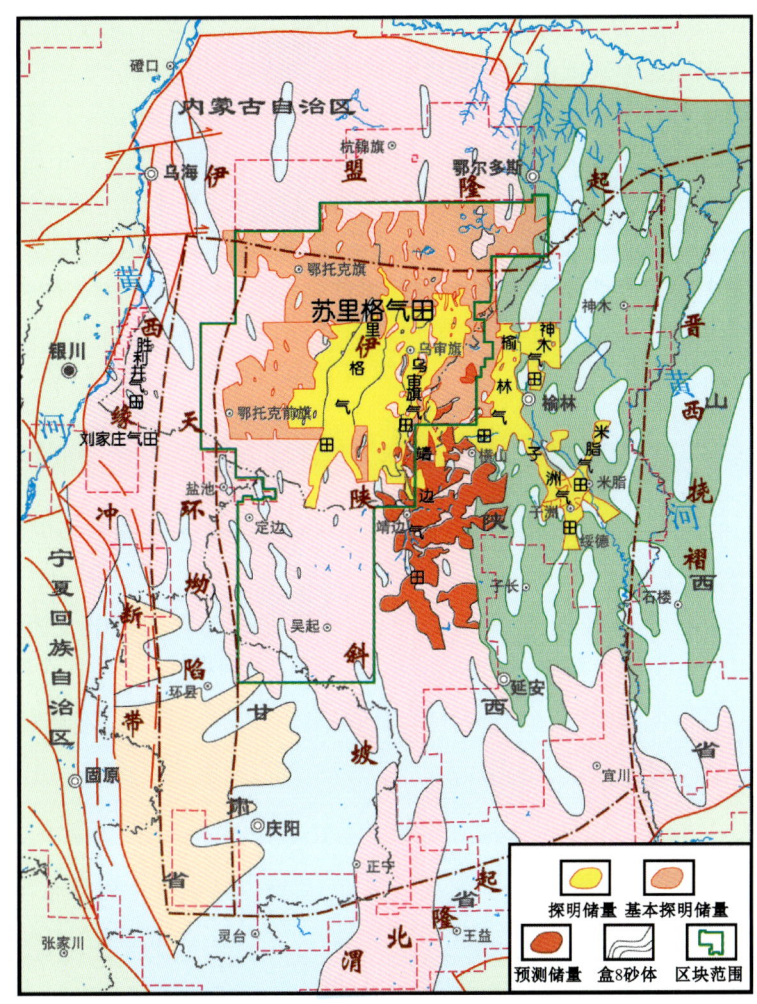

图 4-8 苏里格气田地理位置图

2）勘探现状

苏里格气田的勘探始于 1999 年，到 2003 年底累计探明天然气地质储量 $5336.52\times10^8\mathrm{m}^3$，2005 年苏里格气田通过引入市场机制，采用合作开发模式，实现了规模有效开发。2007 年以来，通过深化致密砂岩气藏成藏富集规律研究，理论与实践结合，整体勘探、甩开部署，苏里格地区已实现了连续 8 年新增地质储量超 $5000\times10^8\mathrm{m}^3$。

主力气层为盒 8 段和山 1 段，2014 年产气 $235\times10^8\mathrm{m}^3$。截至目前，已有探明致密气储量 $12725.79\times10^8\mathrm{m}^3$，初步探明储量 $29622.45\times10^8\mathrm{m}^3$。

3）岩性特征

研究区上古生界自下而上发育着石炭系本溪组、太原组，二叠系山西组、下石盒子组、上石盒子组和石千峰组，其岩性特征如下。

(1) 中石炭统本溪组：覆盖于下古生界奥陶系马家沟组之上，沉积厚度一般为 10～40m，自下而上划分为本 2 段、本 1 段。本 2 段为陆表海型潟湖及风化壳残积沉积，发育铝土质岩；本 1 段以潮下石灰岩和潟湖潮坪沉积为主，砂岩发育，并夹有石灰岩透镜体及薄煤层。苏里格地区本溪组由东向西变薄尖灭，在气田主体部位普遍缺失。

(2)上石炭统太原组:太原组以"晋祠砂岩"为底界,连续沉积于本溪组之上,厚度一般为60~80m,探区内由东向西逐渐减薄。根据沉积序列及岩性组合,将其分为太2段、太1段。下部太2段为深灰色泥晶灰岩、灰黑色泥岩夹灰色细砂岩、碳质泥岩及煤层。上部太1段发育东大窑、斜道、毛儿沟及庙沟四套石灰岩,间夹灰黑色泥岩、碳质泥岩及煤层。其中庙沟—毛儿沟石灰岩在苏里格地区普遍分布,该套石灰岩与太2段顶部8号煤层共同构成了良好的地区性标志层。

(3)下二叠统山西组:以"北岔沟砂岩"为底界,整合于太原组之上。厚度为90~120m,探区内向西略有减薄趋势。根据沉积旋回和岩性组合特征,自下而上可分为山2段、山1段。山2段以三角洲平原沉积为主,为一套含煤碎屑岩地层,发育石英砂岩或岩屑砂岩,夹薄层粉砂岩、泥岩和煤层。山1段多为三角洲平原—前缘的分流河道沉积,岩性以细—中粒岩屑砂岩、岩屑质石英砂岩和泥质岩为主。

(4)下二叠统下石盒子组:属河流—三角洲沉积,以"骆驼脖砂岩"为底,以"桃花页岩"为顶,地层分别与下伏山西组和上覆上石盒子组整合接触。地层厚度为120~160m,自下而上分为盒8段、盒7段、盒6段和盒5段四个层段,岩性以含砾粗砂岩、中砂岩及长石岩屑质石英砂岩或岩屑砂岩为主,夹泥岩。

(5)上二叠统上石盒子组:主要为一套泥岩、砂质泥岩与泥质砂岩交互层沉积,厚度约160m,根据岩性组合自下而上可划分为盒4段、盒3段、盒2段和盒1段四个层段。

(6)二叠系上统石千峰组:为紫红色含砾砂岩、砂质泥岩及泥岩互层,局部地区夹有泥灰岩钙质结核。地层厚度约240m。

4)烃源岩特征

上古生界石炭—二叠系是鄂尔多斯盆地两套主要的气源岩之一,为一套海陆过渡沉积(图4-9),分布面积广,累计厚度大,有机质丰度高,成熟度适中。主要分布在石炭系本溪组、

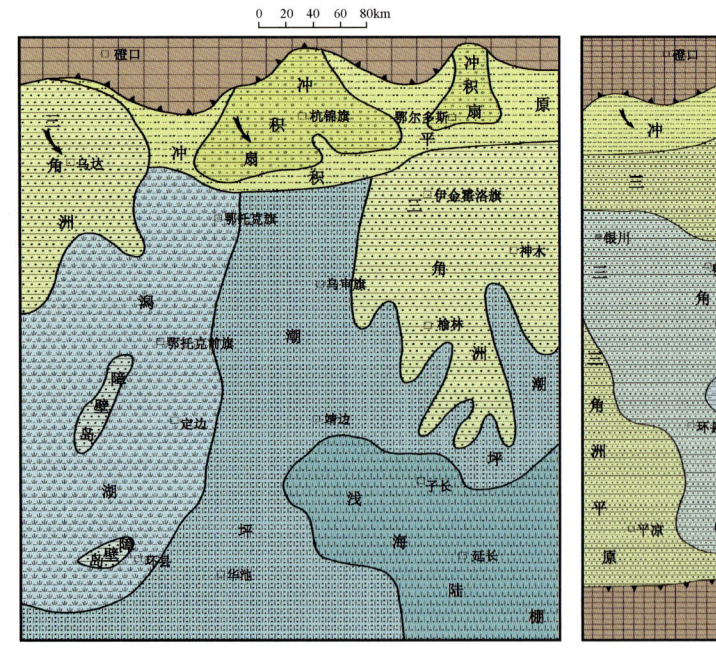

(a) 太原组 (b) 山西组

图4-9 沉积相平面图

下二叠统太原组和山西组。

上古生界石炭—二叠系煤系烃源岩包括煤和暗色泥岩两类岩性。煤层主要位于下二叠统太原组和山西组,盆地内分布广泛,主力煤层单层厚5~10m,煤层总厚度10~25m,局部可达40m以上,最厚在盆地西部和东北部(图4-10);暗色泥岩分布在石炭系本溪组、下二叠统太原组和山西组,单层厚4~40m,总厚度一般为40~120m,最厚在盆地西部乌达和韦洲地区(图4-11)。

煤层TOC为70.8%~83.2%,氯仿沥青"A"为0.61%~0.8%,总烃为1757.1~2539.8mg/g,氯仿沥青"A"/TOC与总烃/TOC反映的有机质转化率低,热解分析的产烃潜力S_1+S_2为71.9~78.1mg/g,烃转化率为6.9%~11.2%(表4-13)。

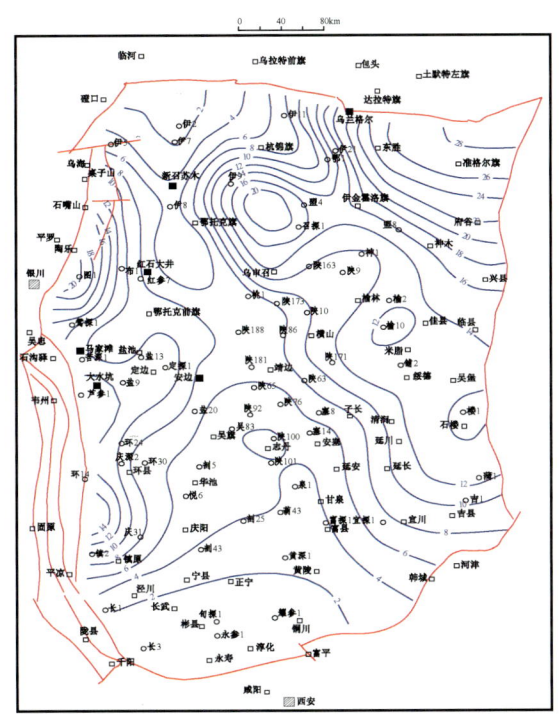

图4-10 上古生界煤岩等厚图(单位:m)

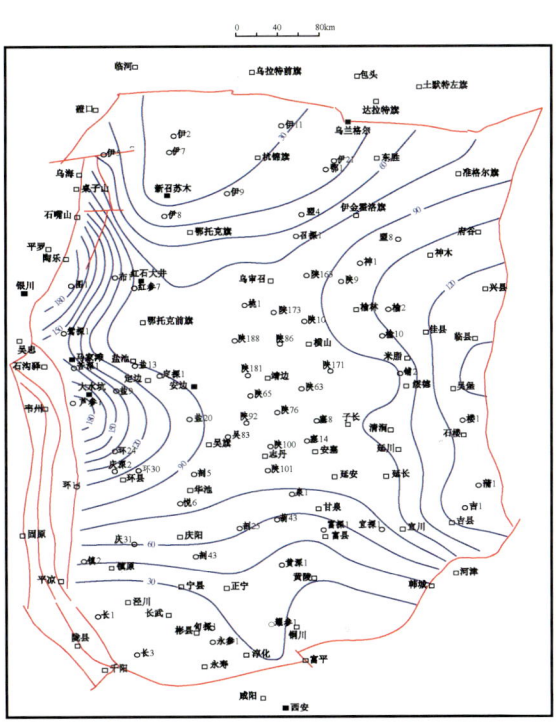

图4-11 上古生界暗色泥岩等厚图(单位:m)

表4-13 鄂尔多斯盆地上古生界煤岩有机质丰度表

地层	TOC(%)	氯仿沥青"A"(%)	总烃(mg/g)	S_1+S_2(mg/g)	S_1/S_1+S_2(%)
山西组	$\frac{49.28~89.17}{73.6(28)}$	$\frac{0.1034~2.4497}{0.8(10)}$	$\frac{519.9~6699.93}{2539.8(8)}$	$\frac{21.009~143.098}{78.1(37)}$	$\frac{0.79~24.1}{6.9(37)}$
太原组	$\frac{3.831~747.668}{83.2(46)}$	$\frac{0.0257~1.9618}{0.61(27)}$	$\frac{222~4463}{1757.1(9)}$	$\frac{5.52~183.336}{72.77(55)}$	$\frac{0.8~16.3}{7.7(55)}$
本溪组	$\frac{55.37~80.26}{70.8(3)}$	$\frac{0.4062~0.966}{0.779(4)}$		$\frac{16.35~144.08}{71.9(3)}$	$\frac{8.4~12.2}{11.2(3)}$

注:数据格式为"$\frac{范围}{均值(样品数)}$"。

暗色泥岩有机质主要来自陆生植物,干酪根类型以Ⅲ型为主、Ⅱ$_2$型为辅。TOC一般为1%~5%,其中本溪组有机碳含量最高,峰值在2%~5%之间。三组页岩TOC平均值分别为2.79%、2.68%和2.93%(图4-12);热解生烃潜力主要分布在2mg/g以下,最高可达10mg/g

以上(图4-13)。

上古生界烃源岩处于成熟—过成熟阶段,R_o为1.0%~2.6%,最高演化至3.0%以上(图4-14),正处于大量生气高峰阶段。其中,R_o大于1.3%的面积超过$15\times10^4 km^2$,盆地南部庆阳—富县—延长一带最高,处于过成熟干气带,R_o大于2.8%。

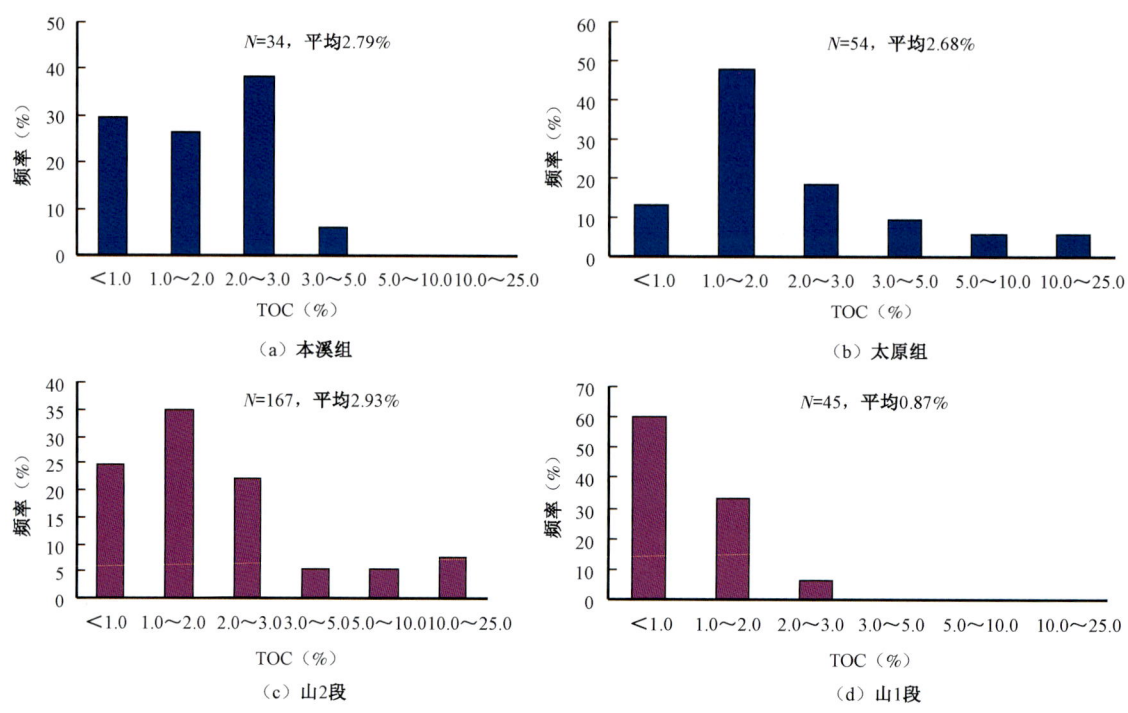

图4-12 鄂尔多斯盆地上古生界暗色泥岩TOC分布频率直方图

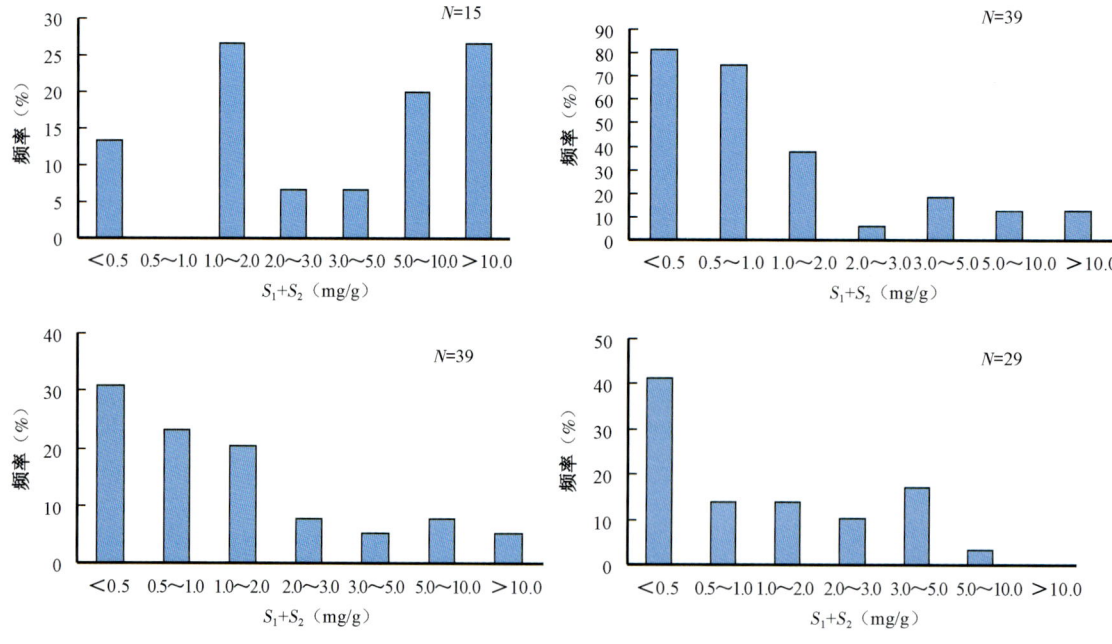

图4-13 鄂尔多斯盆地上古生界暗色泥岩生烃潜力分布频率直方图

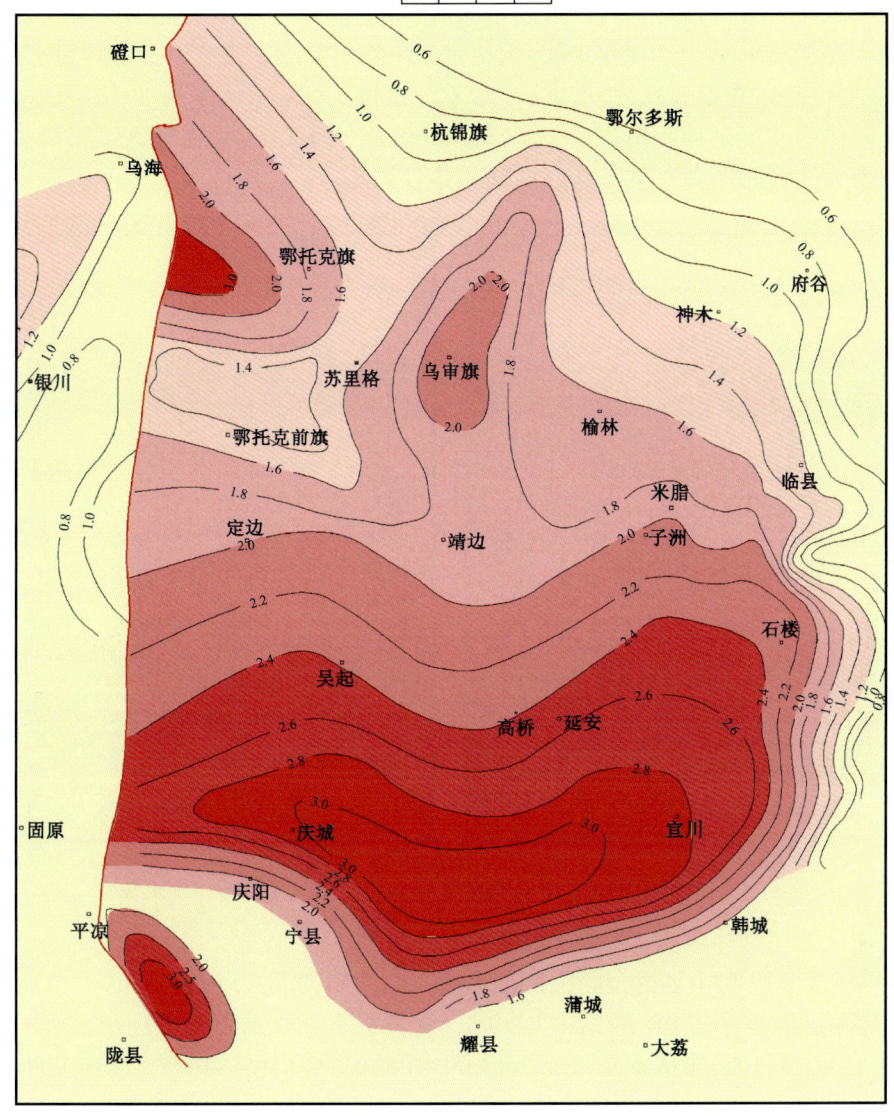

图4-14 鄂尔多斯盆地上古生界烃源岩R_o等值线图(单位:%)

5)沉积储层

苏里格地区上古生界宽缓稳定的斜坡背景利于浅水缓坡型三角洲砂体与岩性圈闭大面积发育。鄂尔多斯盆地上古生界原型盆地发育于克拉通基底之上,构造活动微弱,以整体升降为主,宽缓斜坡分布面积占盆地80%以上,斜坡带地层平缓,地层坡度1°~2°。石炭—二叠纪陕甘宁和华北广大地区为统一沉积区,整体缓慢沉降,发育海陆交互相与近海陆相含煤沉积,湖泊水体较浅,河控作用明显,河流携带的北部陆源碎屑物质入湖后推进距离远,河流三角洲沉积体系大面积稳定分布。辫状河三角洲、沙坝、潮坪砂体发育,叠加厚度与分布面积大,上古生界砂体厚150~200m,面积约$10 \times 10^4 km^2$。后期以整体抬升为主,形成区域性北东高西南低的斜坡式构造特征,构造圈闭界线不明显,以岩性圈闭为主。上述表明,宽缓稳定的斜坡背景为苏里格大气区的形成提供了良好的地质条件。

苏里格地区致密砂岩储层多层叠置、大面积分布。鄂尔多斯盆地致密气主要目的层山西组和下石盒子组储层为一套典型的致密砂岩储层,沉积砂体在盆地北部大面积分布。苏里格地区主体处于三角洲平原、三角洲前缘沉积相带(图4-15),储层平面上连片分布,展布范围广;纵向上多层位砂体叠置,砂层厚度大,一般累计厚度为30~100m,主力气层段砂泥比大于60%。储集砂体南北向延伸距离较长,达150~200km。因此,苏里格地区纵横叠置连片分布的致密储层为大气区的形成提供了良好的储集条件。

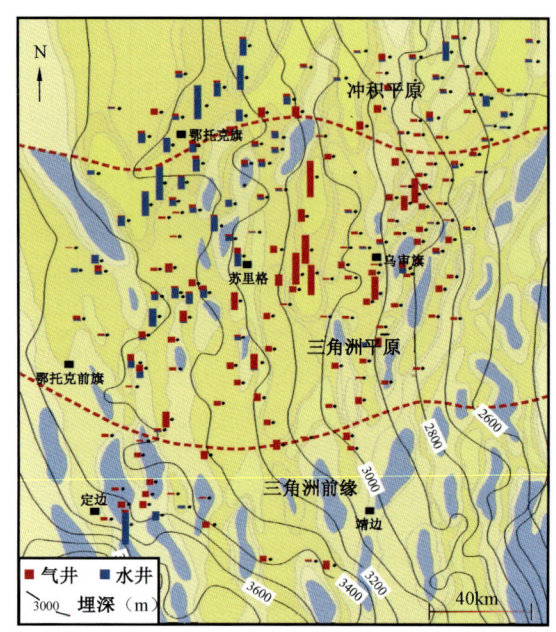
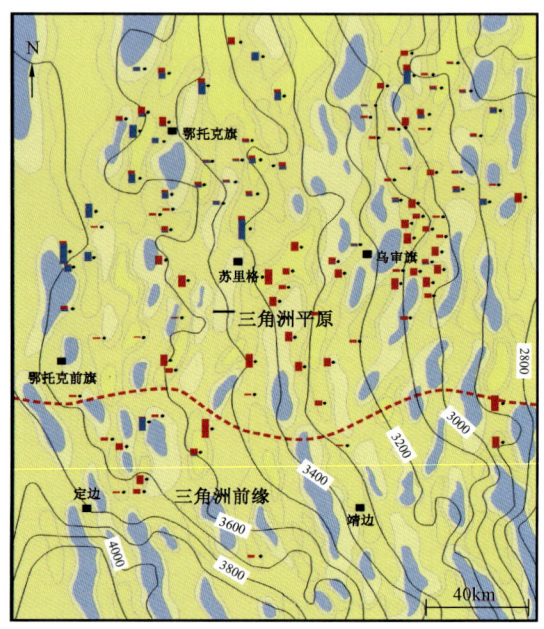

图4-15　苏里格地区上古生界盒8段和山1段砂体展布与气水分布

苏里格地区储层整体致密,非均质性强。苏里格地区工业气层在上古生界各组地层中都有分布,以下石盒子组和山西组为主,储层致密,平均孔隙度为4%~10%,渗透率多小于1mD。主要产层孔隙度小于8%的约占61.3%,渗透率小于0.5mD的约占82.9%,渗透率小于0.4mD的约占78.1%,渗透率小于0.3mD的约占70.1%(图4-16)。受沉积相、岩相与成岩作用控制,储层非均质性强。分析表明:(1)盒8段的孔隙结构整体上优于山1段。(2)不同类型砂岩的压汞特征存在差异。石英砂岩的门槛压力、中值压力平均值小于岩屑砂岩,中值孔喉半径、最大进汞饱和度平均值大于岩屑砂岩,孔喉相对较粗。据73块样品分析结果,小于$0.1\mu m$的微孔喉对应的储集空间,占总储集空间的52.2%(图4-17),主要包括黏土型和硅质型两种类型,黏土型主要为黏土矿物晶间微孔、层间缝等,硅质型主要为硅质连通缝、粒内微孔等。(3)主要目的层发育多种成岩相,不同成岩相控制了不同类型储层的分布。例如,盒8段以石英砂岩为主的粒间孔+火山物质强溶蚀相,主要分布在苏里格气田中部;以石英砂岩为主的晶间孔+火山物质强溶蚀相,主要分布在苏里格地区西部及南部;以岩屑石英砂岩为主的晶间孔+岩屑溶蚀相,主要分布在苏里格地区东部;以中粒石英砂岩为主的晶间孔+石英次生加大胶结相,主要分布在苏里格地区西南部。因此,多种因素综合作用,苏里格砂岩储层整体致密,以低孔低渗、非均质性强为特点,为斜坡型岩性大气区的形成创造了条件。

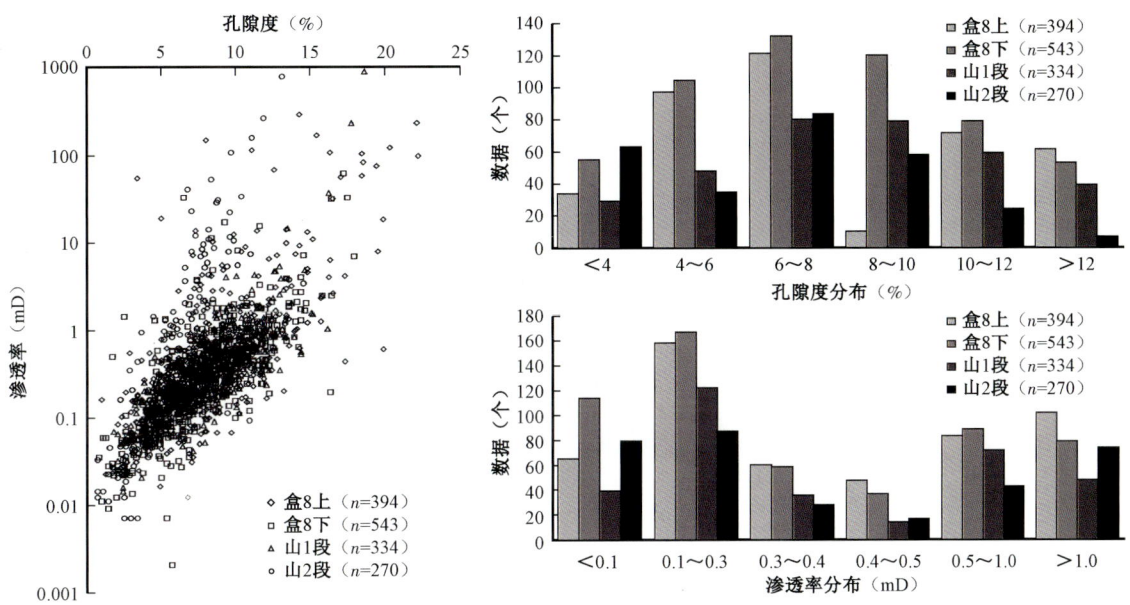

图 4-16 鄂尔多斯盆地苏里格大气区储层物性分布

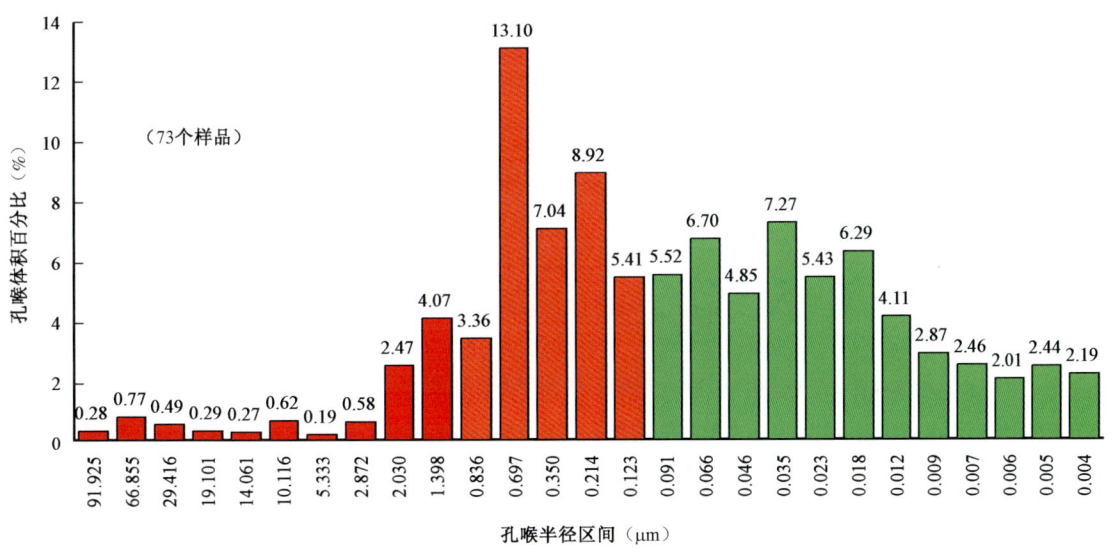

图 4-17 鄂尔多斯盆地苏里格大气区砂岩储层不同级别储集空间分布

苏里格地区上古生界源储一体,三明治式紧密接触,大面积连续分布(图 4-18)。鄂尔多斯盆地下二叠统山西组和下石盒子组煤系烃源岩与砂岩间互发育,有机质丰度高的煤系烃源岩厚度大,累计厚度 80~144m;砂岩储层分布广、厚度大,平面上连片分布,面积约 $10×10^4 km^2$,纵向上多层位砂体叠置,一般累计厚度为 30~100m,砂体南北向延伸距离较长,达 150~200km,一般埋深为 2000~3500m。总之,源储一体、大面积连续分布和生储盖组合构成的"三明治"结构为苏里格地区天然气短距离运移、层状聚集创造了优越的成藏条件。

· 105 ·

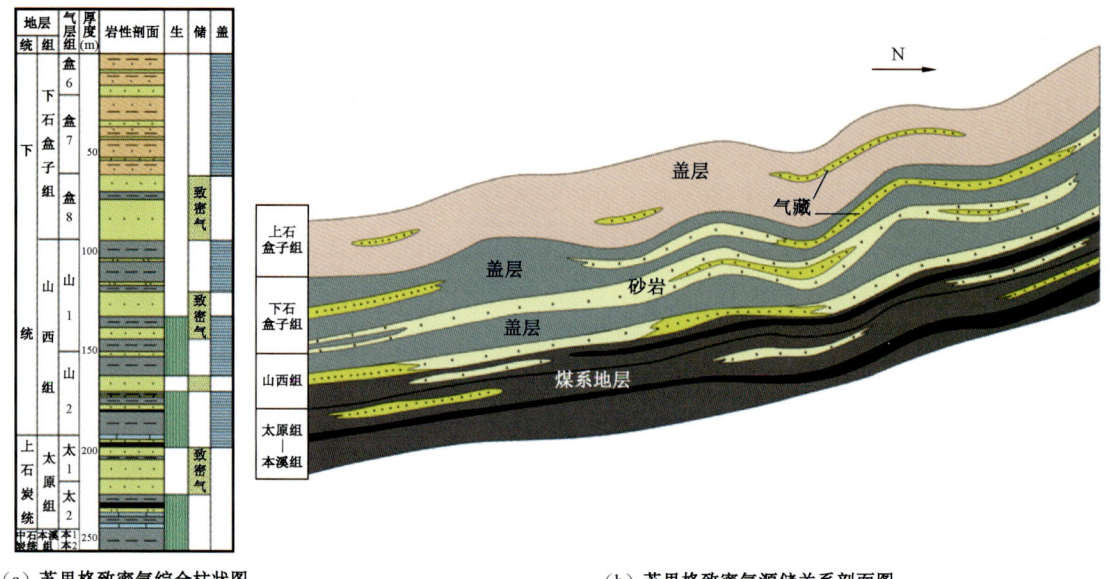

(a) 苏里格致密气综合柱状图　　　　　　　(b) 苏里格致密气源储关系剖面图

图 4-18　鄂尔多斯盆地上古生界致密砂岩气源储关系图

6) 致密气藏特征

苏里格地区天然气动态聚集,单斜缓坡背景下大面积连续型分布。苏里格大气区的动态聚集过程分为三个阶段:(1) 主致密期(中三叠世—早白垩世初期),生成少量液态烃和湿气,欠压实超压,两期溶蚀作用,储层完成致密化,形成小规模油气聚集;(2) 主充注期(早白垩世早期—晚白垩世初期),经历热事件,天然气大量生成,晚期生烃型超压,天然气近源短距离运移,主要在盒 8 段和山 1 段砂体发育区形成大规模连续型致密气;(3) 后期调整,晚白垩世以后,构造抬升,压力降低,天然气区调整定型。苏里格地区位于盆地中部的伊陕斜坡地层平缓区,表现为一西倾单斜构造,受挤压应力较弱,构造圈闭不发育,圈闭界线模糊。致密砂体叠置连片,含气范围受生烃区、沉积体系控制,大面积含气,含气面积达 $3 \times 10^4 km^2$,气层无统一压力系统,气水关系复杂。上述表明,苏里格天然气在单斜缓坡背景下动态聚集与大面积连续分布,最终形成了勘探潜力大的天然气大气区。

苏里格气田早期单井一般无自然产能,直井压裂后单井平均产气 $1.1 \times 10^4 m^3/d$。近年来通过实施水平井分段压裂,取得了显著的效果。目前,苏里格气田已累计完成水平井分段压裂 400 余口,最多分段达到 15 段。水平井初期单井平均日产气达到 $7.2 \times 10^4 m^3$,可保持日产气 $5 \times 10^4 m^3$ 稳定生产,是苏里格直井产量的 5 倍以上,增产效果明显。其中,苏 36-11-16H 井压后获无阻流量 $127.5 \times 10^4 m^3/d$。

7) 致密气资源评价关键参数

苏里格刻度区天然气藏属于致密砂岩气藏,根据该类气藏的特点,对各种资源评价方法进行了优选,最终确定采用体积法对刻度区天然气资源潜力进行计算。根据刻度区解剖得到盒 8 段和山 1 段的资源评价关键参数(表 4-14),盒 8 段地质资源丰度为 $0.64 \times 10^8 m^3/km^2$,可采资源丰度为 $0.35 \times 10^8 m^3/km^2$,可采系数 55%;山 1 段地质资源丰度为 $0.29 \times 10^8 m^3/km^2$,可采资源丰度为 $0.14 \times 10^8 m^3/km^2$,可采系数 50%。

表4-14 苏里格气田致密气资源评价参数表

层位	含气面积（km²）	厚度（m）	孔隙度（%）	含气饱和度（%）	可采系数（%）	地质资源量（10⁸m³）	可采资源量（10⁸m³）	地质资源丰度（10⁸m³/km²）	可采资源丰度（10⁸m³/km²）
盒8段	60849	7.54	8.2	58.98	55	39093.02	21501.16	0.64	0.35
山1段	60849	5.39	7.5	58.44	50	17428.03	8714.02	0.29	0.14

二、煤层气

保德区块矿权面积476.249km²，主体隶属位于山西省忻州市的保德县，北部边缘属于陕西省府谷县（图4-19）。截至2014年底，保德区块累计实施二维地震359.605km，测线密度3×(3~5)km，煤田钻孔53口，煤层气探井23口，评价井组46口，取心16口，试井11口/22层，煤、岩、气、水样品测试化验共计1688样次。

保德区累计提交593.43×10⁸m³的煤层气储量，是我国首个探明的中—低阶煤煤层气田，其中2011年探明储量183.63×10⁸m³，含气面积94.9km²；2012年基本探明储量409.8×10⁸m³，含气面积245.38km²。

截至2014年底，保德区块累计钻探开发井966口，其中排采井902口，产气井715口。完成了7.9×10⁸m³产能建设工程，规模开发见显著成效，目前日产气量70×10⁴m³，具有2.3×10⁸m³/a的产气能力。

1. 保德区块地质条件

1）地质特征

图4-19 保德区块地理位置图

构造：保德区块整体呈现一个走向近南北、东高西低的单斜。4+5#煤顶面海拔标高900m～-700m，8+9#煤顶面海拔标高比4+5#低30～90m。区块南部比北部构造略显复杂，小断层相对发育。

埋深：该区煤层埋深受构造及地形控制，整体上受西南倾单斜构造影响，煤层埋藏深度主要集中在500～1200m之间，具有自东向西、由北向南逐渐增大的趋势。4+5#煤埋深在466.1～1587.3m之间，8+9#煤埋深在506.9～1682.3m之间。埋深线总体走向为北东向，纵向上8+9#煤比4+5#煤埋深增加30～90m。

煤层厚度：主力煤层4+5#煤的主体厚度在4～8m之间，8+9#煤的主体厚度在4～16m之间。平面上具有南北两个厚煤带。

水文地质条件：水文地质条件相对复杂，区块南部水动力场相对北部活跃，北部地下水矿化度大于2000mg/L，中南部地下水矿化度小于2000mg/L；产水量大小与矿化度存在明显相关性,矿化度高、产水量小,矿化度低、产水量大。南部地区气井产水量比北部高,北部产水量15~25m³/d,南部产水量30~60m³/d。

2) 煤储层评价

煤的演化程度:区块主力煤层演化程度较低,属气煤—肥煤阶段,为中—低阶煤。其中,4+5#煤的R_o为0.681%~0.853%,属气煤阶段;8+9#煤的R_o为0.732%~0.993%,属气煤—肥煤阶段。

煤岩煤质:宏观煤岩组分以暗煤为主,亮煤及镜煤次之,偶见镜煤条带和丝炭线理,宏观煤岩类型为半暗型—半亮型,煤层具有混合煤岩类型的特点,由两种或两种以上的宏观煤岩类型多次交替出现。4+5#煤显微组分以基质镜质组为主,变化范围为37.65%~73.1%,平均为58.72%;惰质组含量为16.7%~47.4%,平均为31.95%。8+9#煤显微组分以基质镜质组为主,变化范围为42.3%~65.7%,平均为58.21%;惰质组含量为27.47%~47.4%,平均为33.82%。

孔隙度:4+5#煤孔隙度介于2.84%~5.07%之间,平均为3.88%;8+9#煤孔隙度介于2.86%~5.10%之间,平均为3.91%。平面上,由北向南,4+5#煤呈先降后升趋势;8+9#煤呈增大趋势,局部有异常;由西向东,4+5#、8+9#煤均呈增大趋势。

裂隙特征:保德区块4+5#煤层煤心主要呈碎块—短柱状,均匀亮煤及镜煤条带中内生裂隙较发育,内生裂隙密度7.5条/5cm,方解石薄膜充填,裂隙垂直层理面,裂隙面平坦,外生裂隙不发育。8+9#煤层煤心主要呈碎块—短柱状,均匀亮煤及镜煤条带中内生裂隙较发育,内生裂隙密度9.1条/5cm,裂隙垂直层理面,裂隙面平坦且被方解石薄膜充填,煤层底部少量裂隙被黄铁矿薄膜充填,外生裂隙不发育。

渗透率:通过注入压降法、测试压裂法、产水量反推法三种方法计算渗透率值,计算表明,储层渗透性较好,4+5#煤渗透率一般为3~12mD,8+9#煤渗透率一般为3~11mD。平面上,整体具有自东向西渗透率减小的趋势。

3) 煤层气藏评价

顶底板封盖性:主力煤层顶底板岩性以泥岩为主,局部发育砂岩,岩性致密,孔隙不发育,顶底板封盖性能好。

含气性:通过对样品测试分析结果和测井资料的统计分析,建立了适合保德区块煤层特征的含气量模型,对现有4+5#和8+9#煤的含气量进行了校正。校正后可得出保德区块煤层高含气区主要位于区块西北部和东南部,4+5#煤含气量为3.9~7.2m³/t,平均值为4.9m³/t;8+9#煤含气量为1.4~9.3m³/t,平均值为6.7m³/t;8+9#含气量较高于4+5#煤,其主要原因在于8+9#煤煤质较4+5#煤好,煤层顶板岩性多为泥岩,对煤层气藏的封堵能力强,从而使煤层含气量增高,而部分地区4+5#煤层顶板为砂质泥岩或是泥质砂岩,导致部分煤层气丧失,含气量降低。

临储比:区块临储变化比较大,变化范围为0.18~1.00,区块北部临储比较高(0.70~1.00)。日产气量与临储比存在较明显的相关性,日产气量大于2000m³排采井平均临储比为0.85。

流体性质:地层水矿化度变化范围为900~6000mg/L,水质类型为HCO_3—Na^+型;产气量大于2000m³排采井平均矿化度为3126mg/L。

气体组成:以甲烷为主,甲烷含量在98%以上,其次为少量的氮气和二氧化碳,非烃含量低,重烃含量也很低。因此,气体的品质非常好。

地层温度、压力:区内主力煤层压力在3.7~16.0MPa之间,煤储层压力系数在0.8左右;地层温度在29~49℃之间,地温梯度2.5℃/100m。

2. 保德区块煤层气资源富集特征

1) 煤层气成因

煤层气的成因基质主要有生物成因和热成因两种。气体组分中主要包括 CH_4、CO_2、重烃气、N_2、H_2、H_2S 等,其煤变质程度与煤化作用过程都有很大关系。在生物成因阶段,伴随 CH_4 的生成,还形成了大量的 CO_2;热成因阶段,伴随着 CH_4 的产出,生成了大量的重烃气和 CO_2。一般煤层气的成因类型使用气体组分的稳定同位素含量来判定,主要有 $^{13}C/^{12}C$ 和 D/H 两种。

经实验室分析,在同位素检验中发现 $CH_4\delta^{13}C‰$ 平均为 -52.52‰,由甲烷 $\delta^{13}C‰$ 与 $\delta D‰$ 关系判定,保德区块的煤层气成因主要以热成因气为主,存在生物成因气。同时,保德区块煤层水普遍检测到甲烷菌,说明现今可能仍然具备生物气生成基础。

2) 富集特征

煤层气富集成藏的物质基础好。煤层厚度大、分布连续;煤储层条件较好。煤储层渗透率高,较高的兰氏体积,说明储层有较强的甲烷吸附能力;气源充足,热成因气伴生生物成因气;含气量较低阶煤煤层高,以甲烷为主,气体品质较好;气体保存条件好。煤层顶底板岩性主要为泥岩或石灰岩,其含水性弱、渗透性好;处于承压—弱径流区,水动力条件不活跃区,煤层具有相对独立的水动力系统,利于气体保存;煤层热演化结束后,构造活动弱,未对气藏形成大的破坏,对气体起到好的保存作用。

总体呈现低煤阶斜坡区正向构造带富集模式,即含气性、渗透率和水势三元耦合机制,处于弱径流—滞流区,具备生物气补给条件,低水势利于煤层气区域富集;埋深较浅,处于过渡应力场,正向构造带张性低应力,渗透性好;含气量与渗透率优势叠合,煤层气高产。

3. 保德刻度区资源分级

1) 评价思路

在基本地质条件和煤层气富集规律分析的基础上,确定评价指标,对每个控制点进行赋值打分,汇总每个控制点结果,进行区块的资源分级评价。

2) 评价指标与标准

根据地质条件、储层条件、煤层气高产主控地质因素的研究与认识,选择煤层构造、厚度、埋深、含气量、渗透率、封盖能力和水文条件 7 个参数。评价标准按 10 分制(0~10 分),Ⅰ、Ⅱ、Ⅲ 三个等级分别赋值(表 4-15)。

表 4-15 评价指标与标准统计表

参数名称	等级划分	分值	参数含义	评价标准
埋深(m)	Ⅰ	8~10	煤层气可开发性	500~1000
	Ⅱ	4~7		1000~1500
	Ⅲ	0~3		<500 和 >1500
煤层厚度(m)	Ⅰ	8~10	煤层厚度、稳定性;资源量大小	>10
	Ⅱ	4~7		4~10
	Ⅲ	0~3		<4
含气量(m^3/t)	Ⅰ	8~10	含气量、吸附能力大小	>4
	Ⅱ	4~7		2~4
	Ⅲ	0~3		<2

续表

参数名称	等级划分	分值	参数含义	评价标准
煤层构造	Ⅰ	8~10	煤层产状断层规模	平缓—无断层
	Ⅱ	4~7		地层较陡/小断层
	Ⅲ	0~3		大断层
渗透率（mD）	Ⅰ	8~10	渗透性，产气能力	>5
	Ⅱ	4~7		3~5
	Ⅲ	0~3		<3
封盖能力	Ⅰ	8~10	煤层气保存能力	泥岩—泥岩
	Ⅱ	4~7		砂岩—泥岩
	Ⅲ	0~3		砂岩—砂岩
水文条件	Ⅰ	8~10	水动力活跃程度	活跃程度相对较弱区
	Ⅱ	4~7		相对活跃区
	Ⅲ	0~3		活跃区

3）综合评价计算

综合评价计算采用加权平均法，即利用各参数定量评价成果和确定的权重系数进行加权求和，得出每个控制点各煤层综合参数最终得分。每个控制点总得分计算公式如下：

$$单煤层评分 = \sum_{i=1}^{i=7} c_i a_i$$

式中，c_i 为评价参数；a_i 为权重系数。

各评价参数的权重系数见表4-16。

表4-16 评价参数的权重系数统计表

参数名称	埋深	厚度	含气量	构造	渗透率	封盖能力	水文
权重系数	0.3	0.2	0.15	0.12	0.10	0.08	0.05

对保德区块全区选择121个控制点，这121个控制点均匀分布，能够满足对区块的刻画。对区内121个控制点位置对应的7个参数值进行原始数据统计并赋值打分。

4）资源分级

在上述工作基础上，汇总121点的综合评价结果，按照综合评价大于7.5为Ⅰ类、4.5~7.5为Ⅱ类、小于4.5或埋深大于1500m为Ⅲ类的原则，对保德区块进行资源分级（表4-17，图4-20）。

Ⅰ、Ⅱ类区面积共计320km²，占区块面积的70%，表明区块具有较好的开发性。

表4-17 保德区块煤层气资源分级统计表

分类	综合评价	综合评价	区域面积（km²）	井名	日产气量（m³/d）
Ⅰ类	优势区，构造简单，无断层，盖层以泥岩为主，产气井见气快，产量稳定	>7.5	117.6	保1,向3	6196.4
				保1-06,向1	2560.3

续表

分类	综合评价	综合评价	区域面积（km²）	井名	日产气量（m³/d）
Ⅱ类	接替区,构造相对简单,少量断层,盖层以泥岩、砂岩为主,产气井见气较快,产量较稳定,前景较好	4.5~7.5	206.82	保5	1074.1
				保5,向5	1700.1
Ⅲ类	后备区,煤层埋深较深,断层多,盖层以砂岩泥岩为主,产气井见气慢,前景有待观察	<4.5,埋深>1500m	151.83	—	—

4. 保德刻度区资源评价关键参数的选取与论证

1)计算单元

纵向上,按主力煤层分布划分两个计算单元;平面上,综合考虑煤阶、埋深、断层、厚度、含气量,按照资源分级结果,划分三个计算单元,即Ⅰ类区117.6km²,Ⅱ类区206.82km²,Ⅲ类区108.33km²。

2)煤层厚度

取值原则有以下几点:

(1)从"点、线、面"立体的角度综合论证,说明煤层厚度分布的可靠性。

(2)充分利用地震资料说明煤层分布连续性和厚度变化特点。

(3)利用测井资料,说明用电性资料识别煤层的准确性。

(4)充分利用煤层电性曲线特征,阐述解释煤层的可靠性。

(5)若煤层为斜厚,需要进行厚度校正。

(6)综合多方因素,确定煤层厚度下限为0.8m。

(7)采用算数平均法和面积权衡法综合确定煤层厚度。一般选择面积权衡法较为准确。

Ⅰ类区和Ⅱ类区采用面积权衡法得到的结果是,Ⅰ类区4+5#煤面积权衡厚度7.6m,8+9#煤面积权衡厚度12.5m;Ⅱ类区4+5#煤面

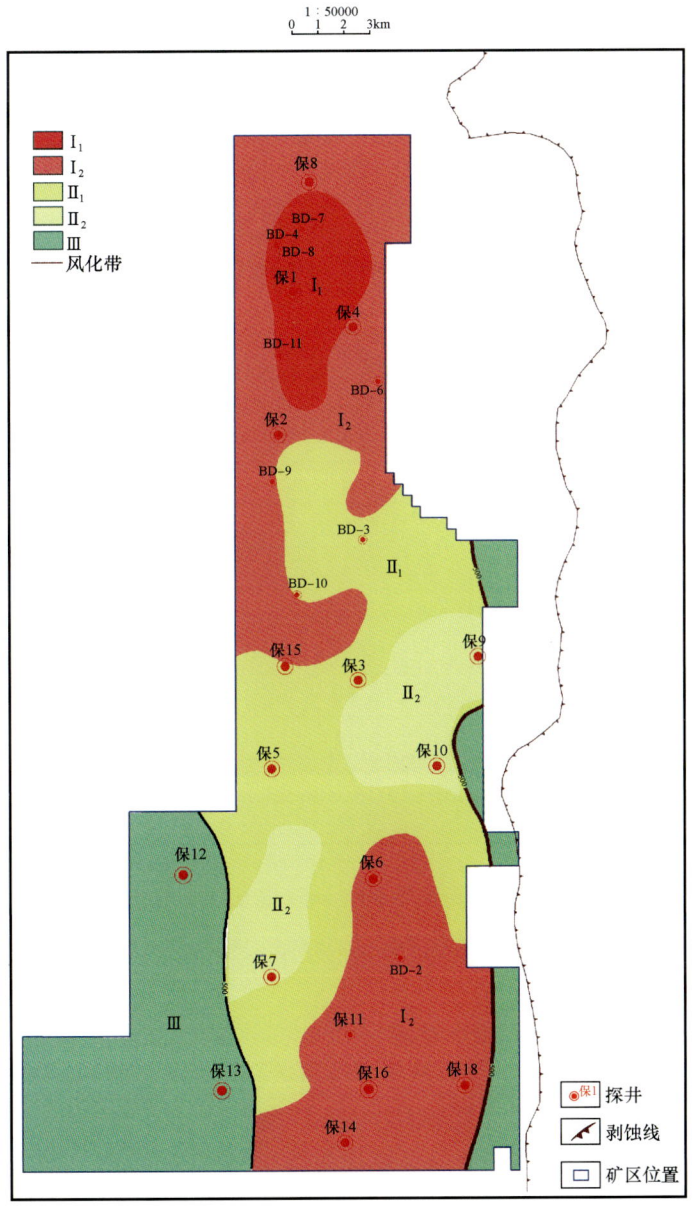

图4-20 保德区块煤层气资源评价图

积权衡厚度5.8m,8+9#煤面积权衡厚度8.4m;Ⅲ类区由于资料较少,厚度取值采用算数平均法,4+5#煤厚度4m,8+9#煤厚度12m。

3)含气量

取值原则有以下几点:

(1)采用煤心直接解吸法的实测结果,不用煤屑测试结果。

(2)一般采用空气干燥基含气量值。

(3)剔除高灰分样品的含气量测试结果。

(4)剔除甲烷含量不大于80%的含气量值。

(5)平面和纵向考虑含气量分布规律、分布特点,采样的合理性,含气量纵向变化,样品的代表性等。

(6)对含气量明显异常值进行校正,尤其针对低阶煤。

通过一系列的探井解吸气成分分析,发现保7—保10—保18一线以东地区甲烷质量分数低于80%,将保7—保10—保18一线划为甲烷风化带界线(表4-18)。Ⅲ类资源区扣除甲烷风化带面积43.5km², Ⅲ类区108.33km²。

表4-18 保德区块煤层气甲烷质量分数统计表

序号	井号	产气层	CH_4质量分数(%)	埋深(m)
1	保1	8+9	95	750
2	保2	8+9	89	1100
3	保3	8+9	97	1000
4	保4	8+9	90	650
5	保5	8+9	87	1100
6	保6	8+9	83	900
7	保7	8+9	94	1300
8	保8	8+9	94	1600
9	保11	8+9	95	1050
10	保14	8+9	98	1150
11	保15	8+9	88	1250
12	保18	8+9	21	650

Ⅰ类区面积权衡法取值4+5#煤6.8m³/t,8+9#煤7.4m³/t;Ⅱ类区面积权衡法取值4+5#煤6.2m³/t,8+9#煤6.9m³/t;Ⅲ类区算数平均值法取值4+5#煤9.5m³/t,8+9#煤9.5m³/t。

4)煤密度

取值原则有以下几点:

(1)一般选用"煤的工业分析方法"(GB/T 217—2008)结果。

(2)不同含气量基准对应不同密度值。

(3)样品数量要有足够代表性。

(4)灰分变化小,密度值接近,采用算术平均值。

(5)灰分变化大,密度值相差大,采用加权平均值。

Ⅰ类区视密度平均值4+5#煤1.51t/m³,8+9#煤1.52t/m³;Ⅱ类区视密度平均值4+5#煤

1.51t/m³,8+9#煤1.58t/m³;Ⅲ类区视密度平均值4+5#煤1.51t/m³,8+9#煤1.58t/m³。

5)可采系数

目前煤层气采收率预测技术主要有类比法、数值模拟法、等温吸附法、产量递减法、生产资料预测法等。国内煤层气采收率在39.9%~57.6%之间,韩城、保德、三交、吉县区块申报探明储量时论证采收率在50%左右。类比采收率,可采系数根据可开发性评价结果,分为Ⅰ类、Ⅱ类、Ⅲ三类,Ⅰ类可采系数取值50%,Ⅱ类可采系数取值30%,Ⅲ类建议暂不开发,可采系数取值0。

三、页岩气

1. 四川盆地长宁及焦石坝海相页岩气

四川盆地及周边下志留统龙马溪组(含上奥陶统五峰组,下同)是我国页岩气勘探现实领域。近几年来,中国石油和中国石化围绕该层系,在四川盆地及周边开展大规模勘探评价与选区,先后在盆地南缘和东缘发现了长宁和涪陵焦石坝两个页岩气富集高产区(图4-21),并以这两个区块为基础开展海相页岩气示范区建设,拟在地质评价、选区选层、水平井钻探、长水平段压裂、微地震监测、产能建设等方面形成一批关键技术和标准,为其他海相页岩气区资源评价和选区、勘探评价和产能建设提供支持。

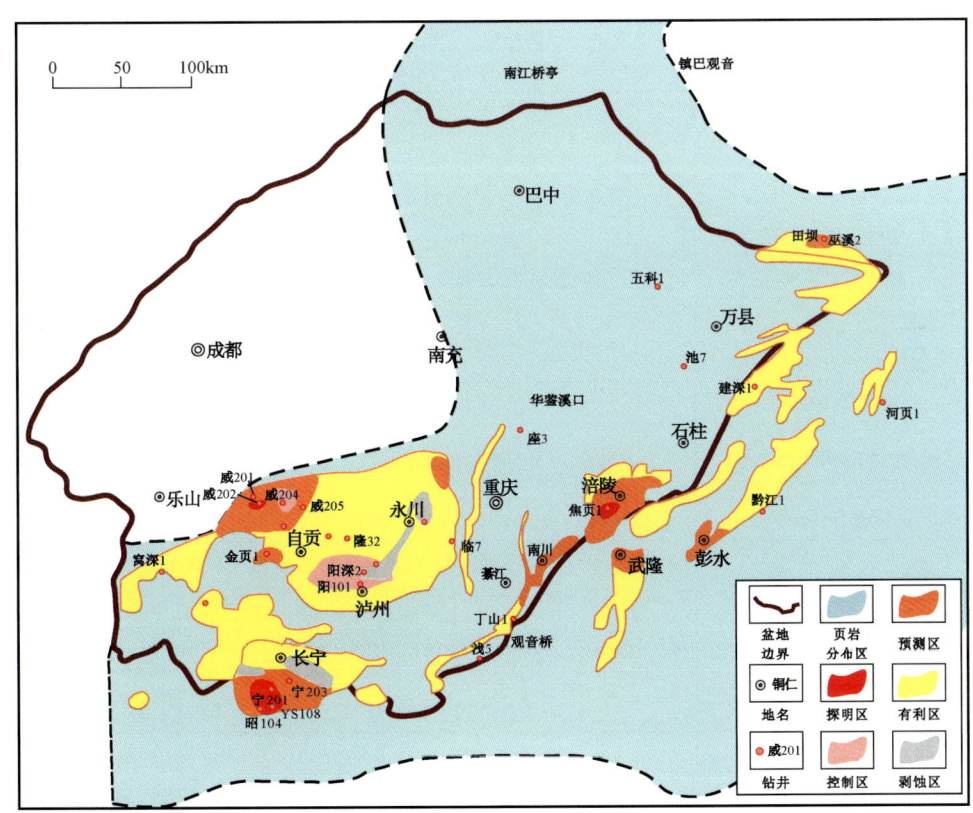

图4-21 四川盆地下志留统龙马溪组页岩气区勘探成果图

经过3~4年勘探评价和示范区建设,长宁气田已完钻井超过60口,落实有利区160km²;焦石坝已完钻水平井250口以上,累计产气超过30×10⁸m³,落实有利区545km²,探明含气面积383km²、地质储量3806×10⁸m³,展现出一个优质大型页岩气田。根据勘探开发进展和认识程度,长宁和焦石坝气田已钻探大量生产井,页岩气富集高产规律基本清楚,资料丰富,具备页岩气资源评价刻度区标准。

1)长宁及焦石坝页岩气田地质要素

长宁和焦石坝气田在沉积地层、黑色页岩空间分布、地球化学和岩石脆性等方面具有相似性,但在构造背景、裂缝发育特征、孔隙类型、物性、地应力和含气性等方面存在显著差异(表4–19)。

表4–19 长宁和焦石坝页岩气刻度区关键地质参数对比表

页岩气田名称		长宁	焦石坝
层位		五峰组—龙马溪组底部（凯迪阶—鲁丹阶）	五峰组—龙马溪组底部（凯迪阶—鲁丹阶）
地层厚度(m)		250~308	250~270
构造背景		平缓向斜	向斜内的箱状背斜
埋深(m)		2300~3200	2400~3500
有利面积(km²)		2050	545
TOC>2%页岩厚度(m)		33~46	38~44
沉积环境		钙质深水陆棚	泥质深水陆棚
岩相组合		硅质页岩、钙质硅质页岩和黏土质硅质页岩	硅质页岩、黏土质硅质页岩
地球化学参数	TOC(%)	1.9~7.3,平均值4.0	1.5~6.1,平均值3.5
	R_o(%)	2.3~2.8,平均值2.5	2.2~3.1,平均值2.6
	有机质类型	Ⅰ、Ⅱ$_1$	Ⅰ、Ⅱ$_1$
宏观天然裂缝发育程度	孔隙类型	基质孔隙为主,少量裂缝	基质孔隙和裂缝
	裂缝段厚度(m)	80~90	89
	缝型与充填状况	层间缝为主,多充填黄铁矿	网状裂缝,多充填黄铁矿
	裂缝密度描述	声波时差异常比1.2~1.4	裂缝密度1~20条/m,裂缝发育区呈密集型斑块状分布
物性	总孔隙度(%)	3.4~8.2,平均值5.4	5.0~7.8,平均值6.2
	裂缝孔隙度(%)	0~1.16,平均值0.12	0.54~3.28,平均值1.63（JY2和JY4井区）
	渗透率(mD)	0.00022~0.0019,平均值0.00029	0.02~0.3,平均值0.15
脆性	脆性矿物含量(%)	石英25.8~67.6,平均值41.1;长石0.4~14.1,平均值4.6;方解石+白云石0~43.2,平均值20.5;黏土10.3~52.8,平均值30.5	脆性矿物50.9~80.3,平均值62.4;石英44.4;长石8.3;白云岩+方解石9.7;黏土16.6~49.1,平均值34.6
	泊松比	0.1~0.25	0.19~0.24
	杨氏模量(MPa)	1.3×10^4~4.1×10^4	2.5×10^4~4.9×10^4
含气性	地层压力系数	1.4~2.03	1.55
	含气饱和度(%)	55.84~85.44,平均值77.44	71.55~90.34,平均值81.57
	吸附能力(m³/t)	1.07~3.97,平均值2.30（温度70°,压力20MPa）	0.9~3.91,平均值2.99（温度85°,压力37MPa）
	含气量(m³/t)	1.7~6.5,平均值4.1	4.0~7.7,平均值6.1
	游离气占比(%)	60	80

续表

	页岩气田名称	长宁	焦石坝
地应力	垂直压力（MPa）	56~66	48~50
	两向水平应力差（MPa）	21.4~22.3	3.0~6.9
资源潜力	水平井段长度（m）	1000	1500
	单井EUR（$10^4 m^3$/口）	8000~10000	>12000
	采收率（%）	20	25
	可采资源丰度（$10^8 m^3/km^2$）	0.8~1.0	1.2~2.0
	可采资源量（$10^8 m^3$）	2050	650

沉积地层：五峰组—龙马溪组为奥陶纪—志留纪沉积的笔石页岩，在中上扬子地区大面积分布，自下而上可划分为凯迪阶、赫南特阶、鲁丹阶、埃隆阶和特列奇阶共5阶13个笔石带（图4-22）。在长宁和焦石坝地区，龙马溪组发育鲁丹阶和埃隆阶9个笔石带，无特列奇阶，地层厚250~308m；自下至上可划分为三个岩性段，一段为深灰色—黑色深水陆棚相硅质页岩和钙质硅质页岩，富含笔石、骨针、放射虫等生物化石和有机质，TOC一般为1.3%~8.4%，厚30~80m；二段为灰色—深灰色深水—半深水陆棚相含碳质笔石页岩和粉砂质页岩，TOC一般为0.8%~1.9%，厚30~50m；三段则为灰绿色、浅灰色和灰色半深水—浅水陆棚相黏土质页岩和钙质黏土质混合页岩，TOC一般为0.3%~1.2%，厚110~130m。其中，一段为页岩气主力产层，三段为区域封盖层。龙马溪组下伏地层为上奥陶统五峰组笔石页岩，厚6~10m，与龙马溪组整合接触，且岩相与龙一段相似，在生产过程常将五峰组并入龙马溪组一同勘探。五峰组—龙马溪组下伏地层则为分布稳定的上奥陶统宝塔组泥灰岩，厚30~40m，构成五峰组—龙马溪组页岩气藏底板。在长宁和焦石坝地区，五峰组—龙一段均为连续的深水陆棚沉积，具有良好的储盖组合和顶底板封盖条件。

富有机质页岩沉积环境与分布特征：奥陶纪末—志留纪初，在全球海平面快速上升背景下，扬子板块区域普遍海侵，上扬子克拉通地台在川中隆起、黔中隆起和雪峰隆起三个古隆起控制下，形成了川南—黔北、川东—鄂西、川北三个大面积欠补偿、缺氧的深水陆棚区，为表层浮游生物的高生产以及海底有机质的聚集与保存提供了良好场所，导致富有机质、富生物硅质页岩的大量沉积和广泛分布，形成了厚20~100m、面积达$10.7 \times 10^4 km^2$的富有机质页岩分布区。两气田均位于连续沉积的深水笔石页岩相带，其中长宁气田位于川南深水沉积中心，产层为钙质深水陆棚相页岩，厚33~46m，钙质含量平均为20.5%；焦石坝气田位于川东—鄂西沉积中心，产层为泥质深水陆棚沉积，厚38~44m，钙质含量9.7%。可见，有利相带控制富有机质、富硅质页岩的形成和规模分布，是页岩气富集高产的地质基础，为长宁、焦石坝气田富集高产奠定了良好基础。

气藏构造背景：四川盆地及周边发育继承性的大型古隆起和晚期正向构造群，前者是以川中和黔中隆起为代表、形成于加里东旋回期（距今680—320Ma）的大型古隆起，在五峰组—龙马溪组沉积期为物源区或水下古隆起，富有机质页岩一般较薄（<30m）或缺失；后者主体为燕山期—喜马拉雅期形成的、广泛分布于四川盆地东部和南部的梳状背斜带，即在五峰组—龙马溪组沉积期为富有机质页岩沉积沉降中心（厚度一般为30~100m），在燕山期—喜马拉雅期经过褶皱反转为复背斜带，如川东高陡构造带、蜀南低陡构造带。长宁和焦石坝气田均位于四川盆地承压区正向构造带，形成于燕山期—喜马拉雅期断裂褶皱期，但构造样式存在显著差异。

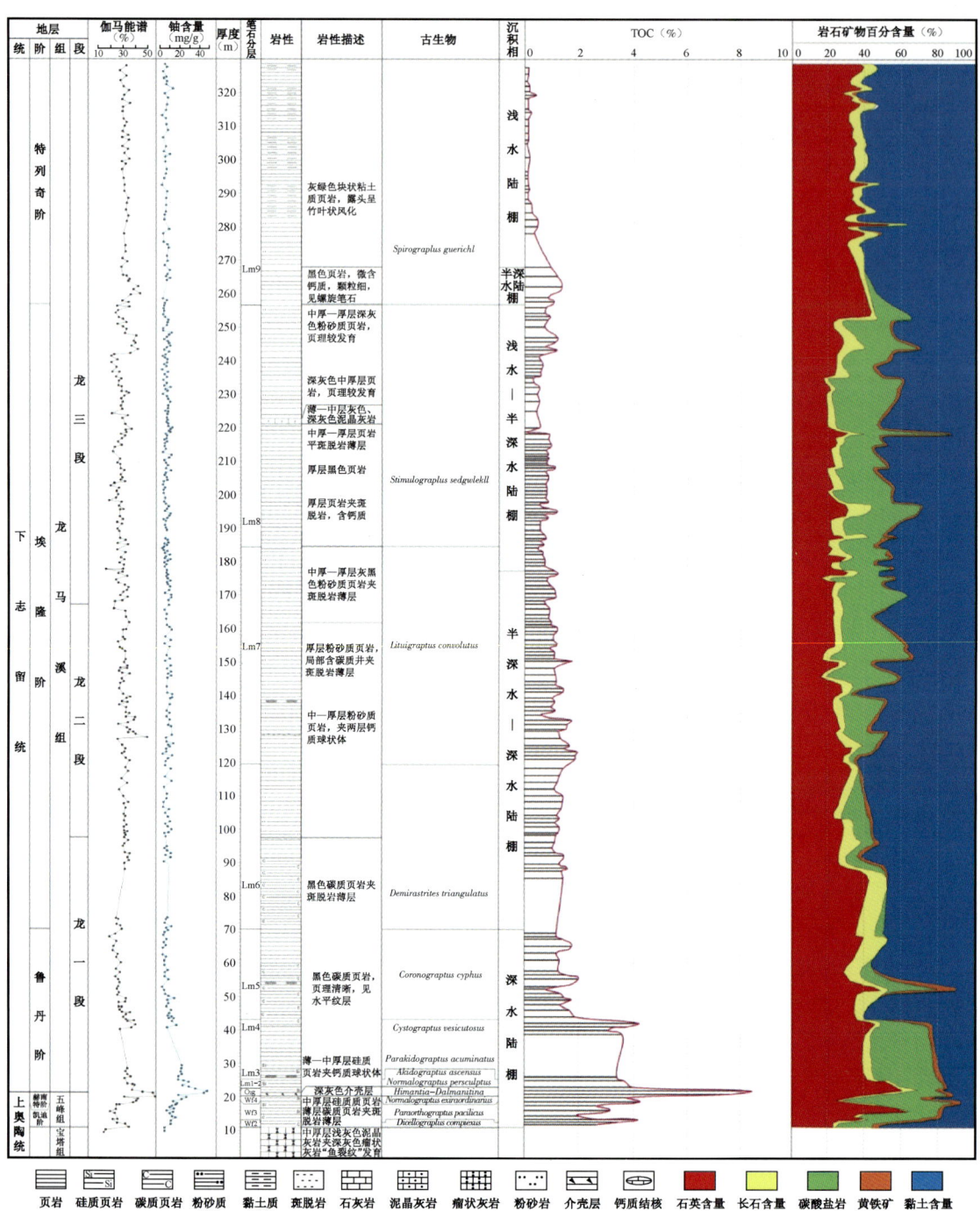

图4-22 四川盆地上奥陶统五峰组—下志留统龙马溪组综合柱状图

长宁气田主体位于四川盆地南缘长宁背斜南斜坡—向斜区，总体为一个大型宽缓向斜内的马鞍形构造，轴向为北偏东（方位100°～115°），构造完整，上覆地层为下三叠统和二叠系，五峰组—龙马溪组地层平缓，埋深2300～3200m，见北东向张性断裂但通天断层不发育，保存条件优越。目前，长宁气田的开发井组（如N201钻井平台）均部署在构造鞍部——飘水岩背斜区[见图2—33(a)]。在长宁背斜核心区(即狮子山背斜),五峰组—龙马溪组已出露地表并遭受剥蚀,通天断层发育,保存条件存在较大风险。

焦石坝构造位于四川盆地东部川东隔挡式褶皱带、盆地边界断裂齐岳山断裂以西,是万县复向斜内一个特殊的正向构造。其特殊性表现在:与其两侧的北东向或近南北向狭窄高陡背斜不同,焦石坝构造为一个受北东向和近南北向两组断裂控制的轴向北东的菱形断背斜,构造主体变形较弱,顶部宽缓、地层倾角小、断层不发育,两翼陡倾、断层发育[见图2—33(b)]。勘探和研究实践证实,龙马溪组气层以游离气赋存为主,因此凹中隆背景对天然气的高效聚集最为有利。据焦页1井和焦页2井资料,五峰组—龙一段含气量一般为 $4.0 \sim 7.7 m^3/t$(平均为 $6.1 m^3/t$),其中游离气占比为80%,表明焦页坝气田天然气的渗流机理和运移、聚集过程主体符合常规气成藏规律,即正向构造最有利于天然气富集。

产层地球化学特征:富有机质页岩有机质丰度高,母质类型好,处于有效生气窗内,有利于形成异常高压,是四川盆地龙马溪组页岩气富集高产的物质基础。长宁和焦石坝产层均为优质气源岩。其中,长宁有机碳含量为1.9%~7.3%(平均为4.0%),焦石坝有机碳含量为1.5%~6.1%(平均为3.5%)。两气田有机质类型相似,均为I—II$_1$型;热演化程度相近,长宁 R_o 一般为2.3%~2.8%(平均为2.5%),焦石坝 R_o 一般为2.2%~3.1%(平均为2.6%),均处于高成熟热裂解成气阶段。气体组分分析显示,长宁和焦石坝页岩气组分主体为甲烷(占比超过98%),不含硫化氢,甲烷、乙烷碳同位素具有倒转特征,为典型的高成熟干气藏。

产层储层特征:五峰组—龙马溪组发育富生物硅质、钙质页岩,基质孔隙和天然裂缝发育,脆性好,储集条件优越。长宁和焦石坝产层均为南方海相高丰度页岩气层,两者在岩相、裂缝发育程度、孔隙类型和物性等方面存在差异。

(1)岩相和岩石学特征。

长宁气层为钙质硅质页岩、硅质页岩和黏土质硅质页岩组合,硅质含量为25.8%~67.6%(平均为41.1%),长石含量为0.4%~14.1%(平均为4.6%),方解石+白云石含量为0~43.2%(平均为20.5%),黏土含量为10.3%~52.8%(平均为30.5%),具有富硅质、高钙质岩矿特征。

焦石坝气层主体为硅质页岩和黏土质硅质页岩组合,硅质含量为31%~72%(平均为44%),钙质含量为3%~16%(平均为8%),总脆性矿物含量为51%~83%(平均为66%),总黏土矿物含量为17%~49%(平均为30%),具有富硅质、低钙质的基本特征。

两大气田的产层均发现大量放射虫、海绵骨针等硅质生物遗骸,硅质含量与有机质丰度呈正相关,显示出大量硅质具有生物成因特征。上述岩相组合与Barnett、Haynesville北美主要产气页岩相似,证实均为页岩气储层的有利岩相。

(2)宏观裂缝发育特征。

页岩地层中发育的宏观天然裂缝(尤其网状缝)是清水压裂的最佳脆弱面,有利于降低页岩储层改造的破裂压力,易于形成人工诱导裂缝网络,增大改造缝网总体积。因此,对宏观裂缝发育特征的精细描述,是页岩气储层评价与选区的重点工作。

长宁气田总体处于宽缓向斜中的正向构造上,在北东向挤压应力场作用下,龙马溪组下部黑色页岩多发育层间缝,局部见高角度缝,裂缝段厚度近85m,缝宽多为1~25mm,且主要充填黄铁矿,仅局部高角度缝为方解石充填。因裂缝充填物电性特征与页岩基准电阻率($10 \sim 40 \Omega \cdot m$)均存在巨大差异,如方解石电阻率一般为 $5 \times 10^3 \sim 5 \times 10^{12} \Omega \cdot m$,黄铁矿电阻率为 $10^{-4} \Omega \cdot m$,龙马溪组产层电测曲线呈密集性锯齿状响应,且主要为负向锯齿状响应。

在焦石坝气田,北东向和南北向的两组(两期)断裂体系与五峰组—龙马溪组底部滑脱层共同作用形成的大范围且相互连通的宏观网状裂缝,为后期创建高丰度的人工气藏提供了极大的储集和渗流空间,是页岩气高产的关键。根据焦页1井电测井资料,五峰组—龙马溪组下部出现电阻率曲线密集性锯齿状响应,显示裂缝段厚度达89m,裂缝密度1~20条/m,中—上部则出现电阻率平直曲线响应,显示裂缝不发育。另外,焦页1井岩心资料显示:五峰组主要发育水平和高角度裂缝,这些高角度裂缝相互之间不沟通,且被方解石充填;龙马溪组底部发育一条垂直裂缝和一些水平裂缝,垂直裂缝宽度仅为1~2mm,长度较短,仅数十厘米;水平裂缝为层间缝,多充填黄铁矿;黑色页岩中部和上部高角度缝不发育。成像测井资料显示,五峰组—龙马溪组底部见大量暗色平缓曲线(层间缝响应特征)和暗色正弦曲线(高角度缝响应特征),向上暗色正弦曲线响应不明显,表明龙马溪组产层中—上部高角度缝不发育。可见,焦石坝气田主力产层网状缝发育,人工改造气藏体积大,且易形成高渗透性产层,是页岩气高产稳产的关键因素之一。

(3)孔隙类型和物性。

龙马溪组页岩为基质孔隙和裂缝双孔隙介质,其中基质孔隙主体为黏土矿物晶间孔和有机质孔隙(两者所占比例超过73%),基质孔隙度区域变化不大,一般为4%~6%,裂缝孔隙体积受岩石脆性、构造背景等因素影响,区域变化较大。

长宁产层孔隙类型主体为基质孔隙,局部存在裂缝孔隙,总孔隙度一般为3.4%~8.2%(平均为5.4%),裂缝孔隙度一般为0~1.16%(平均为0.12%),渗透率为0.00022~0.0019mD(平均为0.00029mD)。

焦石坝产层既发育基质孔隙也发育裂缝孔隙。在构造顶部核心区,基质孔隙度与长宁相当,裂缝孔隙发育区在平面上呈密集型斑块状分布。例如在JY2和JY4裂缝发育井区,基质孔隙度一般为3.7%~5.6%,平均为4.6%;裂缝孔隙集中发育于五峰组—龙一段下部,厚度超过60m,裂缝孔隙度高达0.54%~3.28%,平均为1.63%;渗透率为0.02~0.3mD,平均为0.15mD;总孔隙度则达到5.0%~7.8%,平均为6.2%;物性明显优于长宁。

根据页岩孔隙类型和渗透性判断,焦石坝气田为具有箱状背斜背景的裂缝型页岩气藏,游离含量预计在80%以上,形成机制与其特殊的构造背景有关,分布规律在四川盆地具有独特性;而长宁气田为典型的基质孔隙型页岩气藏,游离含量在60%左右,在四川盆地及周边具有广泛的代表性,可以作为斜坡和向斜带页岩气区勘探和潜力评价的类比标准。

(4)岩石力学参数。

受岩相组合和脆性矿物含量控制,长宁和焦石坝产层的脆性基本相当,达到北美优质产层脆性标准(杨氏模量$>2.0×10^4$MPa,泊松比<0.25)。前者岩石力学参数为杨氏模量$1.3×10^4$~$4.1×10^4$MPa,泊松比0.1~0.25;后者岩石力学参数为杨氏模量$2.5×10^4$~$4.9×10^4$MPa;泊松比0.19~0.24。

(5)对甲烷的吸附能力。

黑色页岩对甲烷的吸附能力总体受有机质丰度控制,即随着TOC增加而增加。笔者对长宁N203井龙马溪组下段黑色页岩的6个样品点(TOC为0.9%~4.0%)开展了等温吸附测试,在实验温度70℃、压力20MPa条件下获得上述样品点对甲烷的吸附能力为1.07~$3.97m^3/t$(平均为$2.30m^3/t$)。另外,中国石化西南勘探南方公司对焦石坝气田焦页1井53个样品点(TOC为0.8%~4.8%)开展等温吸附测试,在实验温度85℃、压力37MPa条件下获得的甲烷吸附能力为0.9~$3.91m^3/t$(平均为$2.32m^3/t$)。可见,尽管测试条件略有差异,由于长宁和焦石坝地区龙马溪组底部高伽马段页岩有机质丰度相近,因此两气田黑色页岩对甲烷的吸附能力相当。

地应力特征:受构造背景控制,长宁和焦石坝气田地应力特征差异大,前者总体为高应力差气田,后者则为低应力差气田。

长宁气田为产层埋深浅但两向应力差大的高产气区,在四川盆地及周边具有典型性。地应力测试资料显示,该区最大水平主应力方向为北偏东100°~115°,裂缝相对发育,走向与最大水平主应力方向基本一致,两向应力差为21.4~22.3MPa,为焦石坝的3~7倍。另外,长宁气层埋深为2300~3200m,施工压力一般为56~66MPa,易于压裂,储层改造体积大。

焦石坝气田为产层埋深浅但两向应力差小的特殊气区,为人工改造提供良好的工程条件。焦石坝构造顶部宽缓,地层倾角为5°~10°,断层不发育,两翼陡倾(倾角达32°)、断层发育。特殊的构造背景导致构造顶部(气田主体部分)两向应力差一般为3.0~6.9MPa,与北美Barnett页岩(3.7~4.7MPa)很相近,为实施1500m长水平段钻井和20段以上的体积压裂创造了有利的工程地质条件。另外,该气田产层埋深为2100~2600m,地层破裂压力梯度约为2.15MPa/100m,岩石破裂压力约为42MPa,易于压裂,储层改造体积大。

产层含气性:衡量页岩是否具有良好的含气性,通常考虑地层压力系数、含气饱和度、含气量和生产效果等指标。受孔缝发育程度、地层压力等因素影响,长宁和焦石坝产层含气性差异较大。

根据N201井和N203井测试资料,长宁气田龙马溪组地层压力系数为1.4(N203井)~2.03(N201井),含气饱和度一般为55.84%~85.44%(平均为77.44%),含气量为3.92~6.47m^3/t(平均为4.91m^3/t)且向底部增大,游离气含量为60%左右。区内首口页岩气高产井N201井于2012年4月中旬实施水平段分段压裂,共压裂10段,初试产量为$15\times10^4m^3$/d,在2个月的燃烧试气阶段则始终保持在$13\times10^4m^3$/d,地层压力未见明显变化。

受龙马溪组中—上部超100m厚的黏土质页岩、下伏涧草沟组—宝塔组厚30~40m的致密泥灰岩以及构造侧向逆断层的共同封闭作用,焦石坝气田在龙马溪组下段由基质孔隙和网状裂缝构成的双重孔隙介质中形成了异常高压流体封存箱,压力系数达到1.55,因而具有高含气性。根据含气性测试资料,黑色页岩段含气量为2.1~7.7m^3/t(平均为4.7m^3/t,大致相当于W201井常压区的2倍),且与有机质丰度呈正相关,在TOC大于2%的页岩段高达3.7~7.7m^3/t(平均为6.1m^3/t),游离气含量高达80%;含气饱和度高达71.55%~90.34%,平均为81.57%。该气田的首口评价井焦页1HF井(水平段1007.9m)于2012年11月钻探获重大突破,初试产量最高$20.3\times10^4m^3$/d,采用定产试采,已持续稳定生产650天,日产气$6.0\times10^4m^3$,累计产气$4000\times10^4m^3$以上。

可见,长宁气田和焦石坝气田均为超高压气区,具有含气饱和度高、含气量高、初试产量高、稳产时间长等特征,是南方海相页岩气重要的"甜点"区;有机质丰度、孔缝发育程度和地层压力是影响黑色页岩含气量的关键因素。

2)长宁、焦石坝页岩气资源潜力

通过开展长宁和焦石坝关键地质要素对比分析,两大气田在盆地承压区的构造位置、沉积环境、气藏生储盖组合、气源岩规模和质量、基质孔隙发育程度、岩石脆性等方面基本相似,但在局部构造背景、裂缝发育程度、地应力特征等方面差异较大。相似之处决定两大气区均为高丰度超压气藏,而差异之处决定两大气田在游离气含量、水平井钻井方式、压裂改造体积、钻探难度等方面存在差异,进而导致两气田的单井EUR、资源丰度、采收率等资源潜力指标存在较大差异。

长宁气田为裂缝孔隙欠发育和高应力差地区,在开发阶段一般采用一个水平井组6~8口井、每口井1000m水平段和10段压裂的开发方式,获单井EUR $8000 \times 10^4 \sim 10000 \times 10^4 m^3$、初试产量 $5.55 \times 10^4 \sim 27.4 \times 10^4 m^3/d$(平均 $13.46 \times 10^4 m^3/d$)。按照控压生产流程设计初始产量 $5 \times 10^4 \sim 7 \times 10^4 m^3/d$,预计采收率可达20%,可采资源丰度 $0.8 \times 10^8 \sim 1 \times 10^8 m^3/km^2$,可采资源量 $2050 \times 10^8 m^3$。

焦石坝气田主体为裂缝孔隙发育和低应力差地区,在开发阶段一般采用一个水平井组4~6口井(井距600m)、每口井水平段1500m和15~20段压裂的开发方式,获单井EUR $12000 \times 10^4 m^3$ 以上、初试产量 $5.9 \times 10^4 \sim 54.73 \times 10^4 m^3/d$(平均 $36.42 \times 10^4 m^3/d$)。按照控压生产流程设计初始产量 $6 \times 10^4 \sim 10 \times 10^4 m^3/d$,预计采收率可达25%,可采资源丰度 $1.2 \times 10^8 \sim 2.0 \times 10^8 m^3/km^2$,可采资源量 $650 \times 10^8 m^3$。

2. 延长下寺湾湖相页岩气

鄂尔多斯盆地南部延长组页岩气区位于鄂尔多斯盆地伊陕斜坡的甘泉地区,北至下寺湾镇,南抵道镇,东达甘泉,西至桥镇,面积约为 $2367.5 km^2$(表4—20)。研究区陆相页岩气目的层发育于上三叠统延长组。根据标志层和沉积旋回,将延长组自上而下划分为10段。作为该区主要烃源岩的页岩层系发育于长9段和长7段:长9段主要发育深湖—半深湖相黑色页岩,局部发育油页岩(李家畔页岩);长7段中—下部发育黑色页岩(张家滩页岩),在盆地内分布稳定,形态为西倾单斜,倾角小于0.5°,是区域对比的重要标志层(凝缩段)(图4—23)。

表4—20 延长下寺湾延长组页岩气区主要参数表

	层位	三叠系延长组7段和9段
	沉积环境	湖相
	埋深(m)	500~1800
	有利面积(km^2)	2367.5
有效页岩地化特征	厚度(m)	长7:20~80m;长9:15~50m
	TOC(%)	长7:1.8~6.8(平均4.26);长9:1.0~7.4(平均5.64)
	R_o(%)	长7:0.5~1.3;长9:0.4~1.4
	有机质类型	II_1、II_2型为主
岩性	主要岩石类型	粉砂质页岩、黏土质粉砂质混合页岩
物性	孔隙度(%)	2~3
	渗透率(mD)	<0.01
	孔径(nm)	以2~50nm为主
含气性	含气量(m^3/t)	0.5~4.3(平均1.7)
脆性	脆性矿物含量(%)	石英22.6~43.1(平均33.6),长石8.5~31.1(平均18.9),方解石+白云石0~43(平均4.1),黏土22.9~56.2(平均42.9)
	泊松比	0.19~0.26
	杨氏模量(MPa)	$1.05 \times 10^4 \sim 3.2 \times 10^4$

续表

层位		三叠系延长组7段和9段
地应力特性	天然裂缝发育程度	裂缝较发育
	流体压力系数	0.75~0.85
	两向应力差(MPa)	4.8~11.4
资源状况	长7地质资源量($10^8 m^3$)	5318
	长9地质资源量($10^8 m^3$)	3067
	小计	8385

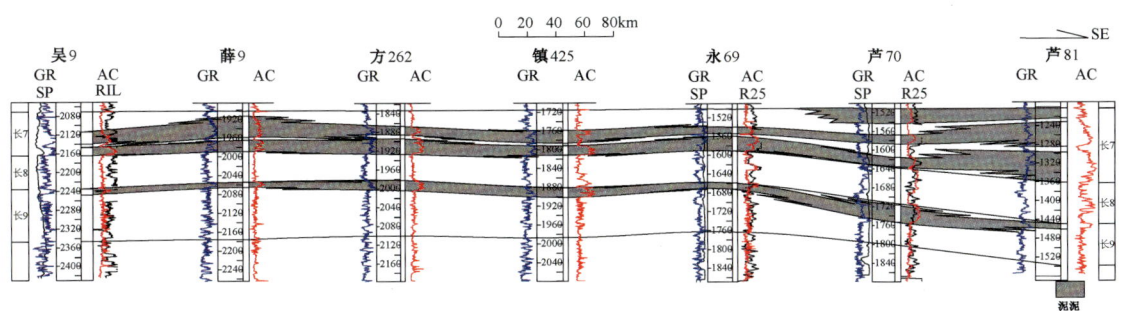

图4-23 长7—长9段南西—北东向页岩气层对比剖面图(据杜燕,2013)

2011年4月,柳评177井在长7页岩段成功压裂并获工业气流,日产页岩气2350m^3,成为中国第一口湖相页岩气出气井,随后区内相继钻探页岩气井60口(直井53口,丛式井3口,水平井4口),其中32口获页岩气流(直井1780~2413m^3/d,水平井3500~16000m^3/d)。

1)下寺湾页岩气基本地质特征

黑色页岩分布:长7段为鄂尔多斯盆地湖盆发育鼎盛期沉积的一套黑色页岩地层,因富含有机质具有高伽马、高声波时差和高电阻率"三高"测井响应特征,即自然伽马一般为90~250API(平均为140 API),声波时差一般为250~360μs/m(含气页岩段一般在300μs/m以上),电阻率一般大于35$\Omega \cdot$m。根据钻井岩心测试和测井解释资料,长7段黑色页岩在研究区内厚20~70m,厚度最大可达78m(图4-24)。

长9段电性特征与长7段大体相似,自然伽马幅度更高,一般为150~270API(平均为190API)。长9段黑色页岩在研究区内厚6~24m,厚度最大可达29.6m,超过20m的区域为下寺湾—甘泉(图4-25)。

地球化学特征:根据长7段、长9段页岩115个岩心测试数据,长7段页岩总有机碳含量为0.46%~25.46%,主频为2%~6%,92%的样品总有机碳含量大于2%;长9段页岩的有机碳含量为0.33%~25.90%,73.5%的样品总有机碳含量大于2%,呈"双峰"式分布,主频分别为1%~4%、5%~8%。

长7段与长9段页岩干酪根显微组分主要为壳质组与腐泥组。根据镜下显微组分含量计算,镜质组含量为2%~39%,平均为20%;惰质组含量为5%~34%,平均为15%。长7段页岩干酪根显微组分中腐泥组最发育,镜质组次之,惰质组最不发育。

长7段页岩R_o值为1.25%~1.33%,处于成熟—高成熟热演化阶段,生气能力较强;有机质热演化程度主要取决于其埋藏深度,由于缺少长9段页岩R_o值实测数据,推测长9段页岩R_o值应略高于长7段页岩的R_o值,达到成熟阶段,具有一定的生气潜力。

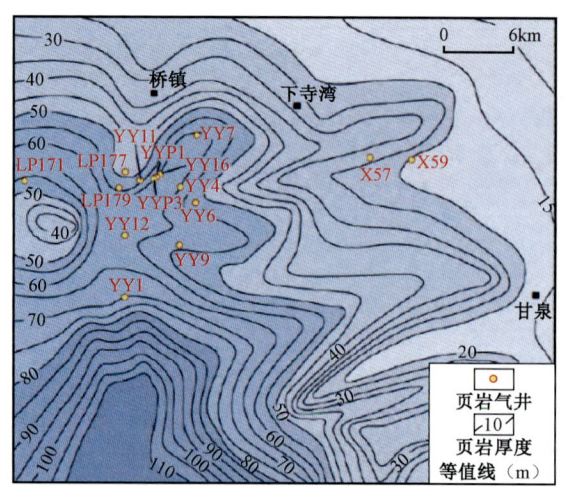 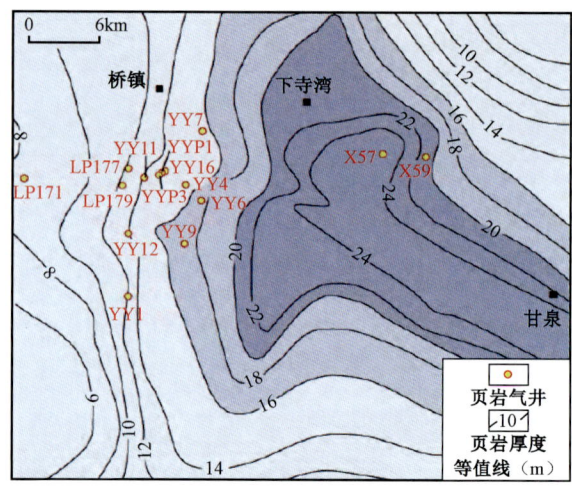

图4-24 长7段黑色页岩分布(据王香增,2014)　　图4-25 长9段黑色页岩分布(据王香增,2014)

根据长7段、长9段岩心解吸气以及长2段、长6段、长8段原油伴生气共13个天然气样品的碳同位素组成分析资料,该气区原油伴生气和页岩气的碳同位素组成基本一致,即甲烷碳同位素组成为-50.9‰～-44.3‰,乙烷碳同位素组成为-38.2‰～-31.1‰,表明其为相同的成因类型,是偏腐泥型有机质形成的油型气的典型特征。结合成熟度分析,可以判定陆相页岩气为以偏腐泥型为主的干酪根在成熟—湿气(原油伴生气)阶段初次热裂解形成的油型气。

储层特征:长7段、长9段页岩中碎屑成分主要为石英、长石、云母,少量酸性喷出岩、变质岩等岩屑。石英含量为20%～30%(平均为26.3%),长石含量为10.0%～36.9%(平均为24.2%),方解石平均含量为1.31%,铁白云石平均含量为0.75%,黄铁矿含量为1.31%。黏土矿物含量较高且变化大,一般为37.4%～72.8%(平均为40.0%),主要包括四类黏土矿物,其中伊/蒙混层矿物的相对含量最高(61.0%～94.0%,平均为80.0%),其次为伊利石(2.0%～26.0%,平均为9.1%)和绿泥石(4.0%～14.0%,平均为9.4%),还有少量高岭石(平均含量约为10%)。

该区延长组页岩主要发育黏土矿物粒间孔和碎屑颗粒粒间孔。黏土矿物粒间孔是由黏土矿物围成的孔隙空间,在扫描电镜分辨尺度下可观察到两种形态:一种为等轴型,多为大孔级别,孔隙形态较圆滑,杂乱分布;另一种为长轴型,孔隙形态呈缝形,沿黏土矿物层理方向定向分布。此外,页岩中粉砂质纹层较为发育,粉砂质纹层中的石英、长石等刚性碎屑颗粒堆积形成的孔隙空间为碎屑颗粒粒间孔,其孔隙形态呈不规则多边形,主要为微米级大孔。杂基和胶结物常充填于孔隙,残余孔隙多由石英、自生黏土矿物等胶结物的晶间孔和黏土矿物粒间孔组成。溶蚀作用形成的次生孔隙在页岩的砂质纹层中十分常见,主要发育在长石颗粒以及碎屑颗粒粒间填隙物(包括黏土矿物)中。部分长石颗粒溶蚀作用较强,可形成微米级大型溶蚀孔洞。另外,长7段、长9段的纯页岩中较少发育有机孔,这与页岩热演化程度有关。有机孔形成于干酪根生烃过程中,孔径为1～10μm,属大孔级别,孔隙形态多为圆形,兼有三角形、多边形及不规则长条状,主要分布于干酪根边缘区域。

长7段73个页岩样品的实验室岩心物性分析表明,70%样品的渗透率小于0.01mD,渗透率为0.01～0.05mD的样品占总样品数的21%。渗透率大于0.05mD的样品占总样品数的9%,平均渗透率为0.163mD。孔隙度为0.5%～4.0%,变化范围较大,平均为1.82%。长9段

28个页岩样品的实验室分析表明,其孔隙度为1.1%~3.4%,渗透率为0.0034~0.0200mD。

长7段、长9段页岩孔隙度较低,最高为4.0%,平均孔隙度为2%,表明该区陆相页岩物性较差,游离气储集条件相对较差。

含气性特征:根据研究区6口井不同层位的岩心样品现场解吸数据和多项式方法计算,总含气量为2.04~8.10m^3/t。

根据解剖区长7段+长9段温压条件(页岩埋深800~1600m,平均地热梯度为3.3℃/100m,平均地层温度近50℃),开展在50℃温度条件下的页岩甲烷吸附等温实验测试。实验测试显示,长7段页岩甲烷吸附气量在压力小于8MPa的实验条件下随压力增加而显著增大,在压力大于8MPa时则多数样品的甲烷吸附量基本不再增加,最大吸附气量为1.17~3.68m^3/t,平均为2.46m^3/t;长9段页岩在12.693MPa实验压力下的甲烷最大吸附量为1.58~2.62m^3/t,平均为2.04m^3/t。

实验结果表明,长7段页岩样品在5MPa压力下最大吸附气量均已达到最低工业标准1m^3/t,部分样品甚至超过2m^3/t,解剖区长7段地层压力约为7MPa,可见在地层条件下页岩具有很好的吸附能力。

2)下寺湾页岩气资源潜力

采用容积法对区内页岩气资源量进行预测,长7段地质资源量为5318.27×$10^8 m^3$,长9段地质资源量为3067.29×$10^8 m^3$,总资源量为8385.56×$10^8 m^3$。

第五章　非常规油气资源评价

我国非常规油气资源在勘探程度和认识程度上总体偏低，不同类型非常规资源的地质特征和分布规律又各有特点，因此准确获取关键评价参数对客观评价非常规油气资源潜力至关重要。在非常规油气资源评价中，通过刻度区解剖和参数研究，共建立 71 个非常规资源评价刻度区，其中国内刻度区 43 个、国外 28 个，研究成果为资源评价提供了类比关键参数与取值标准。在非常规资源评价方法上，主要采用新研发的小面元容积法、EUR 类比法、分级资源丰度类比法，部分采用容积法/体积法、含气量法进行了资源计算。本章重点介绍七类非常规油气资源的评价流程和评价结果。

第一节　致密油资源评价

一、致密油界定及评价范围

致密油内涵：按照近年来致密油的勘探实践和研究认识，文中资源评价把致密油界定为夹持在或紧邻生油岩的在致密碎屑岩或碳酸盐岩中聚集的石油，储层覆压基质渗透率不大于 0.1mD。单井一般无自然产能或自然产能低于工业油流下限，但在一定经济条件和技术措施下可获得工业产量。这些措施包括酸化压裂、多级压裂、水平井等。

评价范围：涵盖已发现致密油的含油气盆地以及具有致密油成藏条件的重点层系和外围中小盆地，主要包括鄂尔多斯盆地上三叠统长 7 段，松辽盆地上白垩统扶余油层和高台子油层，准噶尔盆地吉木萨尔凹陷中二叠统芦草沟组，渤海湾盆地冀中坳陷束鹿凹陷古近系沙三段、歧口凹陷沙四段、沧东凹陷孔二段、辽河西部凹陷雷家地区和大民屯凹陷沙四段，三塘湖盆地马朗凹陷中二叠统条湖组、芦草沟组，柴达木盆地扎哈泉地区上干柴沟组，二连盆地白垩系阿尔善组和腾一段等。

依据储层与烃源岩的位置关系，致密油可分为源上、源下和源内三种类型（图 5-1），以源内为主（表 5-1）。储层根据岩性可划分为三类：(1) 砂岩，主要为三角洲前缘和前三角洲形成的砂—泥薄互层沉积体，以及由砂质碎屑流和浊流形成的以砂质为主的丘状混合沉积体。(2) 碳酸盐岩，包括白云岩、白云石化岩类、介壳灰岩、藻灰岩和泥质灰岩等。(3) 混积岩，包括在同一岩层中陆源碎屑与碳酸盐岩组分、沉凝灰岩等的混合，以及陆源碎屑与碳酸盐岩层、沉凝灰岩等构成交替互层或夹层的混合。烃源岩根据岩性和有机质丰度可划分为四类：(1) 高丰度纹层状藻类页岩，其有机质丰度最高，为我国陆相盆地的致密油主力烃源岩；(2) 中—高丰度泥岩，有机质丰度较高，为我国陆相致密油重要烃源岩；(3) 中—高丰度沉凝灰岩、泥灰岩，有机质丰度较高，为我国陆相致密油另一类重要烃源岩；(4) 低丰度泥页岩，有机质丰度一般，生油能力偏差，但也能形成规模致密油区（表 5-2）。

源内
a类：储层为厚层砂岩、白云岩、石灰岩等；以鄂尔多斯长7段、辽河坳陷雷家地区、大民屯地区沙四段、四川侏罗系凉高山组、大安寨段为代表

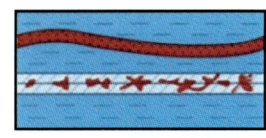

b类：储层为薄层砂岩、白云质砂岩等；以吉木萨尔凹陷芦草沟组、三塘湖凹陷芦草沟组、沧东凹陷孔店组、松辽盆地高台子油层、柴达木盆地扎哈泉、二连盆地阿尔善、腾格尔为代表

c类：储层泥灰岩；以华北束鹿盆地沙三段下亚段为代表

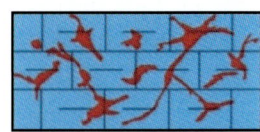

源下
以松辽盆地扶余油层、鄂尔多斯盆地长8段为代表

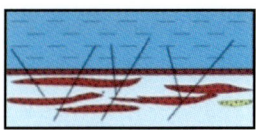

源上
以鄂尔多斯盆地长6段、四川盆地侏罗系沙溪庙组为代表

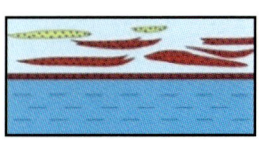

 烃源岩　 致密油　 砂体　 白云岩　 泥灰岩

图 5–1　致密油成藏类型

表 5–1　中国重点盆地致密油参数表

盆地	层位	压力系数	原油密度（g/cm³）	含油饱和度（%）	类型
渤海湾	沙河街组	1.30～1.80	0.67～0.85	60～70	源内
四川	大安寨段	1.23～1.72	0.76～0.87	70～80	源内
松辽	泉四段	1.20～1.58	0.78～0.87	40～60	源下
松辽	青二段、青三段	1～1.2	0.86	60～70	源内
鄂尔多斯	延长组	0.75～0.85	0.82～0.86	70～80	源内
准噶尔	芦草沟组	1～1.32	0.88～0.92	60～95	源内
三塘湖	芦草沟组	1.2～1.3	0.75～0.85	50～92	源内

表 5–2　陆相盆地致密油烃源岩类型划分表

类别	TOC（%）	R_o（%）	生烃潜力（mg/g）	实例
高丰度泥页岩	5.0～20.0	0.5～2.0	12.0～75.0	鄂尔多斯盆地长 7_3 段、准噶尔盆地芦草沟组、松辽盆地青一段、渤海湾盆地沙三段、沙四段—孔店组
中—高丰度泥岩	2.0～8.0	0.5～2.0	3.0～21.0	鄂尔多斯盆地长 7_2 段、松辽盆地青一段、渤海湾盆地沙一段
中—高丰度沉凝灰岩、泥灰岩	1.0～15.0	0.7～1.2	5.0～75.3	渤海湾盆地束鹿凹陷沙三段下亚段、三塘湖盆地二叠系
低丰度泥页岩	0.5～1.5	0.6～1.8	2.0～5.0	四川盆地大安寨段、柴达木盆地 N_1—E_3

二、地质评价及关键参数

1. 地质评价

致密油整体呈连续或准连续状分布于含油气盆地中。致密油在储层中赋存状态复杂,其分布不同于常规油气受控于二级构造单元,分布范围不受构造带等控制,而是呈大面积连续型分布于盆地中心、斜坡区等。受相对稳定构造背景、广覆式分布烃源岩、大面积分布非均质储层以及源储紧邻或一体等地质条件控制,呈现大面积连续分布和局部富集的特征。

勘探实践表明,致密油形成条件和主控因素与常规油有显著区别。

(1) 宽缓的坳陷—斜坡区为致密油成藏有利背景。通常情况下,致密油一般发育在前陆或坳陷盆地的平缓斜坡上,地层倾角小于5°。鄂尔多斯盆地长7段致密油发育在坳陷盆地的平缓斜坡上,地层倾角2°~5.5°;四川盆地中—下侏罗统致密油发育在前陆—陆内坳陷的平缓斜坡上,地层倾角2°~5°。

(2) 广覆式分布的优质烃源岩,热演化程度适中。目前我国已发现的致密油储量区块均位于大面积分布的优质烃源岩区,热演化程度R_o为0.6%~1.3%。从图5-2来看,除四川盆地侏罗系、柴达木盆地干柴沟组和渤海湾盆地束鹿凹陷泥灰岩丰度较低(TOC平均为1.0%)外,我国致密油烃源岩丰度普遍较高,平均高于2.0%。尤以鄂尔多斯盆地长7段优质烃源岩TOC值最高,平均在13%以上。

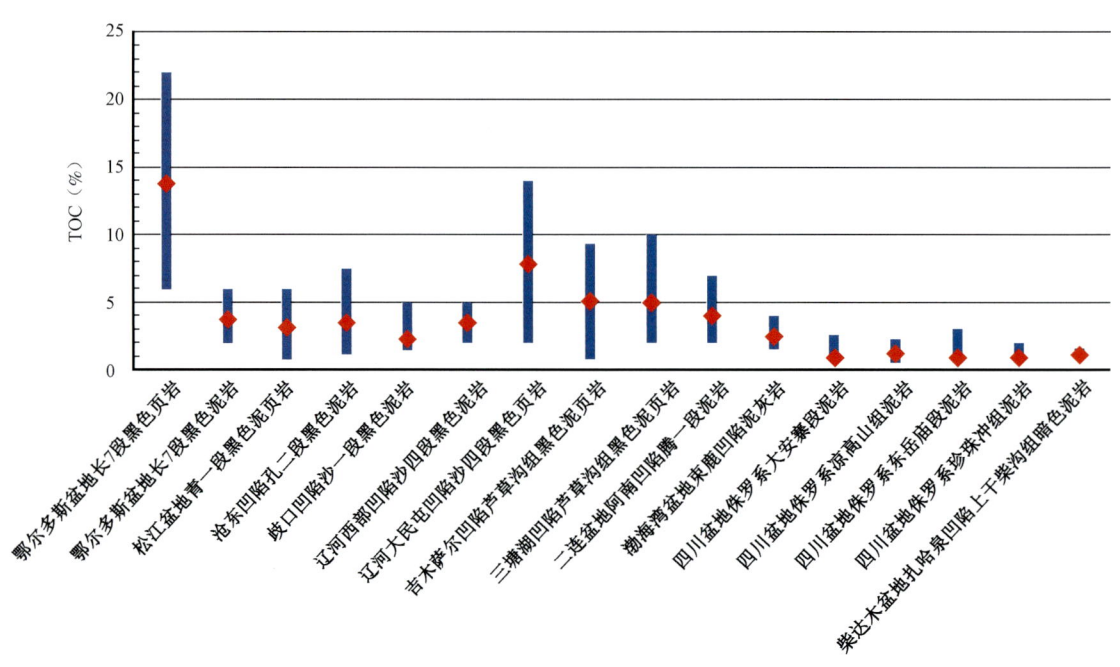

图5-2 我国致密油烃源岩有机质丰度分布图
蓝色条为分布范围,红色菱形点为均值

需要指出的是,尽管四川盆地侏罗系、柴达木盆地干柴沟组和渤海湾盆地束鹿凹陷泥灰岩丰度较低,但由于该类烃源岩形成于咸化湖盆环境,烃类转化效率高,也可以形成扎哈泉、公山庙和束鹿等规模致密油藏。

(3)烃源岩和储集体大面积紧密接触。致密油以短距离运聚为主,烃源岩与储集体大面积紧密接触是成藏的关键条件。如鄂尔多斯盆地长 7 段致密砂岩储层与优质黑色油页岩、暗色泥质、深灰色泥岩呈互层交互,叠置面积大于 $4\times10^4\mathrm{km}^2$。纵向上,多期砂体往往错综叠置,累计厚度大,一般为 30~100m,平面上延伸范围距离可达 150~200km,埋深为 2000~4500m。

(4)储集体总体致密,但具备一定规模的孔隙。储层岩性致密、物性差是致密油基本特征。由于沉积物成熟度低,颗粒细,分选差,胶结物含量高,成岩作用强烈,导致储层孔隙度低,变化幅度大,一般不大于12%,地下渗透率多小于 0.1mD,横向非均质性更强(表 5-3)。鄂尔多斯盆地三叠系延长组长 7 段砂岩、准噶尔盆地二叠系芦草沟组白云质粉砂岩储层孔隙度一般为 4%~10%,地下渗透率小于 0.1mD 的样品比例占 80%~92%,与美国的 60%~95%相近,均超过了 50%。致密油层多为砂泥岩交互,粉砂岩与白云岩、泥灰岩互层,砂层及白云岩厚度及层间渗透率变化大。

表 5-3 我国陆相致密油储层物性表

盆地类型	盆地/层位	主要岩性	有利面积（km^2）	单层厚度（m）	孔隙度（%）	渗透率（mD）
坳陷湖盆	鄂尔多斯延长组长 7 段	粉—细砂岩	2.5×10^4	3~15	4~10	<0.3
	松辽盆地扶余油层	粉砂岩、泥质粉砂岩	1.8×10^4	1~5	5~12	<1
	松辽盆地高台子油层	粉砂岩、泥灰岩	1.5×10^4	0.5~3	4~12	0.02~1
	四川盆地侏罗系大安寨段	介壳灰岩	3.8×10^4	0.3~1.2	1~3	<0.1
	柴达木盆地西部 E_3^2	藻灰岩、泥晶灰(云)岩	1200	8~20	3~7	0.1~10
	柴达木盆地柴西南 N_1	粉—细砂岩	1100	2~6	3~8	0.1~1
断陷/裂谷湖盆	渤海湾束鹿凹陷沙三段下亚段	泥灰岩	270	1~15	0.5~2.5	0.04~4
	渤海湾盆地沧东凹陷孔二段	粉—细砂岩、白云岩	1500	8~30	6~13	0.06~1
	渤海湾盆地歧口凹陷沙一段	白云岩、砂质云岩	1200	0.5~12	2~16	<1
	渤海湾盆地辽河西部凹陷沙四段	泥质云岩	300	1~20	4~12	<1
	准噶尔盆地吉木萨尔凹陷芦草沟组	白云质粉—细砂岩、砂屑云岩	1300	1~27	6~16	<0.1
	三塘湖盆地芦草沟组	石灰岩、白云岩、沉凝灰岩	1000	10~50	2~16	0.01~1

(5)生烃增压、微裂缝沟通、微纳米级孔喉发育是致密油聚集的关键,甜点控制富集高产。强大的源储压差是致密油连续充注聚集的原动力,如鄂尔多斯盆地长 7 段源储压差一般为 5~15MPa,是致密油运移聚集的主要动力;微裂缝沟通有利于致密油的垂向运聚,如鄂尔多斯盆地长 7 段高角度缝、水平缝较发育,高角度缝密度 0.23 条/m;致密油储集空间以微米级孔隙为主,运聚通道以纳米级喉道为主,鄂尔多斯盆地长 7 段孔隙半径主要分布在 2~12μm 之间。

致密油"甜点"控制富集。"甜点"体发育区除具有较好的构造背景、优质烃源岩、储层大面积分布以及保存条件较好外,通常其基质孔隙度高、覆压渗透率高和裂缝发育等特征较为突出。鄂尔多斯盆地长 7 段致密油储层孔隙度一般小于 8%,渗透率小于 0.2mD,而"甜点"体孔隙度可达 8%~12%,渗透率为 0.2~0.4mD。

从上述分析看,致密油主要分布在湖盆内部碳酸盐岩发育区和相对深水的水下三角洲砂体、重力流砂体发育区。三种不同成因类型致密油的分布特征分别为:(1)湖相碳酸盐岩致密油。分布广泛,凹陷和斜坡区都有发现,该类油层夹持在半深湖—深湖相暗色泥页岩中,埋深适中,一般小于 3500m。目前该类致密油在准噶尔盆地和三塘湖盆地二叠系、柴达木盆地和渤海湾盆地古近系等均有发现。例如,准噶尔盆地吉木萨尔中二叠统芦草沟组纵向上发育上下两套"甜点",上"甜点"体为碳酸盐岩滩、坝沉积,厚度为 10~40m;下"甜点"体为三角洲远沙坝与席状砂白云质粉—细砂岩,厚度为 20~70m。平面上均分布于有效烃源岩分布区,上"甜点"大于 10m 的面积为 410km^2,下"甜点"大于 20m 的面积为 963km^2。(2)湖相水下三角洲砂岩致密油。该类致密油在中国分布最广泛,松辽盆地青山口组和泉头组、渤海湾盆地沙河街组、鄂尔多斯盆地延长组以及四川盆地中—下侏罗统中均有发现。例如,松辽盆地上白垩统致密油,纵向上主要分布在泉头组(扶余油层)与青山口组青二段、青三段(高台子油层)的致密砂岩中,多套薄层砂体纵向叠置发育,埋藏深度一般小于 2000m;平面上,以三角洲前缘相为主,主要分布在松北的大庆长垣、齐家—古龙与三肇周边以及松南的大安北、高家、查干泡、让字井与大情字井等地区。(3)深湖重力流砂岩致密油。该类致密油在鄂尔多斯盆地延长组、渤海湾盆地沙河街组等地层中均有发现,其中最典型的代表是鄂尔多斯盆地上三叠统延长组长 7 段致密油(见图 2—5),具有油藏规模大、砂层厚(平均油层厚度 10.7m)、分布范围广(有利面积 3×10^4km^2)、构造背景简单等特征。纵向上,致密砂岩油层主要发育在长 7_1 亚段、长 7_2 亚段;平面上,致密砂岩油层主要分布在紧邻生烃中心的姬塬地区三角洲前缘和湖盆中部陇东地区重力流砂体。

2. 关键参数

致密油资源评价参数包括地质评价参数和资源计算关键参数。

致密油资源计算的关键参数主要包括:评价区面积,储层有效厚度,含油饱和度,有效孔隙度,原油密度,类比系数,EUR,单井控制面积等。

(1)评价区面积:源储叠合范围 + 致密油气层厚度 + 埋深 + 地质 + 地貌综合取值。

(2)类比系数:优选刻度区,对照刻度区类比参数,结合地质分析,综合取值。

(3)有效厚度:依据露头、井下资料,结合构造、沉积分析,按频率分布,综合取值。

(4)有效孔隙度:根据样品实测资料,结合测井和地震数据,按频率分布,综合确定取值。

(5)类比系数:根据油气成藏条件地质风险评价结果,逐一类比评价区与所选的刻度区,求出对应相似系数。计算公式如下:

$$a = R_f / R_c \tag{5-1}$$

式中 a——评价区与刻度区类比的相似系数;

R_f——评价区油气成藏条件地质评价结果,即把握系数;

R_c——刻度区油气成藏条件地质评价结果,即把握系数。

油地质资源量尽管较大,但由于储层非均质性很强,物性差,可采系数低,可采资源量相对较低。

表5-4 中国陆上重点盆地致密油资源量表

盆地	层位	面积(km^2)	地质资源量($10^8 t$)			可采资源量($10^8 t$)		
			探明	剩余	总资源量	探明	剩余	总资源量
鄂尔多斯	上三叠统延长组7段	78879	1.006	28.994	30	0.118	3.392	3.51
松辽	$K_2 q_{2+3}^n$, $K_1 q_4$	20507	2.588	19.818	22.406	0.463	2.263	2.726
渤海湾	Es_1, Es_2, Es_3, Ek_2	16703	0.968	19.029	19.997	0.146	2.055	2.201
准噶尔	$P_2 l$, $P_1 f$, $P_2 p$	8026	0.320	19.470	19.790	0.075	1.168	1.243
四川	J	53010	0.812	15.316	16.128	0.051	1.237	1.288
柴达木	N_1, N_2, E_3	8050	0.066	8.510	8.576	0.009	0.688	0.697
三塘湖	$P_2 t$, $p_2 l$	2239	0.330	4.301	4.631	0.021	0.220	0.241
二连	K_1	896	0	2.983	2.983	0	0.310	0.310
酒泉	$K_1 g_{2+3}$	231	0.188	1.101	1.289	0.030	0.096	0.126
合计			6.277	119.522	125.799	0.913	11.428	12.341

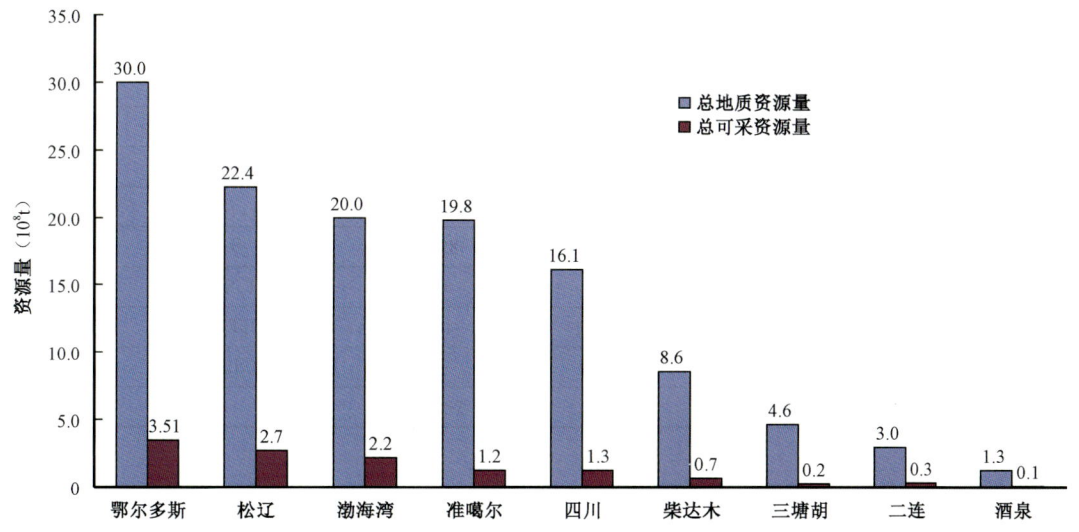

图5-4 中国陆上重点盆地致密油地质资源量与可采资源量

第二节 致密砂岩气资源评价

一、致密砂岩气内涵及评价范围

致密砂岩气(以下称致密气)是指覆压基质渗透率不大于0.1mD的致密砂岩气层,单井一般无自然产能或自然产能低于工业气流下限,但在一定经济条件和技术措施下可获得工业天然气产量。通常情况,这些措施包括压裂、水平井、多分支井等。

致密气评价的范围主要包括已实现致密气开发或发现致密气的盆地及层系,主要包括鄂

(6)可采系数:可采资源量与地质资源量的比值。可采系数的大小与油气性质、油气藏特征、储层物性及其非均质性等多项因素有关。由于我国致密油勘探开发时间短,可采系数研究还不成熟,主要采用类比法和单井 EUR 推算法。即通过类比确定不同条件下资源的可采系数。通常要先建立刻度区,确定刻度区可采系数后再进行类比评价。类比的对象可以是同一盆地,也可以是其他盆地,甚至可以是国外致密油气盆地。

EUR 外推法确定可采系数。首先采用单井生产曲线外推,确定单井最终可采储量,再根据该井单井控制地质储量,计算单井可采系数。如准噶尔盆地吉木萨尔凹陷中二叠统芦草沟组致密油上、下甜点区单井可采系数的计算,通过近两年生产曲线的拟合,上部致密油段吉 172 – H 水平井 EUR 为 $2.74 \times 10^4 t$,根据压裂数据(压裂段长、水平井长),可计算单井控制的泄油面积和体积(图 5 – 3),计算出泄油体积内的地质资源量为 $45.55 \times 10^4 t$ 后,求出该井的可采系数为 6%。同样对于下致密油段,采用直井吉 174 生产曲线,可以计算该井的可采系数为 5.1%。

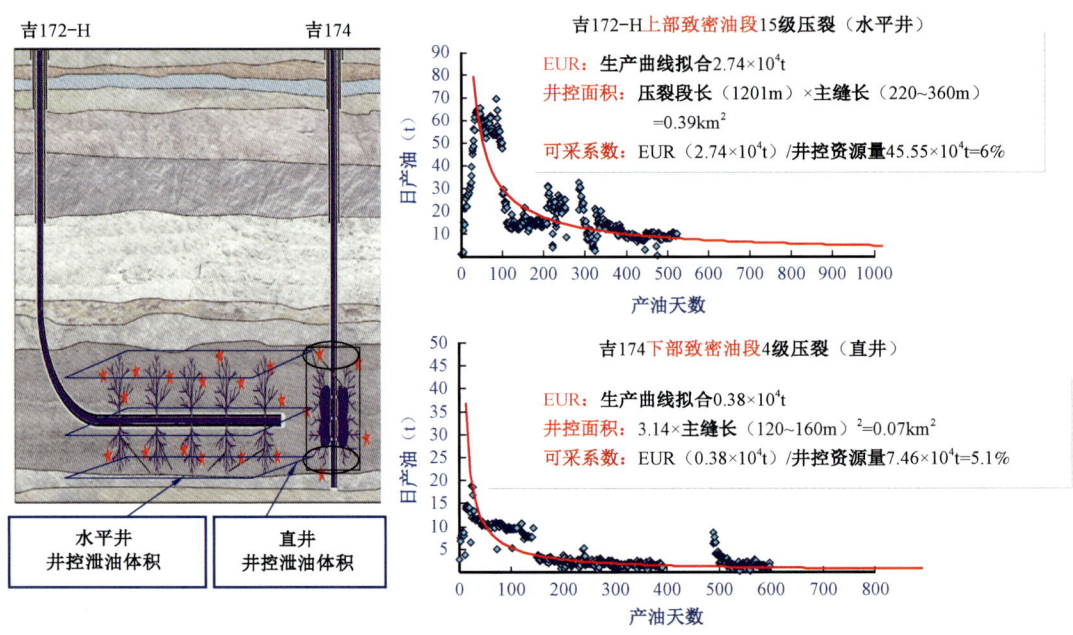

图 5 – 3 准噶尔盆地吉木萨尔凹陷芦草沟组单井可采系数计算过程图

三、致密油资源评价结果

书中主要采用资源丰度类比法、小面元容积法和 EUR 类比法等,系统评价了 9 个重点盆地的致密油资源量。评价结果为致密油地质资源量 $125.8 \times 10^8 t$,可采资源量 $12.34 \times 10^8 t$。目前已探明地质储量 $6.3 \times 10^8 t$。

致密油资源集中分布在鄂尔多斯盆地、松辽盆地、渤海湾盆地、准噶尔盆地和四川盆地(表 5 – 4,图 5 – 4),以鄂尔多斯致密油资源潜力最大,地质资源量 $30 \times 10^8 t$,可采资源量 $3.51 \times 10^8 t$;其次是松辽盆地,地质资源量 $22.4 \times 10^8 t$,可采资源量 $2.7 \times 10^8 t$,渤海湾盆地和准噶尔盆地资源量相当,地质资源量分别为 $20 \times 10^8 t$、$19.8 \times 10^8 t$,可采资源量分别为 $2.2 \times 10^8 t$、$1.2 \times 10^8 t$。需说明的是,本书所指的渤海湾盆地致密油资源量,不包括中国石化矿权区致密油资源。此外,从致密油地质资源量与可采资源量评价结果看,准噶尔盆地、四川盆地致密尔多斯盆地石炭系—二叠系、四川盆地三叠系须家河组、吐哈盆地侏罗系、准噶尔盆地二叠系、松辽盆地白垩系沙河子组和营城组、塔里木盆地侏罗系阿合组、渤海湾盆地沙河街组等。

致密储层范围界定标准为覆压基质渗透率不大于0.1mD的致密储层所占比例大于80%，平面上分布范围较大。烃源岩界定标准为，Ⅱ型、Ⅲ型煤系烃源岩要求R_o一般大于1.0%，以Ⅰ型、Ⅱ型为主的烃源岩一般要求TOC大于1.5%、R_o大于1.3%，分布范围较大。

二、形成条件及富集主控因素

勘探实践表明，致密气成藏与常规油气有显著区别。致密气成藏主要受构造背景、优质烃源岩、大面积非均质致密储层、源储紧密接触等因素控制。

1. 稳定宽缓的构造背景是致密气成藏的前提条件

致密气储层几乎分布在所有盆地类型中，陆相断陷盆地、坳陷盆地、前陆盆地和海相克拉通盆地均普遍发育。虽然盆地类型不同、致密储集体和展布特征不同，但均具有稳定宽缓的构造背景。

稳定宽缓的构造背景，主要特征是以整体升降作用为主，沉积地层变形弱，发育大面积平缓的斜坡构造，利于浅水三角洲砂体(见图2－13)、水下扇扇端砂体、浊积砂和深水席状砂发育，多呈环(条)带状和席状大面积分布。

稳定区是致密储层发育的有利区，包括陆相断陷盆地的缓坡一侧、克拉通内坳陷湖盆中央的凹陷—斜坡区、裂谷背景上的坳陷型盆地内部、前陆湖盆的前陆凹陷—斜坡一侧和克拉通盆地内部的广阔地区等。这些地区的共同特征是控制沉积作用和差异升降断裂不发育，构造相对稳定，利于致密储层大面积分布，在不同地质历史时期的古地理环境下，沉积层序总体由凹陷向斜坡区减薄、相变，甚至尖灭缺失，以岩性圈闭、地层—岩性圈闭为主，致密储层纵向上相互叠置，平面上复合连片大面积分布。

2. 广覆式优质烃源岩是致密气成藏的重要物质基础

大面积有利的烃源岩是致密气形成的重要物质基础(表5－5)，致密气藏的烃源岩以煤系地层为主，如北美落基山地区白垩系—古近系致密砂岩气藏，我国鄂尔多斯盆地石炭系—二叠系与四川盆地上三叠统须家河组致密砂岩气藏。与常规油气相比，致密气更强调大面积高丰度烃源岩源内或近源短距离供烃特征，其他生烃指标与演化参数等特征基本相同。

表5－5　中国与北美致密气源岩主要特征对比

主要特征	致密气烃源岩	
	北美	中国
沉积背景	海相—海陆过渡相	陆相—海陆过渡相
岩性	煤层和泥页岩	煤系和泥岩
干酪根类型	Ⅲ型为主	Ⅲ型为主
厚度(m)	3～15(煤层)	2～20(煤层)
TOC(%)	2～10	1.9～3.2
R_o(%)	0.8～1.45	1.0～2.8
分布范围(km^2)	几百～几万	几百～几千
分布特征	稳定，面积大	厚度与面积变化大

煤系烃源岩具有有机碳含量高、成熟度高和生气量大的特征。分析中国与北美典型致密气藏的成藏地质条件(表5-6),主要以煤系地层的Ⅲ型干酪根为主,分布面积广,热演化程度高,生气高峰期出现早,持续时间较长,甚至现今仍在生气,为致密气持续充注提供了充足气源。我国煤系烃源岩发育,为致密气形成创造了有利条件。

表5-6 中美主要致密气盆地烃源岩特征对比

盆地	北美落基山地区			中国	
	阿尔伯达(加)	大绿河	圣胡安	鄂尔多斯	四川
层位	下白垩统	上白垩统—古近系	上白垩统	石炭系—二叠系	须家河组
岩性	煤层和暗色泥页岩	煤层和含有机质泥页岩	煤层和含有机质泥页岩	煤系和泥岩	煤系和泥岩
沉积环境	浅海沉积平原、三角洲平原	冲积平原—三角洲平原	滨海平原沼泽	河流—三角洲—湖泊	河流—扇三角洲—湖泊
有机质类型	Ⅲ型为主	Ⅲ型为主	Ⅲ型为主	Ⅲ型为主	Ⅲ型为主
TOC(%)	10~80,平均10	0.04~20.5,平均2.04	>2	1.92~3.2(泥岩),62.9(煤层)	1.9
R_o(%)	0.9~1.3	0.8~1.3	0.8~1.45	1.1~2.8	1.0~2.0
煤层厚度(m)	3~9	12	9~15	6~20	4.1
分布面积($10^4 km^2$)	13		1.94	13.8	5
总生气量($10^{12} m^3$)	257	2.4	2.3		2.6

3. 大面积分布的非均质致密储层利于致密气规模成藏

在宽缓的凹陷与斜坡地区,由于相带宽、发育稳定,利于形成大面积致密储层。由于沉积环境变化、岩石类型分异、成岩作用不同和构造改造程度差异等因素,致密储层非均质性强。

致密砂岩储层的形成主要受沉积作用、成岩作用和构造作用三大因素影响。沉积环境能量相对较低、成分和结构成熟度低、杂基含量高等因素是储层致密的基本条件;破坏性成岩作用(胶结、压实和充填作用等)导致原生孔隙大量减少,以及建设性成岩作用产生次生孔隙的作用欠发育是储层致密的重要因素;受构造作用控制的溶蚀和破裂等建设性作用的发育程度是致密储层区优质储层发育的关键因素。因此,致密砂岩的成因可以划分为两种类型:一类是受沉积条件的控制,分选不好,造成原始状态以致密砂岩为主;另一类是复杂成岩作用和构造作用导致储层致密。

致密砂岩储层孔隙类型以粒间及粒内溶孔、粒间微孔、微裂缝等次生孔隙为主,原生孔隙少见。储层孔隙度、渗透率低是致密砂岩储层的基本特征[见图2-14(a)],孔隙度一般在2%~10%之间,渗透率在0.001~1mD之间。例如,四川盆地上三叠统须家河组致密砂岩储层孔隙以次生孔为主,少量原生孔,局部发育裂缝。据铸体薄片鉴定,孔隙以次生孔隙(85%)为主,少量残余粒间孔(7%)、杂基微孔(8%);储层物性差[见图2-14(b)],孔隙度、渗透率之间相关性较差,相关系数(R^2)仅为0.27,表明渗透率大小不仅与总孔隙多少有关,更主要受孔隙结构、裂缝发育状况控制。

4. 源储紧邻、近源运聚是致密气成藏基本特征

源储紧密接触是致密气的重要地质特征。我国鄂尔多斯盆地下二叠统山西组和下石盒子组、四川盆地三叠系须家河组等致密气，均具有典型的源储紧邻的特征。与常规油气相比，致密气强调大面积源储共生，紧密接触。

致密气烃源岩与储层大范围紧密接触。目前发现的致密气普遍具有源储大范围紧密接触的配置特征。鄂尔多斯盆地石炭系—二叠系石盒子组和山西组、四川盆地三叠系须家河组均为煤系地层沉积体系，表现为湖盆宽阔、水体不深、砂体连片发育，平面上非均质性致密储层与烃源岩紧密接触大范围连续成藏。由于河流改道、交叉、归并频繁，但保持时间较长，因而形成的相带宽泛，单期河道数量多、规模有限，多期河道叠置、归并、侧接而形成宏观上呈席状、微观上有较大非均质性的砂岩复合体。

例如，广安气田是四川盆地须家河组已发现的主要气田之一，其主力气层为须四段和须六段。根据测井和岩心物性分析资料，须六段共解释出 6 个储层段，分别为气层、气水同层和含气水层。这 6 个储层段中间被致密砂岩或泥岩隔开，使得单个气层高度较小，一般在 4～12m 之间，面积为 51.0～218.5km^2。储层段的物性较好，孔隙度为 10.0%～11.8%，渗透率为 0.67～0.89mD，排替压力为 0.34～1.32MPa，以中砂岩和中—细砂岩为主。隔层的物性较差，孔隙度为 2.8%～5.5%，渗透率为 0.01～0.05mD，排替压力为 0.94～8.38MPa，都是非常致密的砂岩或泥岩，厚 4～13m，分布面积大。

短距离运移聚集是致密气成藏的主要方式。在平缓的区域构造背景下，致密气藏的形成过程主要受烃源岩热演化、生排烃过程和构造作用等因素控制，微裂缝、层理面和孔隙喉道中赋存的气水关系复杂。通常认为致密气烃源岩生烃膨胀增压、脉冲式排烃和气体扩散作用是生排烃的主要动力，构造破裂缝与水力压裂形成的裂缝为主要运移通道，具有非浮力、非优势方位、一次运移或短距离二次运移、大面积聚集特征。与常规油气遵循达西渗流机理、浮力聚集、重力分异，以及具有优势运移方位和通道、远距离二次运移等运聚特征形成鲜明对比。

由于致密储层渗流能力较差，在不存在优势运移通道的情况下，天然气可以在微孔喉中运移，在源内或近源呈层状聚集。四川盆地须家河组能够形成大型气区，是须家河组源储一体、超压驱替、近距离运移与层状聚集等典型特征的综合体现（见图 2－16）。

总体来看，我国致密气成藏特征主要表现为天然气在致密储集体中大规模成藏，气田大型化分布，呈现大面积与大范围成藏两种典型特征。大面积成藏指"甜点砂岩"和致密砂岩均不同程度聚集天然气，类似于国外所称的连续性聚集，主要形成于烃源岩大面积分布且总体生气强度较高的地区。大范围成藏指由于气源灶或储集体的不连续性，导致相同或相似条件下的天然气藏总体在大范围内不连续分布。

我国致密气总体属低丰度气藏。如鄂尔多斯盆地苏里格中部盒 8 段刻度区，面积为 4826.95km^2，储层平均有效厚度为 4.09m，平均孔隙度为 9.01%，平均含气饱和度为 62.33%，地质资源量为 5138.01×10^{8}m^3，资源丰度为 1.06×10^{8}m^3/km^2；苏里格中部山 1 段刻度区，面积为 4826.95km^2，储层平均有效厚度为 5.5m，平均孔隙度为 7.68%，平均含气饱和度为 60.82%，地质资源量为 2094.27×10^{8}m^3，资源丰度 0.43×10^{8}m^3/km^2；四川盆地安岳—合川须二段刻度区，面积为 6733km^2，储层平均有效厚度为 19.1m，平均孔隙度为 8.6%，平均含气饱和度为 58%，地质资源量为 11187.11×10^{8}m^3，资源丰度为 1.66×10^{8}m^3/km^2。

三、致密砂岩气资源评价结果

利用小面元容积法、资源丰度类比法和快速评价法等非常规油气资源评价新方法,系统评价了7个重点盆地的致密气资源量(表5–7)。评价结果为致密气地质资源量21.86×10^{12}m^3,可采资源量10.9×10^{12}m^3;目前已探明地质资源量7.4×10^{12}m^3,可采资源量3.96×10^{12}m^3;剩余地质资源量14.4×10^{12}m^3,可采资源量7×10^{12}m^3。

表5–7 中国陆上重点盆地致密气资源量表

盆地	层位	面积（km^2）	致密气地质资源量(10^{8}m^3)			致密气可采资源量(10^{8}m^3)		
			探明	剩余	地质	探明	剩余	可采
鄂尔多斯	C—P	120000	60189.51	72990.87	133180.38	33334.02	38023.32	71357.34
四川	T$_3$x,J	128976	12844.03	27000.85	39844.88	5779.82	12150.38	17930.20
塔里木	J$_1$a	3157	530.35	11816.15	12346.50	265.17	6338.39	6603.56
松辽	K$_1$yc、K$_1$sh、J$_3$h	19333	372.99	22108.63	22481.62	159.20	9090.12	9249.32
吐哈	J$_2$x,J$_1$	17000	132.35	4955.31	5087.66	50.30	1890.30	1940.60
渤海湾	Es$_1$、Es$_2$、Es$_3$	19934	103.98	4130.62	4234.60	48.53	1760.58	1809.11
准噶尔	P$_1$j	1373		1468.00	1468.00		496.00	496.00
合计			74173.21	144470.43	218643.64	39637.04	69749.09	109386.13

致密气资源集中分布在鄂尔多斯盆地的石炭二叠系,地质资源量13.32×10^{12}m^3,可采资源量7.14×10^{12}m^3(表5–7)。其次是四川盆地三叠系和侏罗系,地质资源量3.98×10^{12}m^3,可采资源量1.79×10^{12}m^3,其中三叠系须家河组资源量最大,地质资源量3.16×10^{12}m^3,侏罗系仅为8277×10^{12}m^3。松辽盆地的白垩系致密气集中发育在营城组和沙河子组,松辽南部火石岭组也有一定的资源潜力,全盆地致密气地质资源量2.25×10^{12}m^3、可采资源量9249×10^{8}m^3。塔里木盆地库车坳陷侏罗系阿合组发育致密气,地质资源量1.23×10^{12}m^3、可采资源量6603×10^{8}m^3。吐哈、准噶尔和渤海湾盆地具有一定致密气资源潜力,地质资源量均小于5000×10^{8}m^3。

第三节 页岩气资源评价

一、页岩气内涵及评价范围

页岩气是以吸附态或游离态赋存于黑色富有机质、极低渗透率的页岩,泥质粉砂岩和砂岩夹层系统中的天然气。在覆压条件下,页岩基质渗透率不大于0.001mD。单井一般无自然产能或自然产能低于工业气流下限,但在一定经济条件和技术措施下可以获得工业天然气产量,通常情况下,这些措施包括水平井、多级压裂等。

页岩气资源评价,主要针对我国发育的三种页岩气资源展开评价:(1)海相页岩气资源,主要包括南方地区寒武系筇竹寺组和志留系龙马溪组;(2)海相交互相和陆相煤系地层页岩气资源,主要包括鄂尔多斯盆地的石炭系—二叠系、四川盆地三叠系、吐哈盆地和准噶尔盆地的侏罗系;(3)湖相页岩气资源,主要包括鄂尔多斯盆地三叠系、渤海湾盆地古近—新近系沙河街组、松辽盆地白垩系青山口组、准噶尔盆地二叠系芦草沟组等。海相页岩气资源是评价的重点。

二、地质评价及关键参数

1. 页岩气基本地质特征

1)海相页岩气基本特征

中国海相富有机质页岩发育在早古生代(表5-8),以克拉通内坳陷或边缘坳陷半深水—深水陆棚沉积为主。南方海相页岩分布范围广、层系多、厚度大,TOC含量高,有机质类型好,以Ⅰ—Ⅱ型为主,热演化程度以原油热裂解成气为主,气源充足,页岩储层有机质孔隙丰富,脆性矿物含量高,页岩气形成与富集条件整体优越,页岩气资源前景好。

南方海相页岩分布面积为 $9.7 \times 10^4 km^2$(石炭系旧司组)~ $87 \times 10^4 km^2$(寒武系筇竹寺组),累计厚度为200~1500m,平均厚度为500m。川西南、川南—黔北、川东—鄂西、川北、当阳—张家界、盐城—扬州、宁国—石台、黔南—桂中等地区厚度大。据TOC分布统计,海相页岩为连续型高TOC组合,连续厚度大,TOC含量为0.43%~25.73%,平均为1.23%~4.71%。目前,四川盆地局部地区实现了五峰组—龙马溪组海相页岩气规模工业化开发,筇竹寺组等层系勘探取得发现。五峰组—龙马溪组海相页岩气富集高产主要受四要素控制,即沉积环境、岩相组合、热演化程度和保存条件。

(1)半深水—深水陆棚沉积环境控制富有机质页岩分布,发育富有机质页岩集中段,横向分布稳定,是五峰组—龙马溪组页岩气形成与富集的最有利沉积相带。五峰组—龙马溪组富有机质页岩集中段位于其底部,TOC大于2%,连续厚度一般为20~100m,横向分布稳定。据实钻资料统计,富顺—永川地区集中段页岩厚度介于40~100m之间,威远地区厚度介于30~40m之间,长宁地区厚度介于30~60m之间,涪陵地区厚度介于38~45m之间。

(2)有机质丰度高、类型好,以热裂解成气为主,为页岩气形成与富集提供了丰富的气源。四川盆地及邻区五峰组—龙马溪组钻探普遍含气,筇竹寺组TOC值虽也较高,但含量普遍低于 $2.0 m^3/t$,单井测试初始产量为 $(1.0~2.8) \times 10^4 m^3/d$。推测筇竹寺组热演化程度过高($R_o$ 均大于3.4%),造成页岩有机质碳化、有机质孔降低,导致含气量降低。

(3)富硅质、富钙质页岩,发育基质孔隙和裂缝,是页岩气储层最有利的岩石类型。五峰组—龙马溪组页岩气主力产层以硅质页岩、钙质页岩为主,富含放射虫、海绵骨针等微体化石。硅质、钙质为生物成因或生物化学成因,高硅高钙有利于形成页岩基质孔隙与裂缝。一般孔径介于5~200nm之间,孔隙度为2.78%~7.08%、平均为4.65%;渗透率为0.001~0.058mD,平均为0.012mD,达到优质页岩储层的孔渗条件。

表5-8 中国海相富有机质页岩基本特征表

地区	页岩名称	时代	页岩面积(km^2)	页岩厚度(区间/平均,m)	TOC(区间/平均,%)	有机质类型	热成熟度(R_o,%)	脆性矿物含量(%)	黏土矿物含量(区间/平均,%)
华北地区	下马岭组	$Pt_2 jx$	>20000	50~170	0.85~24.3/5.14	Ⅰ	0.6~1.65	45.1~67.3	23.1~33.5
	洪水庄组	$Pt_2 jx$	>20000	40~100	0.95~12.83/2.84	Ⅰ	1.1	42.9~59.3	25.3~40.3
	平凉组	$O_2 p$	15000	50~392.4/162	0.1~2.17/0.4	Ⅰ—Ⅱ	0.57~1.5	30.7~68.2	23.1~44.5

续表

地区	页岩名称	时代	页岩面积（km²）	页岩厚度（区间/平均,m）	TOC（区间/平均,%）	有机质类型	热成熟度（R_o,%）	脆性矿物含量（%）	黏土矿物含量（区间/平均,%）
四川盆地及南方地区	陡山沱组	Z_2d	290325	10~233/60	0.58~12/2.02	I	2.0~4.5	28.5~56	25~42
	筇竹寺组	ϵ_1q	873555	20~465/225	0.35~22.15/3.44	I	1.28~5.2	28~78	8~47
	五峰组—龙马溪组	O_3w—S_1l	389840	23~847/225.75	0.41~25.73/2.57	I—II	1.6~3.6	21~44	10~65
	应堂组—罗富组	$D_{2+3}y$—$D_{2+3}l$	236355	50~1113/425	0.53~12.1/2.36	I—II	0.99~2.03	32~74	21~57/43
	旧司组	C_1j	97125	50~500/250	0.61~15.9/3.07	I—II	1.34~2.22	18~43	51~82/67.9
塔里木盆地	玉尔吐斯组	ϵ_1t	130208	0~200/80	0.5~14.21/2.0	I—II	1.2~5.0	55~82	4~44
	萨尔干组	$O_{2+3}s$	101125	0~160/80	0.61~4.65/2.86	I—II	1.2~4.6	54~86	14~45
	印干组	O_3y	99178	0~120/40	0.5~4.4/1.5	I—II	0.8~3.4	32~57	24~36
羌塘盆地	肖茶卡组	T_3x	141960	100~747/253	0.11~13.45/1.63	II	1.13~5.35	中等	低
	布曲组	J_2b	79830	25~400/181	0.3~9.83/0.55	III	1.79~2.4	中等	低
	夏里组	J_2x	114200	78~713/366	0.13~26.12/2.03	II	0.69~2.03	中等	中等

(4) 构造稳定、良好保存条件及地层超压控制页岩气富集与高产。焦石坝、长宁、威远气田均属构造稳定区，水平井单井测试初始平均产量在 $10\times10^4 m^3/d$ 以上。昭通、彭水含气区块构造复杂，含气性普遍较差。地层超压也是页岩气保存条件好的重要表现。四川盆地内五峰组—龙马溪组压力系数均大于1.2，为超压，页岩含气量大于 $4m^3/t$，普遍好于筇竹寺组。分析认为五峰组—龙马溪组产层上覆巨厚黏土质页岩，下伏泥质含量高、稳定性好的宝塔组石灰岩，自封闭能力强，易于形成超压页岩气层。

2) 海陆过渡相页岩气基本特征

海陆过渡相页岩主要为形成于石炭系—二叠系海陆交互相碎屑岩含煤建造中的富有机质页岩，有机质以陆源高等植物为主，页岩常与煤层共生、与砂岩互层。包括准噶尔盆地石炭系滴水泉组—巴山组（C_1d—C_2b）、华北地区石炭系本溪组（C_2b）、二叠系太原组（P_1t）、山西组（P_1s）和南方地区二叠系龙潭组（P_2l）（图5-5，图5-6）。华北地区石炭系—二叠系页岩分布面积 10×10^4~$20\times10^4 km^2$，总厚度为60~200m，最大累计厚度为300m，单层厚8~15m，最大单层厚40m。南方地区上二叠统龙潭组分布面积达 $87\times10^4 km^2$，四川盆地二叠系页岩最大厚度达150m以上，平均厚度大于50m，富有机质页岩厚度为20~60m。与海相相比，海陆过渡相页岩气形成与富集特征主要为（表5-9，表5-10）：

(1) 页岩大面积广覆式分布，湖沼相控制富有机质页岩厚度和分布规模。(2) 有利岩相组合为黏土质页岩和粉砂质页岩，脆性程度高。(3) 储集空间以基质孔隙（黏土矿物晶间、粒间孔、溶蚀孔）等为主，存在有机质孔隙，局部发育裂缝。(4) 成气条件好，有机质类型以 II_2 型—III 型为主，处在成气高峰阶段，为常规天然气资源提供了气源。(5) 赋存与保存好，构造稳定，埋深适中，受盆地类型和生烃作用控制，前陆盆地坳陷区普遍超压。(6) 富集区特点是连续厚度大、上覆盖层好、地层超压区带有利于页岩气富集，形成有利区。

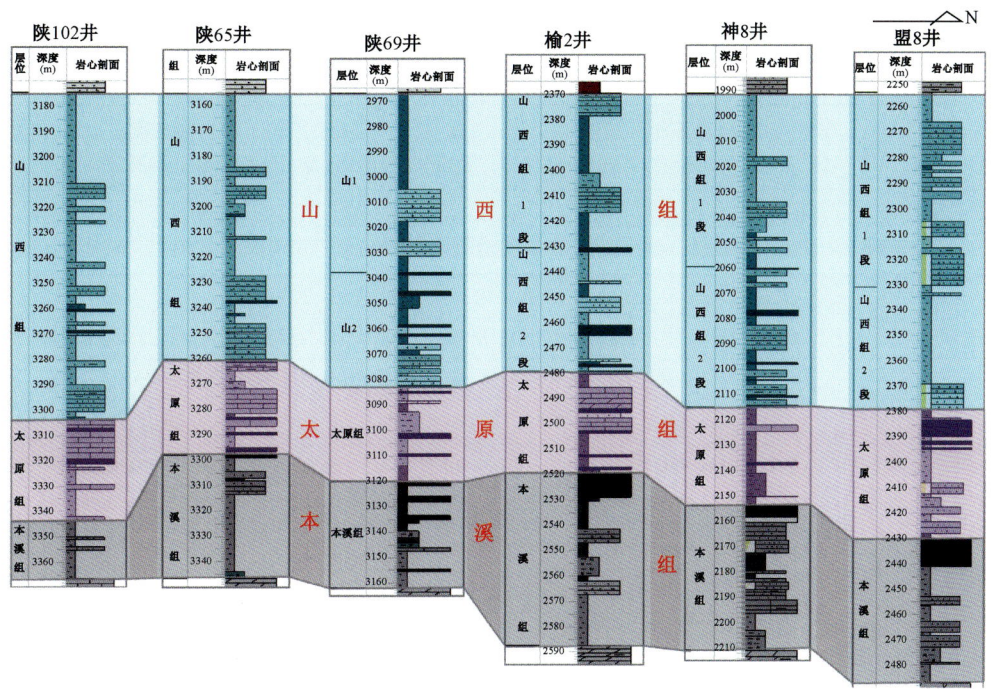

图 5-5 鄂尔多斯盆地石炭系—二叠系钻井剖面对比图

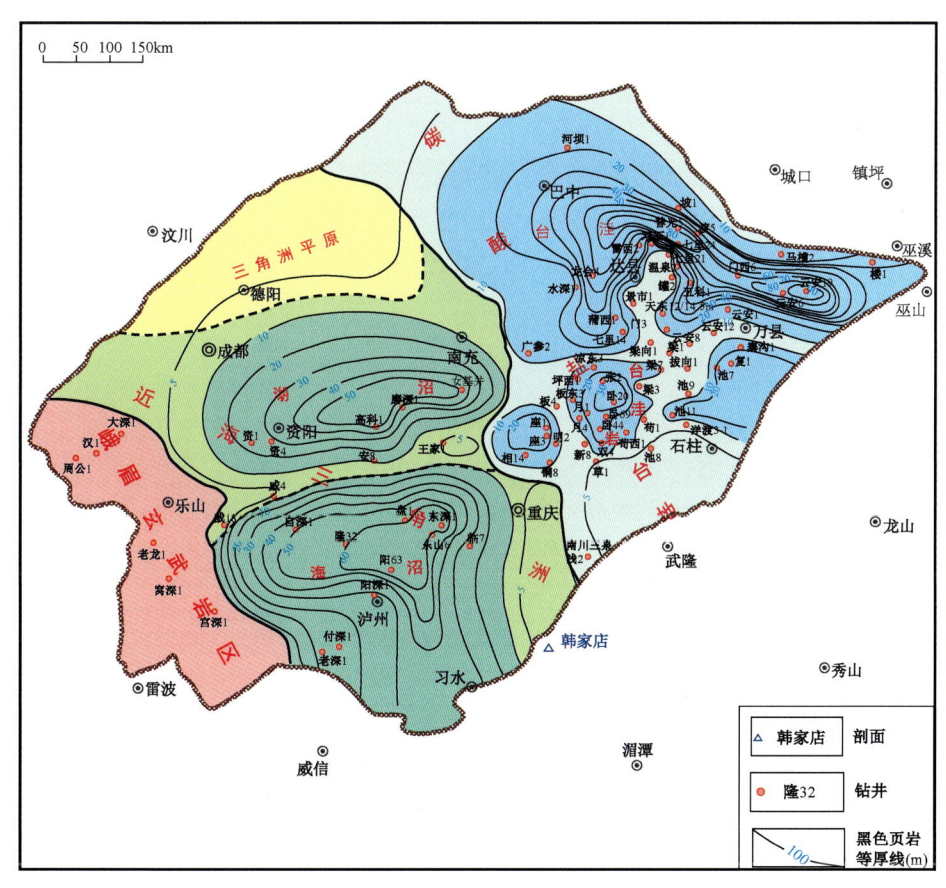

图 5-6 四川盆地上二叠统龙潭组沉积相与富有机质页岩分布图

迄今,海陆过渡相页岩气钻井不多,仅少数井获气流,无生产井,其资源前景有不确定性。

表 5-9 海陆过渡相富有机质页岩分布与页岩气成藏特征表

地区	页岩名称	时代	面积(km^2)	厚度(m)	TOC 区间/平均(%)	有机质类型	热成熟度 R_o(范围/均值,%)	脆性矿物含量(%)
四川盆地	梁山组—龙潭组	P_1l—P_2l	18900	20~170	0.5~12.55/2.91	Ⅲ	1.8~3.0	35~60
滇东—鄂西	龙潭组	P_2l	132000	20~200	0.35~6.5/0.9	Ⅲ	2.0~3.0	30~50
中—下扬子	龙潭组	P_2l	65700	20~600	0.1~12/2.12	Ⅲ	1.3~3.0/1.8	30~50
华南	龙潭组	P_2l	84400	50~600	0.1~10/1.9	Ⅲ	2.0~4.0/3.0	30~50
鄂尔多斯盆地	太原组	C_3t	250000	30~180	0.5~36.79/4.2	Ⅲ	0.6~3.0/1.8	30~50
鄂尔多斯盆地	本溪组	P_1b	250000	30~180	0.5~25/4.0	Ⅲ	0.6~3.0/1.8	30~50
鄂尔多斯盆地	山西组	P_1sh	250000	30~180	0.5~31/2.9	Ⅲ	0.6~3.0/1.8	30~50
渤海湾盆地	二叠系	P	200000	20~160	0.5~3.0/1.5	Ⅲ	0.5~2.6/1.1	30~50
渤海湾盆地	石炭系	C	200000	20~180	0.5~3.0/1.5	Ⅲ	0.5~2.8/1.2	46.8~49.2

表 5-10 鄂尔多斯、四川盆地海陆过渡相与陆相页岩含气量测试数据表

盆地	井号	层位	井深(m)	岩性	含气量(m^3/t)	压力系数
鄂尔多斯	J57	山西组	933.15	深灰色粉砂质页岩	0.05	<1.0
鄂尔多斯	J57	山西组	938.20	灰黑色页岩	0.04	<1.0
鄂尔多斯	J57	山西组	960.75	深灰色粉砂质页岩	0.04	<1.0
鄂尔多斯	J57	山西组	962.36	灰黑色粉砂质页岩	0.04	<1.0
鄂尔多斯	J57	山西组	963.55	灰黑色页岩	0.07	<1.0
鄂尔多斯	J57	山西组	965.87	灰黑色砂质页岩	0.04	<1.0
鄂尔多斯	苏373	山西组	3451.57	灰黑色砂质泥岩	0.93	<1.0
鄂尔多斯	苏373	山西组	3455.43	灰色砂质泥岩	0.40	<1.0
鄂尔多斯	苏373	山西组	3495.11	黑色碳质泥岩	0.73	<1.0
四川	剑门103	须一段	4966.8	灰黑色页岩	2.94	2.03
四川	剑门103	须一段	4974.9	灰黑色页岩	3.06	2.03
四川	剑门104	须三段	4589.3	深灰色粉砂质页岩	3.02	2.0
四川	剑门104	须三段	4590.7	灰黑色页岩	2.71	2.0
四川	剑门104	须三段	4592.50	灰黑色页岩	3.77	2.0

3) 陆相页岩气基本特征

陆相富有机质页岩主要分布于中—新生代陆相盆地,发育时代和层系多,从二叠纪至古近—新近纪均有发育(表 5-11)。二叠系陆相页岩主要发育在准噶尔盆地,包括风城组(P_1f)、夏子街组(P_2x)、乌尔禾组($P_{2+3}w$)。三叠系陆相页岩在鄂尔多斯盆地、四川盆地有发育,为大型坳陷湖盆沉积,长 9 段(T_3ch_9)、长 7 段(T_3ch_7)和须家河组(T_3x_1—T_3x_5)为优质页

岩层段。中西部地区侏罗系发育大范围湖相—湖沼相含煤建造,在四川盆地为内陆浅湖—半深水湖沉积,下—中侏罗统发育自流井组($J_{1+2}z$)页岩。白垩系陆相页岩主要分布于松辽盆地,包括青山口组、嫩江组、沙河子组和营城组。古近系页岩主要分布于渤海湾盆地,发育沙河街组沙一段(E_3s_1)、沙三段(E_3s_3)、沙四段(E_3s_4)和孔店组(E_3k)。

陆相富有机质页岩成因与分布模式主要有三种类型,(1)坳陷湖盆中央坳陷区大面积缺氧环境的水体分层模式,富有机质页岩横向分布相对稳定,且范围广;(2)断陷湖盆洼陷区缺氧环境的水体分层模式,富有机质页岩厚度大,横向变化大;(3)前陆湖盆坳陷区缺氧环境的水体分层模式,富有机质页岩厚度大,斜坡区发育煤系富有机质页岩。深湖—半深湖区以细粒物质垂直沉降为主,凝絮作用形成的有机质团粒加速了沉积物堆积,同时水体分层造成底水缺氧,有利于有机质保存。

表5–11 中国陆相富有机质页岩分布与页岩气成藏特征表

地区	页岩名称	时代	面积(km^2)	厚度(m)	TOC(区间/平均,%)	有机质类型	热成熟度 R_o(区间/平均,%)	脆性矿物含量(区间/平均,%)
松辽盆地	青一段	K_1q_1	184673	50~500	0.4~4.5/2.2	I—II	0.5~1.5	20~31
	青二段、青三段	K_1q_{2+3}	164538	25~360	0.2~1.8/0.9	II	0.5~1.4	20~31
渤海湾盆地	沙一段	E_3s_1	8816	50~250	0.8~27.3/2.4	II_2	0.7~1.8	20~31
	沙三段	E_3s_3	8874	10~600	0.5~13.8/3.5	I—II_1	0.4~2.0	20~31
	沙四段	E_3s_4	7911	10~400	0.8~16.7/3.3	II_1	0.6~3.0	20~31
四川盆地	须家河组	T_3x_1	41800	50~300	1.0~4.0/1.6	III+II_2	1.6~3.6	36~55/47
		T_3x_3	45000	20~100	1.5~8.0/2.7	III	1.2~3.6	
		T_3x_5	63900	10~200	1.0~9.0/2.9	III	1.2~3.3	
	自流井组	$J_{1+2}zh$	90000	40~180	0.8~2.0	I—II_1	0.6~1.6	20~31
鄂尔多斯盆地	长7段	T_3ch_7	37000	10~45	0.3~36.22/8.3	I—II_1	0.6~1.16	37.5~52.5/43
	长9段	T_3ch_9	14000	10~15	0.36~11.3/3.14	I—II_1	0.9~1.3	29~56.4/45
吐哈盆地	八道湾组+三工河组	J_1b+J_1s	20050	100~600	0.5~20/1.5	III	0.5~1.8/0.8	30~50
	西山窑组	J_2x	18870	100~600	0.5~20/1.0	III	0.4~1.6/0.7	30~50
塔里木盆地	黄山街组	T_3h	133450	200~550	1.0~30	III	0.6~2.8	
	塔里奇克组	T_3t	125500	100~600	15.5~23.7	III		
	阳霞组	J_1y	83400	40~120	2.5~20.0	III	0.4~1.6	
	克孜勒努尔组	J_2k	130480	50~700	1.9~15.86/8.6	III	0.6~1.6	30~50
准噶尔盆地	滴水泉组—巴山组	$C_1d—C_2b$	50000	120~300	0.17~26.76/4.13	III	1.6~2.626	
	八道湾组	J_1b	97100	50~350	0.6~35/3.3	III	0.5~2.5/1.0	30~50
	三工河组	J_1s	93430	25~240	0.5~31/2.5	III	0.5~2.4/1.0	30~50
	西山窑组	J_2x	90500	25~250	0.5~20/1.5	III	0.5~2.3/0.9	30~50
	风城组	P_1f	31800	50~300	0.47~21/5.34	I—II_1	0.54~1.41	19.1~31/25
	夏子街组	P_2x	57200	50~150	0.41~10.8/2.42	I—II_1	0.56~1.31	15~27/21
	乌尔禾组	$P_{2+3}w$	63400	50~450	0.7~12.08/4.76	I—II_1	0.8~1.0	20~31

陆相页岩形成时间晚,有机质主要来源于湖生浮游生物及陆源高等植物,有机质类型为Ⅰ—Ⅱ型,岩石类型主要为厚层状黑色页岩、粉砂岩,热演化程度低,主体处于生油阶段。陆相页岩气可能有生物成因气—低成熟气区和盆地中心或埋深较大区热成因气两种,四川盆地、鄂尔多斯盆地陆相页岩气前景较好,塔里木盆地、准噶尔盆地、松辽盆地、渤海湾盆地等也有一定前景。与其他两类页岩气相比,陆相页岩气具有"四优四劣"特征(图5-7,表5-12)。

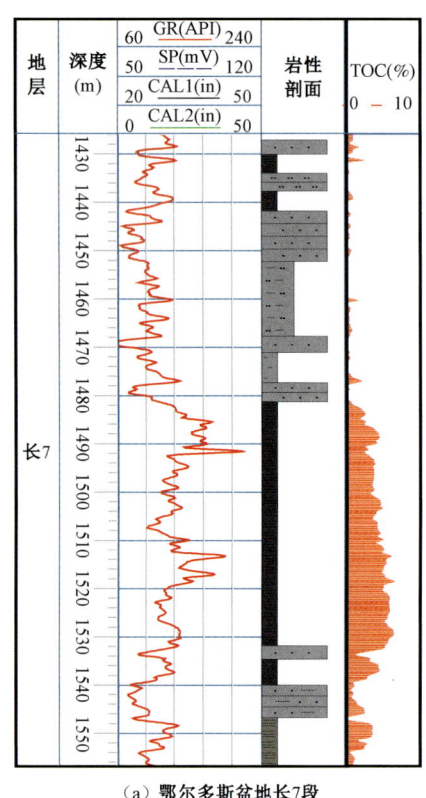
(a)鄂尔多斯盆地长7段

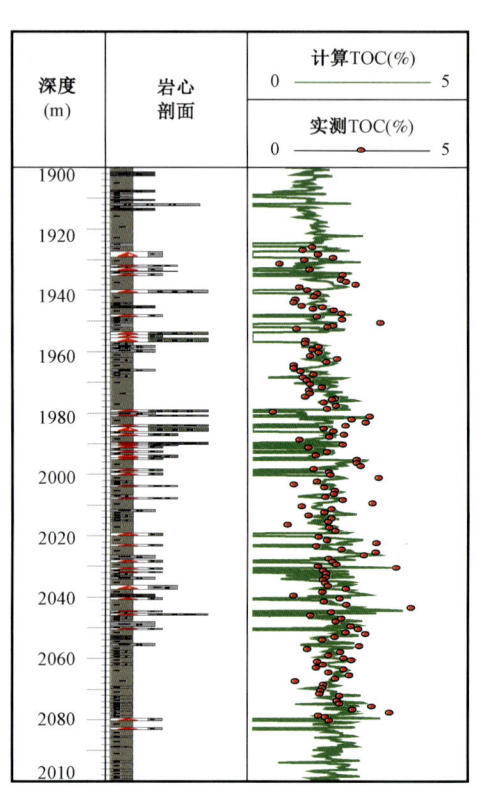
(b)松辽盆地青1段

图5-7 陆相富有机质页岩集中段剖面特征图

表5-12 典型盆地陆相有利页岩规模统计表

盆地	层系	TOC>2% 页岩面积($10^4 km^2$)	TOC>2% 页岩厚度(m)	$R_o>1.2\%$ 面积($10^4 km^2$)	占比(%)	埋深(m)
松辽	青一段	2.5	50~200	0.25	10	>1500
渤海湾	沙河街组	3.7	50~300	0.93	25	>4000
鄂尔多斯	长7段	4.0	10~80	0.44	11	>1200
四川盆地	侏罗系	1.66	10~40	0.23	14	>4000

"四优":(1)深水—半深水湖盆中心和斜坡带富有机质页岩发育,分布广;(2)富有机质页岩总厚度大,集中段较发育(一般厚20~200m);(3)有机质丰度高(TOC含量2%~8%),母质类型好,以Ⅰ—Ⅱ型为主;(4)构造简单,保存条件好,地层一般超压。"四劣":(1)热演化低,R_o为0.6%~1.1%,以生油为主;(2)黏土矿物含量高,成岩程度低,页岩脆性相对较

差;(3)有机质孔不发育,物性总体偏低;(4)生气范围小,占10%~30%,埋深较大。

评价认为,热成熟度较高、埋深适中的凹陷斜坡区是陆相页岩气的有利区。截至目前,陆相页岩气钻井集中在鄂尔多斯盆地三叠系,有近50余口井获气流,测试初始产量差异大,递减快,未形成工业产能,资源前景有待进一步落实。

2. 页岩气评价关键参数

页岩含气性受有机质丰度、类型、热演化程度、储层物性、断层发育程度、顶底板、岩石力学性质以及地应力场等多种因素控制,导致页岩气丰度、资源可采性以及经济性有很大差异。国内外页岩气勘探实践表明,具有工业开发价值的页岩气,至少应满足如下基本地质条件(表5-13):有机质丰度 TOC 含量大于2%、热演化成熟度 R_o 大于1.1%(煤系>0.7),脆性矿物含量较高,即石英、长石、碳酸盐等矿物含量大于40%,黏土矿物含量小于30%,页岩储层单层有效厚度大于15m。此外,还要具有较好的保存条件、较高的地层压力。上述条件决定了页岩气"甜点区"分布,是页岩气勘探的重点地区(表5-13)。

表5-13 页岩气形成与富集关键地质参数

参数	好	中	差
TOC(%)	>2	1.0~2.0	<1.0
R_o(%)	1.6~4.0	1.1~1.6,4.0~5.0	<1.1,>5.0
有效页岩厚度(m)	>15	10~15	<10
含气量(m³/t)	>2.0	1.0~2.0	<1.0
含气孔隙度	>2.0	1.0~2.0	<1.0
渗透率(10^{-6}mD)	>100	1~100	<1.0
脆性矿物(%)	>40	30~40	<30
黏土矿物(%)	<30	20~30	>30

1)海相页岩气关键参数

(1)有效厚度确定。

为确定页岩气资源量计算中的页岩有效厚度,首先必须确定富有机质页岩集中段厚度。我国海相富有机质页岩集中段发育,连续厚度大,分布稳定。海相富有机质页岩集中段大多分布在各页岩地层段的中下部。根据我国南方地区的统计,下寒武统筇竹寺组页岩层段总厚度为23~670m,TOC 含量大于2.0%的富有机质页岩层段厚2~180m,富有机质页岩占页岩层段总厚度比例为0.7%~80%,区域平均厚度比例为34%,集中段厚度为30~90m。五峰组—龙马溪组页岩层段总厚度为16~677m,TOC 含量大于2.0%的富有机质页岩层段厚度为1~135m,富有机质页岩占页岩层段总厚度比例为0.7%~46%,区域平均厚度比例为19%,集中段厚度为20~120m。在富有机质页岩集中段确定基础上,以Ⅰ型、Ⅱ型干酪根 R_o 大于1.1%为条件,划分出成气页岩层段,该层段即为有效厚度段。

(2)有利区确定。

页岩气资源量计算,主要计算有利区范围内的页岩气资源。页岩气有利区的确定是在富有机质页岩层段(有效厚度)确定基础上进行的。当确定了有效厚度后,再增加埋深(800~4500m)、连续分布面积(>100km²)、地表地形条件、构造保存条件(如远离断裂带≥3.5km)等条件后,通过编制各单因素图件和单因素图件叠加落实页岩气有利区范围。通过上述方法,逐一落实我国海相页岩气有利区。南方海相页岩气有利面积为 $26×10^4 km^2$,上扬子区 $17.5×10^4 km^2$,占 67.3%。

四川盆地下寒武统筇竹寺组页岩气有利区面积为 $28000km^2$,有效页岩厚 $50\sim70m$,平均埋深为 $4000m$;上奥陶统五峰组—下志留统龙马溪组页岩气有利区面积为 $57000km^2$,有效页岩厚 $40\sim90m$,平均埋深为 $3200m$。

滇黔桂地区下寒武统筇竹寺组页岩气有利区面积为 $60400km^2$,有效页岩厚 $70\sim90m$,平均埋深为 $2300m$;上奥陶统五峰组—下志留统龙马溪组页岩气有利区面积为 $12250km^2$,有效页岩厚 $30\sim50m$,平均埋深为 $1500m$;该区南部中—上泥盆统页岩气有利区面积为 $35560km^2$,有效页岩厚 $20\sim40m$,平均埋深为 $3500m$;下石炭统旧司组页岩气有利区面积为 $32900km^2$,有效页岩厚 $50\sim70m$,平均埋深为 $1500m$。

渝东—湘鄂西地区下寒武统筇竹寺组页岩气有利区面积为 $66000km^2$,有效页岩厚 $70\sim90m$,平均埋深为 $3500m$;上奥陶统五峰组—下志留统龙马溪组页岩气有利区面积为 $24080km^2$,有效页岩厚 $50\sim70m$,平均埋深为 $2500m$。

中扬子地区下寒武统筇竹寺组页岩气有利区面积为 $61750km^2$,有效页岩厚 $30\sim50m$,平均埋深为 $4000m$;上奥陶统五峰组—下志留统龙马溪组页岩气有利区面积为 $58950km^2$,有效页岩厚 $20\sim30m$,平均埋深为 $3500m$;中—上泥盆统页岩气有利区面积为 $14000km^2$,有效页岩厚 $20\sim60m$,平均埋深为 $2800m$。

下扬子地区下寒武统筇竹寺组页岩气有利区面积为 $64780km^2$,有效页岩厚 $70\sim90m$,平均埋深为 $4000m$;上奥陶统五峰组—下志留统龙马溪组页岩气有利区面积为 $11280km^2$,有效页岩厚 $25\sim35m$,平均埋深为 $3200m$。

鄂尔多斯盆地中奥陶统平凉组页岩TOC大于2%的页岩范围为 $3702.57km^2$,厚 $25\sim35m$,塔里木盆地寒武系—奥陶系页岩埋深普遍大于 $4500m$,无有效面积;羌塘盆地仅在侏罗系落实 $68.57km^2$,厚 $13\sim40m$,羌塘盆地海拔超过 $4000m$,实际无页岩气勘探价值。

(3)含气量确定。

北美已开发页岩的含气量为 $1.1\sim9.9m^3/t$,Rimrock Energy(2008)、Schlumberger(2009)、EIA(2010)等认为有利页岩气区的含气量最低下限为 $2m^3/t$。我国页岩气勘探实践处于早期评价与先导试验阶段,页岩含气量数据有限,对页岩含气性的判断较大程度上依据已有钻井的气显示。对20余口南方海相页岩气井页岩含气量测试数据统计,发现海相页岩含气性与北美含气页岩特征相似,具有较好的含气性,尤其在高TOC页岩段含气性非常好,一般都能达到页岩气资源富集条件的最低要求,且页岩含气量与TOC关系明显(图5-8)。

五峰组—龙马溪组页岩含气量:通过五峰组—龙马溪组含气量测试结果统计,常压区TOC含量 $2.5\%\sim3.7\%$,含气量 $2.2\sim5.0m^3/t$(平均为 $2.9m^3/t$);超高压区TOC含量 $2.0\%\sim4.7\%$,含气量 $4.0\sim7.7m^3/t$(平均为 $6.1m^3/t$)。

筇竹寺组页岩含气量:TOC含量 $2.5\%\sim3.7\%$,含气量 $2.2\sim5.0m^3/t$(平均为 $2.9m^3/t$)。筇竹寺组页岩含气性在深度上的变化与龙马溪组既有相似性也有差异,总的变化趋势为随深度增加含气量增加。

据此判断,中国海相富有机质页岩有较好的含气潜力,尤其是南方古生界海相页岩含气量均达或超过了北美有利页岩气区含气量最低下限。

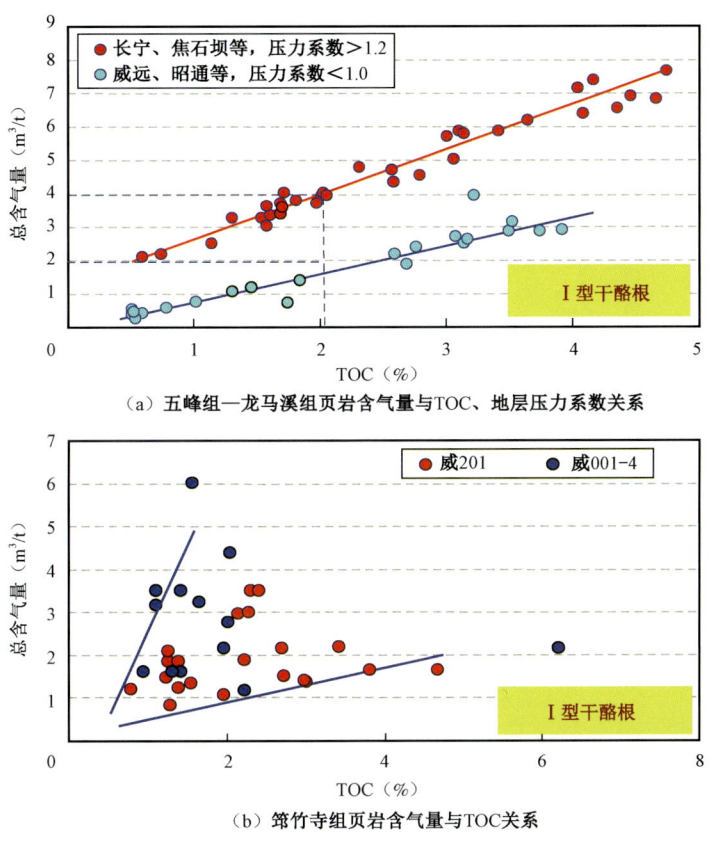

图 5-8 四川盆地及邻区海相页岩含气量取值图版

2)海陆过渡相页岩气关键参数

(1)集中段确定。

我国海陆过渡相页岩分布范围广泛,集中段不发育,横向连续性差。如鄂尔多斯盆地石炭系—二叠系页岩普遍分布,没有一套稳定分布的富有机质页岩集中段。初步统计,华北地区石炭系—二叠系煤系泥页岩单层厚 8~15m,南方地区二叠系页岩单层厚 5~15m。总体而言,TOC 大于2%的富有机质页岩厚度大致占页岩总厚度的三分之一。

(2)有利区确定。

依据有利区评价标准,对南方地区上二叠统龙潭组、鄂尔多斯和渤海湾盆地石炭系—二叠系等页岩气的有利区进行了预测。其中四川盆地二叠系梁山组—龙潭组有利区面积 $5.27 \times 10^4 km^2$,有效页岩厚 15~20m,平均埋深 4200m;南方其他地区二叠系龙潭组有利区面积 $5.2 \times 10^4 km^2$,有效页岩厚 15~20m,平均埋深 1200m;鄂尔多斯盆地石炭系—二叠系有利区面积 $13.7 \times 10^4 km^2$,有效页岩厚 10~60m,平均埋深 2200m;渤海湾盆地石炭系—二叠系有利区面积约 $1.5 \times 10^4 km^2$,有效页岩厚 10~100m,平均埋深 3300m。

(3)含气量确定。

海陆过渡相页岩实测含气性数据较少。根据四川盆地、鄂尔多斯盆地石炭系—二叠系的少量含气量实测结果(图 5-9,表 5-14),将海陆过渡相页岩气含气量分两个端元,多数小于 $1m^3/t$,少数异常高压发育区大于 $2m^3/t$,四川盆地二叠系龙潭组超压区 TOC 含量为 0.12% ~

3.82%,含气量为 2.45~3.3m³/t。

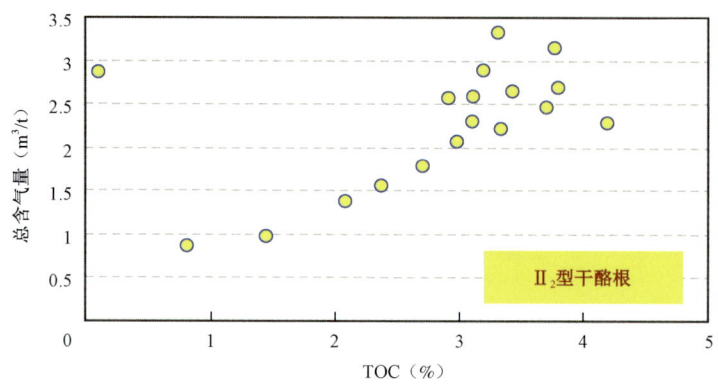

图 5-9　四川盆地二叠系龙潭组页岩含气量与 TOC 关系图版

表 5-14　四川盆地、鄂尔多斯盆地海陆过渡相页岩含气量测试数据表

盆地	井号	层位	井深(m)	岩性	含气量(m³/t)	压力系数
鄂尔多斯	J57	山西组	933.15	深灰色粉砂质页岩	0.05	<1.0
			938.20	灰黑色页岩	0.04	<1.0
			960.75	深灰色粉砂质页岩	0.04	<1.0
			962.36	灰黑色粉砂质页岩	0.04	<1.0
			963.55	灰黑色页岩	0.07	<1.0
			965.87	灰黑色砂质页岩	0.04	<1.0
	苏 373		3451.57	灰黑色砂质泥岩	0.93	<1.0
			3455.43	灰色砂质泥岩	0.40	<1.0
			3495.11	黑色碳质泥岩	0.73	<1.0

3) 陆相页岩气关键参数

(1) 集中段厚度确定。

我国陆相泥页岩分布广泛,集中段发育,横向连续性较好。如松辽盆地嫩江组和青山口组两套页岩十分发育,嫩江组在全盆地稳定分布,中央坳陷区厚度超过 250m,但由于尚未进入大量生油阶段,更缺乏页岩气生成的基本条件。青山口组一段在中央坳陷区几乎全部为黑色页岩,集中段厚度为 60~80m。

鄂尔多斯盆地延长组长 7 段主要为深湖—半深湖沉积,富有机质页岩平均有机碳含量高达 14%,集中段厚度为 20~40m,分布面积超过 $4 \times 10^4 km^2$。渤海湾盆地沙河街组有机质丰度高,厚度大,但相带变化较快。沙四段上亚段、沙三段下亚段、沙一段有机质丰度高于沙三段中亚段。沙四段上亚段 TOC 为 1.5%~6%,最高为 10.24%;沙三段 TOC 为 2%~5%,最高为 16.7%;沙一段 TOC 为 2%~7%,最高为 19.6%;沙三段中亚段 TOC 为 1.5%~3%,最高为 7.5%。总体集中段厚度为 50~300m。

四川盆地中—下侏罗统泥页岩累计厚度大,为 160~260m。集中段厚度为 50~90m,但范围有限,主要分布在阆中、巴中等地区,层位主要为自流井组的东岳庙段和大安寨段。

准噶尔盆地发育二叠系风城组、夏子街组和乌尔禾组三套页岩,重点分布于玛湖凹陷和阜康凹陷,其中以中—上二叠统泥页岩乌尔禾组页岩气赋存条件最有利,TOC 为 1.0%～15.9%,平均为 3.5%,R_o 为 0.5%～1.7%,集中段厚度为 100～300m,平均为 200m。

(2)有利区的确定。

我国陆相泥页岩为一套优质烃源岩,有机碳含量平均在 2% 以上,厚度一般为 20～200m,有机质类型以 I 型—II 型为主,成熟度不高,R_o 在 0.6%～1.3% 之间。由于陆相页岩与海相页岩均具有以生油为主的 I 型—II 型干酪根,因此,页岩气有利区的评价标准主要借鉴我国海相页岩气评价标准,泥页岩厚度至少大于 15m;有机碳含量大于 2.0%,最好在 3.0% 以上;R_o 大于 1.1%。依据陆相页岩气有利区评价标准,初步对渤海湾盆地古近系沙河街组、松辽盆地白垩系青山口组、鄂尔多斯盆地上三叠统延长组、四川盆地中—下侏罗统、准噶尔盆地二叠系等陆相页岩气有利区进行了预测。松辽盆地白垩系青山口组陆相页岩气有利区面积 2500km^2,有效页岩厚 50～400m,平均埋深 2200m;渤海湾盆地古近系沙河街组有利区面积 9250km^2,有效页岩厚 50～450m,平均埋深 3400m;鄂尔多斯盆地上三叠统延长组有利区面积 4400km^2,有效页岩厚 30～50m,平均埋深 2200m;四川盆地中—下侏罗统有利区面积 2000km^2,有效页岩厚 40～100m,平均埋深 3800m。准噶尔盆地中—上二叠统有利区面积 6000km^2,有效页岩厚 50～150m,平均埋深 3900m。

(3)含气量确定。

目前,陆相页岩油气的勘探和研究刚刚起步,仅在部分盆地取得了进展。初步统计,截至 2010 年底,渤海湾盆地济阳坳陷 320 余口探井在沙河街组泥页岩中见油气显示,其中 30 余口井获工业油气流。此外,在冀中凹陷、辽河凹陷和歧口凹陷的沙河街组泥页岩段均见到了工业性油气流,展示了渤海湾盆地沙河街组页岩油气具有一定的勘探开发前景。如四川盆地川北元坝地区元坝 11 井常规测试获气 14.44×10^{4}m^3/d;元坝 101 井、元坝 102 井、元坝 5 - 侧 1 井酸化压裂测试获气分别为 13.5×10^{4}m^3/d、23.8×10^{4}m^3/d 和 14.1×10^{4}m^3/d;元坝 21 井常规测试获气 50.7×10^{4}m^3/d。

从少量的含气量实测数据来看,我国陆相泥页岩的含气量明显低于美国海相页岩气平均 3.81m^3/t 的水平。如四川盆地北部元坝地区元陆 4 井下侏罗统千二段、东岳庙段—大安寨段页岩段,实测页岩含气量分别为 1.365m^3/t 和 1.48m^3/t;川东涪陵地区兴隆 1 井东岳庙段—大安寨段页岩段平均含气量为 1.55m^3/t。

三、页岩气资源评价结果

1. 海相页岩气资源

重点对南方地区古生界筇竹寺组、五峰组—龙马溪组页岩气资源进行了计算,同时,对其他层系也做了预测,并兼顾了全国海相页岩气资源情况,包括鄂尔多斯盆地中奥陶统平凉组、塔里木盆地寒武系—奥陶系、羌塘盆地中生界等海相页岩气进行了资源初步评估。

根据以上关键参数落实,利用面积丰度类比法和含气量法对我国海相页岩气技术可采资源量进行了计算(表 5－15)。根据 EIA 2011 年数据,美国页岩气有利区面积约 77×10^{4}km^2,页岩集中段厚度平均为 60m,含气量 3～6m^3/t,页岩气技术可采资源量 24.4×10^{12}m^3,资源丰度 0.32×10^{8}m^3/km^2。对比我国海相页岩气资源,主要集中南方地区,尤以四川盆地及其周边地区最为集中。我国南方海相页岩有利区叠合面积 15×10^{4}km^2,是美国有利区的 1/5;集中段平均厚度为 40～260m,大致与美国相当;含气量 2～3m^3/t,比美国略低;岩石密度为 2.55～2.65g/cm^3;页岩气可采资源丰度取值 $0.27 \times 10^8 \, m^3/km^2$；采收率为 8%~25%，平均为 12%。综合评价我国海相页岩气可采资源量为 $8.82 \times 10^{12} \, m^3$，其中四川盆地为 $5.14 \times 10^{12} \, m^3$（Ⅰ+Ⅱ类近 $5 \times 10^{12} \, m^3$）。

表 5−15 我国海相页岩气资源总量预测

地区/盆地	层系	面积（km²）	厚度（m）	地质资源量（10⁸ m³）				技术可采资源量（10⁸ m³）			
				95%	50%	5%	期望值	95%	50%	5%	期望值
四川	Z—S	49162	40~220	233183	257202	278219	257202	46637	51440	55644	51440
滇黔桂	Z—C	44374	40~220	55984	61483	66481	61483	11197	12297	13296	12297
渝东—湘鄂西	Z—S	29906	40~260	69150	76165	82679	76165	13830	15233	16536	15233
中扬子	€、S	17565	30~120	29765	32621	34976	32621	5953	6524	6995	6524
下扬子	€、S	6957	40~200	12722	13865	15008	13865	2544	2773	3002	2773
合计		147964	13~260	400804	441336	477364	441336	80161	88267	95473	88267
占全国比例（%）		34.79		60.30	55.02	53.03	55.02	72.96	68.69	67.04	68.69

从前述对页岩气资源量评价的关键参数取值看，剔除了构造改造区和埋深小于 1000m 等地区的页岩气评价，实际包含了部分经济性评价的内涵，并非单纯是技术可采资源量，而是一类偏经济的技术可采资源量，可以作为国家现阶段制定政策的依据，有较好的稳妥性，有以下条件：(1) 基础数据取值的稳妥性。通过分析富有机质页岩集中段、厚度与分布、有机碳含量（TOC）、成熟度（R_o）与脆性矿物含量等关键指标，建立了页岩气有利区评价优选的标准，与美国建立了一致的评价基础。(2) 页岩气有利区选值的稳妥性。通过排除法，剔除地面条件差、强烈改造区、埋深大和埋深过小的页岩气分布区，保证预测的稳妥性。(3) 方法选择更适应现阶段评价，保证数量级的稳妥性。

2. 海陆过渡相页岩气资源

文中对南方地区上二叠统龙潭组、渤海湾盆地和鄂尔多斯盆地石炭系—二叠系等重点地区进行了资源评价。

在类比中，采用美国 San Juan 盆地 Lewis 煤系页岩气的参数：地质资源丰度 0.09×10^8 ~ $0.55 \times 10^8 \, m^3/km^2$，钻探成功率 60%~80%，可采系数取 5~15%。我国大部海陆过渡相页岩有利区存在异常高压，因此可采资源面积丰度取值范围为 0.05×10^{12} ~ $0.14 \times 10^{12} \, m^3/km^2$。评价结果，海陆过渡相页岩气技术可采资源量 $2.42 \times 10^{12} \, m^3$。其中四川盆地煤系页岩气资源最大，期望值 $0.9 \times 10^{12} \, m^3$（表 5−16）。

表 5−16 我国海陆过渡相页岩气资源量计算表

地区/盆地	层系	面积（km²）	厚度（m）	地质资源量（10⁸ m³）				技术可采资源量（10⁸ m³）			
				95%	50%	5%	期望值	95%	50%	5%	期望值
四川	P	34692	7~50	61229	74881	82338	74881	7347	8986	9881	8986
南方其他	P	52000	10~150	45527	55958	61333	55958	5463	6715	7360	6715
鄂尔多斯	C—P	99770	10~60	50435	62331	68046	62331	6052	7480	8166	7480
渤海湾	C—P	4862	10~50	6495	8325	12017	8325	779	999	1442	999
合计		191324	7~150	163686	201495	223734	201495	19642	24179	26848	24179
占全国比例（%）		44.99		24.62	25.12	24.86	25.12	17.88	18.82	18.85	18.82

3. 陆相页岩气资源

我国陆相泥页岩主要发育在三叠系—古近系，TOC 为 0.5%~10%，平均大于 2%；R_o 为 0.5%~2.0%，平均小于 1.0%。从页岩气形成的特点来看，页岩的成熟度必须达到大量生气阶段，方可产生一定数量的天然气。由于我国陆相页岩多数成熟度不高，主体处于生油阶段，仅在埋深大的凹陷区演化至生气阶段，因此，陆相页岩气资源分布比较局限。

由于陆相页岩总体成熟度低，R_o 大于 1.1% 的面积较小，陆相页岩气技术可采资源总量不大，期望值 $1.6 \times 10^{12} \mathrm{m}^3$（表 5–17）。

表 5–17 我国陆相页岩气资源量计算结果

地区/盆地	层系	面积 (km^2)	厚度(m)	地质资源量($10^8 \mathrm{m}^3$)				技术可采资源量($10^8 \mathrm{m}^3$)			
				95%	50%	5%	期望值	95%	50%	5%	期望值
松辽	$K_1 qn$	4506	10~70	2565	8905	12960	8905	256	890	1296	890
渤海湾	Es_{3+4}	1358	30~130	1454	5103	7366	5103	145	510	737	510
鄂尔多斯	$T_3 y$	9393	10~40	4422	15481	24583	15481	442	1548	2458	1548
四川	J_1	12466	10~80	4425	15491	24598	15491	443	1549	2460	1549
	$T_3 x$	52025	5~50	80389	98711	108143	98711	8039	9871	10814	9871
吐哈	J	1222	30~200	943	2481	3721	2481	113	298	447	298
准噶尔	J	2430	10~80	3126	4167	5209	4167	313	417	521	417
	P_2	616	10~100	912	3650	4562	3650	91	365	456	365
柴达木	J	288	20~100	492	1294	1940	1294	49	129	194	129
塔里木	J	1689	30~200	1511	3975	5963	3973	181	477	716	477
合计		85993.4	10~200	100239	159257	199046	159255	10073	16055	20098	16055
占全国比例(%)		20.22		15.08	19.86	22.11	19.86	9.17	12.49	14.11	12.49

根据页岩气源岩特性和页岩气赋存条件的相似性，将我国页岩气资源按海相、海陆过渡相—湖沼相煤系和湖相三类页岩气资源进行了统计归类。海相页岩气资源构成不变，煤系页岩气包含了海陆过渡相和陆相中的湖沼相煤系地层页岩气资源，湖相页岩气只统计 I 型—II 型有机质类型的页岩气资源，即上述陆相页岩气资源中的一部分资源，与海陆过渡相资源合并为海陆过渡相—湖沼相页岩气资源。新的统计结果见表 5–18、表 5–19。我国海相页岩气地质资源量 $44.12 \times 10^{12} \mathrm{m}^3$，可采资源量 $8.83 \times 10^{12} \mathrm{m}^3$；海陆过渡相—湖沼相煤系页岩气地质资源量 $31.2 \times 10^{12} \mathrm{m}^3$，可采资源量 $3.54 \times 10^{12} \mathrm{m}^3$；湖相煤系页岩气地质资源 $4.86 \times 10^{12} \mathrm{m}^3$，可采资源量 $0.49 \times 10^{12} \mathrm{m}^3$。

表 5–18 我国海陆过渡相—湖沼相页岩气资源量估算结果统计表

地区/盆地	层系	面积 (km^2)	厚度(m)	地质资源量($10^8 \mathrm{m}^3$)				技术可采资源量($10^8 \mathrm{m}^3$)			
				95%	50%	5%	期望值	95%	50%	5%	期望值
四川	$T_3 x$	52025	5~50	80389	98711	108143	98711	8039	9871	10814	9871
	P	34692	7~50	61229	74881	82338	74881	7347	8986	9881	8986
南方其他	P	52000	10~150	45527	55958	61333	55958	5463	6715	7360	6715
鄂尔多斯	C—P	99770	10~60	50435	62331	68046	62331	6052	7480	8166	7480

续表

地区/盆地	层系	面积（km²）	厚度（m）	地质资源量（10⁸m³）				技术可采资源量（10⁸m³）			
				95%	50%	5%	期望值	95%	50%	5%	期望值
渤海湾	C—P	4862	10~50	6495	8325	12017	8325	779	999	1442	999
柴达木	J	288	20~100	492	1294	1940	1294	49	129	194	129
吐哈	J	1222	30~200	943	2481	3721	2481	113	298	447	298
准噶尔	J	2430	10~80	3126	4167	5209	4167	313	417	521	417
塔里木	J	1689	30~200	1511	3975	5963	3973	181	477	716	477
合计		248978	5~200	250145	312123	348711	312120	28337	35371	39539	35371
占全国比例（%）		58.54		37.63	38.91	38.74	38.91	25.79	27.53	27.76	27.53

表 5-19　我国湖相页岩气资源量估算结果统计表

地区/盆地	层系	面积（km²）	厚度（m）	地质资源量（10⁸m³）				技术可采资源量（10⁸m³）			
				95%	50%	5%	期望值	95%	50%	5%	期望值
松辽	K_1qn	4506	10~70	2565	8905	12960	8905	256	890	1296	890
渤海湾	Es_{3+4}	1358	30~130	1454	5103	7366	5103	145	510	737	510
鄂尔多斯	T_3y	9393	10~40	4422	15481	24583	15481	442	1548	2458	1548
四川	J_1	12466	10~80	4425	15491	24598	15491	443	1549	2460	1549
准噶尔	P_2	616	10~100	912	3650	4562	3650	91	365	456	365
合计		28339	10~130	13780	48630	74069	48630	1378	4863	7407	4863
占全国比例（%）		6.66		2.07	6.06	8.23	6.06	1.25	3.78	5.20	3.78

第四节　煤层气资源评价

一、地质评价及关键参数

1. 煤层气形成的基本地质条件

煤层甲烷气藏和常规石油天然气藏有很大差异，这些差异主要是由于经济意义较大的煤层甲烷气当中的甲烷是以吸附态存在于煤层微孔隙中这一特点所致。煤层甲烷的资源潜力取决于煤层甲烷的生成量和煤层的储集性能，所以煤层甲烷气藏的形成条件主要包括烃源条件、构造条件、热力条件及影响吸附能力的压力封闭条件等。

1）烃源条件

沉积环境是烃源岩好坏的主要因素，煤层的分布、厚度、几何形状、连续性等受沉积环境控制。概括起来，煤沉积环境大致分为两大类：海陆交互相成煤环境和陆相成煤环境。前者又以滨海冲积平原、滨岸沼泽、潟湖和三角洲平原为主，如圣胡安盆地水果地组煤层属于三角洲泛滥平原沉积，拉顿盆地拉顿组煤层属于陆相泛滥平原沉积（表 5-20）。

在研究煤沉积环境的同时，要注意煤系地层的河道砂体和滨岸砂体的分布及与煤层的相互关系，因为河道砂体或滨岸砂体严重影响煤层的连续性。

表5-20 不同沉积相的煤层气地质特征标准图板

沉积相	沉积特征		煤层气特征	实例	类型
	顶底板	盖层			
(1)障壁—潟湖体系潟湖—潮坪相; (2)陆相河湖体系浅湖相带	厚层泥岩板与底板组合	Ⅰ类盖层:厚层泥岩	含气量高,产水量大	(1)保德—兴县一带太原组; (2)樊庄、郑庄区块; (3)大宁—吉县一带山西组	优势
三角洲前缘、三角洲间湾相带	中—厚层泥质岩夹砂岩顶底板组合	Ⅱ类盖层:中—厚层泥质岩夹砂岩	含气量高,产水量一般或偏小	(1)三交—柳林一带山西组; (2)樊庄、郑庄区块	次优势
(1)三角洲平原分流间湾相带; (2)河流泛滥盆地相带	不稳定泥质岩—砂岩顶板与不稳定泥质岩底板组合	Ⅲ类盖层:不稳定泥质岩—砂岩	含气量中等偏低,产水量一般	(1)韩城—合阳一带太原组; (2)樊庄、郑庄区块; (3)保德—兴县一带山西组	一般
(1)海相陆棚潟湖相带; (2)陆相辫状河上游相带	(1)厚层石灰岩顶板与中—厚层泥岩底板组合;(2)厚层砂岩—泥质岩顶板与泥质岩底板组合	Ⅳ类盖层:厚层石灰岩、厚层砂岩	含气性差,产水量大	(1)三交—柳林—吉县太原组; (2)樊庄、郑庄区块; (3)准格尔旗及以北一带山西组	不利

其次,有机显微组分及其成气特征决定了烃源岩的生气煤是由高度集中的腐植型有机质和部分无机矿物混合组成的有机岩。由于成煤原始物质来源不同和其在成煤过程中所处环境的差异,煤具有复杂的组分。煤的有机显微组分包括壳质组、镜质组和惰质组。各显微组分因其H/C和O/C原子比数量不同和结构的不同而显示出不同的生烃潜力。通过实验室对煤显微组分的分离,并对分离的组分进行热模拟实验,对各种显微组分的生烃潜力有了更符合实际的正确评价。

(1)壳质组生烃。壳质组是富氢较长链脂肪族化合物,因含有带脂肪链的某些饱和的环烷、芳香环及含氧官能团而具有高含氢量,高温分解时能产生大大超过50%的挥发油,生烃能力很强。藻类物质是含有少量芳香环和含氧官能团的最富氢的长链脂肪族化合物,具有最高的生烃能力。由此可见,壳质组是煤成油的主要显微组分。

(2)镜质组生烃。镜质组化学结构主要由具短脂肪链与含氧官能联结的芳香结构组成,因主要来源于木质—纤维素组织而具有低氢、高氧的特征。高氢镜质组可能具有氢化芳香结构,比较富含烃基团,有生成液态烃的能力。煤常被看作是气源岩,其中镜质组(包括惰质组)则被认为是生气的主要母质(Tissot和Welte,1984),同时也普遍认为煤的生油潜力取决于煤中壳质组(包括藻类体)的数量(Snowdon,1980;Tissot和Welte,1984)。近年来,镜质组的生油问题已引起了广泛注意。

(3)惰质组生烃。普遍认为,惰质组由于木质组织具有原生高碳化及氢含量极低的特性,不仅不能生油,而且产气量也比相同煤阶的壳质组和镜质组低,因而通常不把惰质组作为油气母质(Tissot和Welte,1984)。

在成煤作用过程中,各种显微组分对成气的贡献不同。Juntgen等(1966)最早注意到这种差别,得出了在肥煤—无烟煤阶段,类脂组、镜质组和惰质组三种显微组分的脱甲烷和二氧化碳曲线(图5-10),不同显微组分脱气阶段和数量有所不同。王少昌等对低阶煤的显微组分进行热模拟实验(表5-21),结果表明显微组分最终成烃效率比约为:类脂组:镜质组:惰质组为3:1:0.71,产烃能力比约为3.3:1.0:0.8。刘德汉、傅家谟认为,在相同演化条件下,惰质组产气率最低,镜质组为惰质组的4倍,类脂组最高,为惰质组产气率的11倍左右,并产出较多的液态烃(表5-22)。

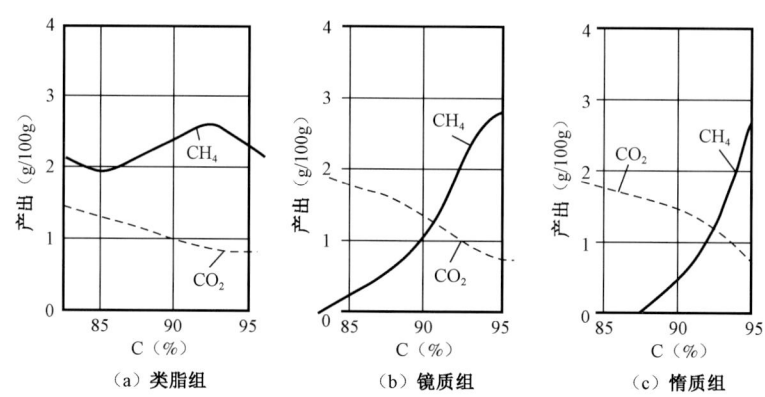

图5-10 煤化作用中各有机显微组分产出的CH_4和CO_2曲线图(据Juntger等,1966;Tissor等,1978)

表5-21 煤显微组分热模拟成烃实验数据表(据王少昌等,1985)

组分	类脂组(%)	镜质组(%)	惰质组(%)	煤阶累计产烃率 R_o(%)	褐煤 <0.5	长焰煤 0.5~0.65	气煤 0.65~0.9	肥煤 0.9~1.2	焦煤 1.2~1.7	瘦煤 1.7~1.9	贫煤 1.9~2.5	无烟煤 >2.5
类脂组	93.6	0.6	0.4	油(kg/t残煤)	—	—	—	—	286	398	351	175
				气(m³/t残煤)	—	—	1+1	2+1	60+20	209+41	311+39	526+49
镜质组	0.4	99.2	0	油(kg/t残煤)	—	—	2	20	36	26	11	—
				气(m³/t残煤)	—	1+5	5+17	5+18	26+16	34+13	68+114	155+38
惰质组	0.4	98.8	0.8	油(kg/t残煤)	—	—	4	15	13	—	—	—
				气(m³/t残煤)	—	1+3	5+9	19+9	40+13	67+16	132+28	

表5-22 有机显微组分的产气率表(据刘德汉,傅家谟,1984)

显微组分	镜质组	类脂组	惰质组
产气率(mL/g)	188	483.0	43.9

由此可见,煤的显微组分含量多少直接关系煤层甲烷的烃源条件。在我国大多数煤田的腐植煤中,显微组分含量以镜质组最高,一般可占50%~80%;惰质组占10%~20%(高者可达30%~50%);类脂组的含量最低,一般不超过5%。对煤成气来说,这是比较有利的烃源条件。

2)构造条件

构造条件好坏直接影响煤层甲烷气藏的形成与保存。煤层甲烷勘探开发实践证明,在构造复杂的地区,尽管有大量的煤层甲烷生成,然而其煤层甲烷勘探往往难于得到良好的经济效果。因此,对煤层甲烷气藏的保存和煤储集性能而言,克拉通盆地和前陆盆地的煤层是有利的,因为煤层没有经过强烈的构造变形且煤层的割理发育。由构造活动或差异压实形成的构造在几个方面影响煤层甲烷气藏的分布和产能。构造活动引起的地层褶皱和盆地边缘地区地层的隆起大大地影响了流体的运动,主要表现在:(1)遭受剥蚀的地层暴露引起大气水的补给或流体的排出;(2)为流体运动提供势能;(3)使地层产生裂隙。因此,影响地层的流体压力和渗透率,从而影响煤层的吸附能力和流体流动的畅通性。成煤后的构造运动对煤层甲烷气藏的影响具体表现如下。

(1)在煤层围岩封闭较好的条件下,倾角平缓的煤层中,气体运移路线长、阻力大,含气量相对大于倾角陡的煤层。

(2)褶皱构造主要指大中型褶皱对甲烷含量的影响。紧密褶皱地区的岩层往往是屏障层,有利于煤层甲烷的聚集和保存。大型向斜的含气量高于背斜。中型褶皱中,封闭条件较好时,背斜较向斜含气量高;封闭条件较差时,向斜部位含气量较高。

(3)断裂构造断层既可能是煤层甲烷运移的通道,也可能起封堵作用,因此对煤层甲烷具有扩散和保存的双重作用。断裂对煤层甲烷起封堵作用还是扩散作用,主要取决于断裂的力学性质、规模大小及煤层围岩透气性。煤层围岩透气性较好的情况下,张性裂隙越发育,构造越复杂,应力越集中,形成气体运移通道越多,排气越多,含气量越小。如果围岩透气性差,即使断裂存在也不易形成煤层气排放通道,应综合考虑上述几个因素。

断裂对含气量影响一般规律是,张性断裂对煤层气藏起排放气作用,压性断裂对煤层气藏起保存作用。需要说明以下几点:①张性断裂的排气性随深度的增加而减小;②与地表相通的张性断裂排气性尤其好;③逆掩断层几乎全部为封闭型,但倾角较陡的逆掩断层也有可能排气;④在构造性质相近的情况下,老构造可能被后来的物质充填,故其透气性次于新构造。

(4)差异压实差异压实也能引起小型构造,并影响煤层甲烷的产能。由于差异压实作用,煤系地层中河道充填砂岩体之上或之下的煤层一般发生褶皱。脆性煤层的这种褶皱作用可以形成局部裂隙,提高煤层的渗透率。如果裂隙系统充分发育,砂岩层和煤层互层的透镜体将是煤层甲烷勘探的很好目标。

3)热力条件

由于煤层甲烷是煤化作用的副产品。煤的有机质热演化是温度和时间的函数。对于同一地质年代的煤层,温度越高,煤热演化程度越高,所以煤的热力史是煤层甲烷成藏的条件之一。煤层的温度除与区域性的大地地温有关外,还与局部的高热流值(如裂谷作用、火山活动)有关。

一般煤层甲烷在煤盆中分布不均,不仅存在与区域性埋深相关的区域性富集,同时还存在局部性富集。西部煤盆富含甲烷,与煤层温度史的关系最为密切,煤受的温度越高,时间越长,煤阶就越高,生成的甲烷量就越大。高热状态不仅与盆地中部较大的埋深有关,而且出现在受中生代火山岩活动影响的任何地区。

此外,火山活动除了增大地温梯度、加速煤层的热演化外,同样也能影响煤层渗透性能。火山岩如岩墙、岩株的拱顶切割上覆地层或使地层褶皱,产生裂缝(多呈放射状围绕岩体分布),极大地改善了煤层的渗透性能。

4)水动力条件

地层压力是煤层甲烷评价中应考虑的重要因素,也是煤层甲烷成藏的重要条件。储层压力是衡量储层能力大小的尺子,煤层含气量与压力有直接关系,这一点从等温吸附线中得到证实,压力状态与煤层的水文地质条件有很大关系。故压力状态通常用水动力学来解释。异常压力(异常高压或异常低压)常常出现在含煤盆地中,对异常压力的解释直接影响煤层储层特征。

评价压力状态,常常使用简单压力梯度和垂直压力梯度。简单压力梯度等于井底地层压力(BHP)除以地表到某一地层中点的深度,通常用它来确定异常压力(大于或小于正常压力梯度)。一般地,淡水压力梯度为 9.8kPa/m,咸水压力梯度为 10.52kPa/m。垂直压力梯度指压力—海拔高度点线的斜率,常用它来指示水的流向。

沉积盆地一般具有如下水动力特征。沉积盆地从新到老,盆地内流动系统从压力驱动到重力驱动,压力状态从超压到低压。年轻的活动盆地,流体流动是靠压实作用驱动,流体从下向上、从深部高孔隙压力向上流动到上覆地层,只有在盆地浅层淡水层,水流动是重力驱动。咸水和低矿化度水代表两种不同的水文地质系统。

对于年轻的深盆地,快速沉积、埋藏、生长断层活动,使得水动力不连续,阻滞或延缓了层内流体在压实和埋藏过程中的排出。因此,孔隙流体部分地支撑了上覆地层的负荷,产生超压。在超压层内,压力梯度超过 15.83kPa/m,孔隙度增大。在水动力压力剖面上,流体压力反映的只是上覆地层水柱的质量,且正常压力梯度为 9.8~10.52kPa/m,其值大小取决于盐分含量多少。区域上,超压的存在反映着深部超压层和上覆静水压力层之间的水力不连续,它们之间的界面是个动态平衡面,两个压力系统之间可进行交换。

老的沉积盆地,煤盆经历了构造抬升,流体主要受重力驱动,从高地势的供水区向低地势的泄水区流动(图 5-11)。供水的数量受控于岩层的渗透率、气候、水流体系的延伸情况。一般地,区域抬升和剥蚀,使得盆地周边地层升高并出露地表成为供水区,而盆地内部低地势地区如江、河,通常成为泄水区。老的沉积盆地,存在几种压力状态:(1)静水压力;(2)大气水超压;(3)异常低压;(4)烃气超压。

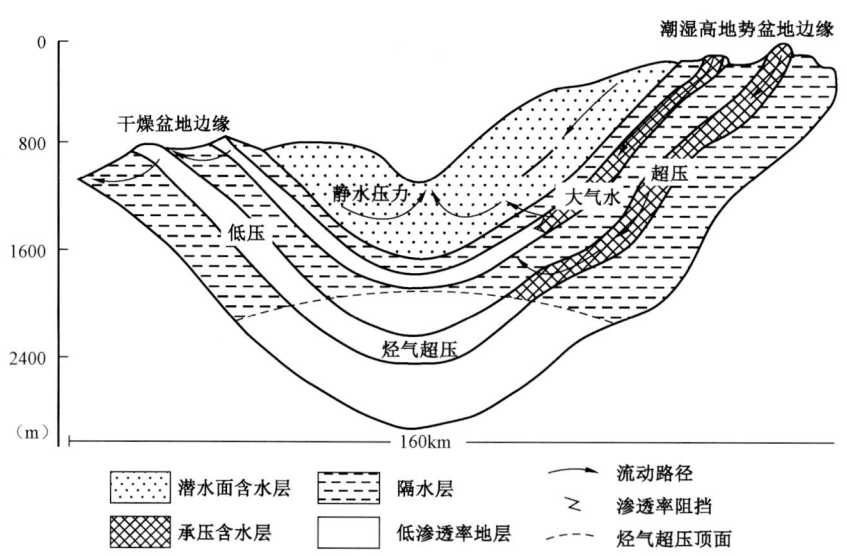

图 5-11 抬升剥蚀的老盆地压力状态和流动特征剖面示意图(据 Kaisser,1993)

潜水面以上的含水层,地层水受重力作用,从高地势的供水区向低地势的泄水区流动,地层压力状态处于静水压力状态或正常压力状态。当大气水沿承压含水层流动时,若发生渗透性阻挡,则形成大气水超压。大气水超压具有以下几个特征:(1)供水区位于盆地周边潮湿、高地势的露头区;(2)等势面向上倾斜指向供水区;(3)局限在某些地层内;(4)高渗透率和高孔隙储层产出低温、低氯化物的大气水;(5)储层可能有或没有烃物质;(6)压力梯度很少超过13.57kPa/m。

异常压力对煤层甲烷气藏的影响巨大,从理论上讲,异常高压的存在可以增大气体的吸附能力,同时高压条件下水的不可压缩性可作为煤层割理中的液压支撑机理,限制了岩石在负载下孔隙度和渗透率降低的效应。到目前为止,圣胡安盆地和皮仲斯盆地深煤层气井中,具高渗透率和高产气的井都分布于超压水饱和区。可见,超压条件具有提高煤渗透率的作用。

水动力对煤层气藏气体成分也有着较大的影响。沉积盆地的水动力特征,不仅影响地层的压力状态,而且影响煤层气体的成分。与煤层相通的大气水的长期存在为次生生物成因气创造了良好的条件。同时,煤层气成藏还受其他因素的影响,如与压力保持有关的封堵盖层及底板等。

2. 煤层气成藏的基本地质特征

由于煤岩独特的微观结构,大量的甲烷气体可以在一定压力作用下,以吸附的形式赋存于微孔极为发育的煤双重孔隙—裂隙介质中,以"近似流体"形式存在。一般情况下,对于煤阶和组分相近的煤岩在相同压力下其吸附能力相同,如果地层压力降低,这种吸附平衡被打破,甲烷分子就会从微孔中解吸出来"运移"到裂隙或割理中,进而通过其他通道运移到常规储层形成常规气藏或者最终逸散到大气中去。所以煤层气富集成藏是有一定条件的。

1) 源储一体

与常规天然气经过一定距离的一次/二次运移聚集成藏不同,煤储层既是烃源岩,也是储层,属于典型的自生自储,这一特征表明煤储层的规模控制气藏规模,成为煤层气勘探的基本出发点。

煤层甲烷的烃源岩就是煤岩本身。煤富含有机质,在埋藏过程中,有机质通过热降解作用和生物化学作用生成天然气,有一定数量被保存在煤层里,形成煤层甲烷气藏。常规油气的烃源岩主要是富含有机质的泥岩、页岩或石灰岩,也包括煤岩。

煤层同时又是煤层气的储层,煤的孔隙度很小,除低煤阶以外,一般均小于10%,中、低挥发分烟煤孔隙度只有6%或者更小。渗透率的大小依赖于煤层裂隙(割理)发育和开启程度,通常小于1mD。而石油和天然气的储集岩主要是砂岩、碳酸盐岩及少量裂缝性泥质岩、火山岩等,其孔隙度、渗透率比煤层大,变化也大。

2) 运移机制

煤层气生成之后,一部分通过分子扩散途径或通过裂缝运移至邻近的砂岩、石灰岩等储层中,另一部分气体的绝大部分以吸附状态保存在煤孔隙结构里,一般不发生运移或不发生显著运移。只有当煤层压力下降时,比如煤层抬升变浅,煤层吸附气体发生解吸,解吸气体在煤基质和裂隙中发生扩散运移,导致散失。石油和天然气的运移以扩散渗流方式为主,分初次运移和二次运移,在储层中富集成藏,其主要动力是构造应力、水动力和浮力。

3) 圈闭机制

煤层甲烷绝大多数在压力作用下呈吸附状态被保存在煤层的微孔隙中,没有明显的圈闭条件。

4) 流体存在状态

煤层气藏内的天然气以吸附气、游离气和水溶解气存在,以吸附气为主。煤层气赋存状态有三种形式：吸附在煤孔隙表面的吸附气、分布在煤孔隙及裂隙内。

5）产量低

不同于常规天然气衰竭式开采，煤储层孔隙主体被水占据，煤层气需要长期排水降压生产。

3. 煤层气富集主控因素

1）含气性

煤层甲烷包括煤化作用阶段产生的原生（早期）生物成因、热成因和煤化作用期后产生的次生生物气三类。我国最主要的四个成煤期是晚石炭纪—早二叠纪、晚二叠纪、早—中侏罗纪以及晚侏罗纪—早白垩纪。国家"973"煤层气项目诸多学者通过对中国一些地区煤层气的地质地球化学综合研究，相继识别并提出了一系列煤层气的成因类型及其相应的综合示踪指标体系。具体包括：原生生物成因煤层气（新疆沙尔湖地区煤层气为典型实例）、热降解煤层气（甘肃宝积山地区煤层气为典型实例）、热裂解煤层气（山西沁水盆地南部煤层气为典型实例）、次生生物成因煤层气（山西李雅庄煤层气为典型实例）和混合成因煤层气（即次生生物气与热成因气的混合气，安徽淮南煤层气为典型实例）。构成了目前最系统的煤层气成因类型划分方案与综合示踪指标体系（陶明信等，2005，2008；王爱宽等，2010）。中国煤层气的甲烷 $\delta^{13}C_1$ 为 $-80‰ \sim -6.6‰$，也显示出成因很复杂（见图1-4）。

煤层中甲烷气以游离、吸附和溶解三种状态赋存于煤层中。一般中—高煤阶煤层气以吸附状态为主，低煤阶煤层气则存在大量游离气。

测试表明，全国煤层含气量主要分布在 $0.5 \sim 27 m^3/t$，分布上东部高于西部，高煤阶明显高于中—低煤阶。对应吸附饱和度主要在 $20\% \sim 91\%$ 之间，平均约 45%。

2）顶底板封盖能力影响

良好的封盖层可以保持地层压力，阻止地层水的交替，维持游离气、吸附气、溶解气三者之间的平衡关系，使气体主要以吸附状态存在，并减少游离气和溶解气的散失，从而使甲烷气在煤层中得以保存和富集。

由图5-12可知，煤储层顶底板封盖能力直接影响煤层气富集，泥岩、泥质岩封盖能力明显优于石灰岩和砂岩等。由于低煤阶生气能力较差，顶底板封盖能力对低煤阶煤层气富集起到更为关键的作用。

3）煤岩宏观类型影响

煤岩宏观类型与灰分产率、割理密度及含气量存在明显相关性。光亮型煤含气量高，灰分产率低，割理密度大，利于煤层气富集高产。

沁水盆地中东部及南部属低位沼泽、较深覆水森林沼泽、潮湿森林沼泽和干燥森林沼泽相，多发育半亮—光亮型煤，3#约占50%，15#约占60%。

4）煤储层物性影响

我国大部分煤岩压实作用强烈，储层物性差，致密低渗，存在一定量结构煤。

孔隙度一般不足5%，且连通性较差，割理多被矿物充填。煤层气试井渗透率普遍较低，介于 $0.002 \sim 16.17 mD$ 之间，平均为 $0.97 mD$，以 $0.1 \sim 1 mD$ 为主，小于 $0.1 mD$ 的占35%，$0.1 \sim 1 mD$ 的占37%（图5-13）。

5）水动力影响

煤岩水动力是煤层气富集的主要保存因素，同时可能影响生物气生成。

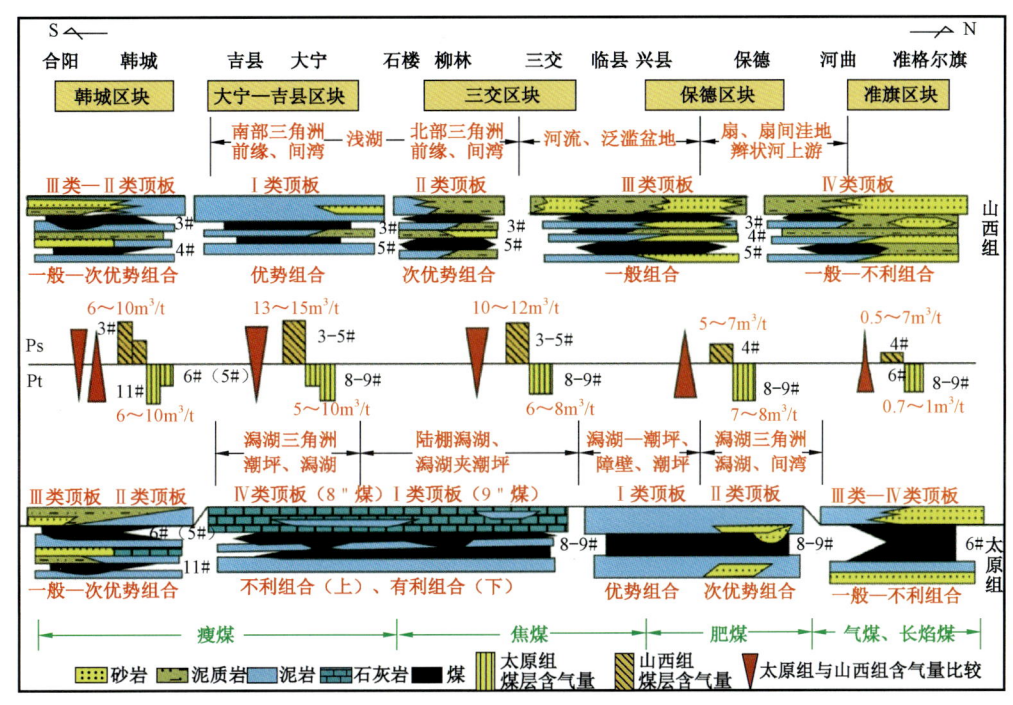

图 5-12 鄂尔多斯东缘太原组—山西组煤层顶底板组合类型与含(产)气量关系

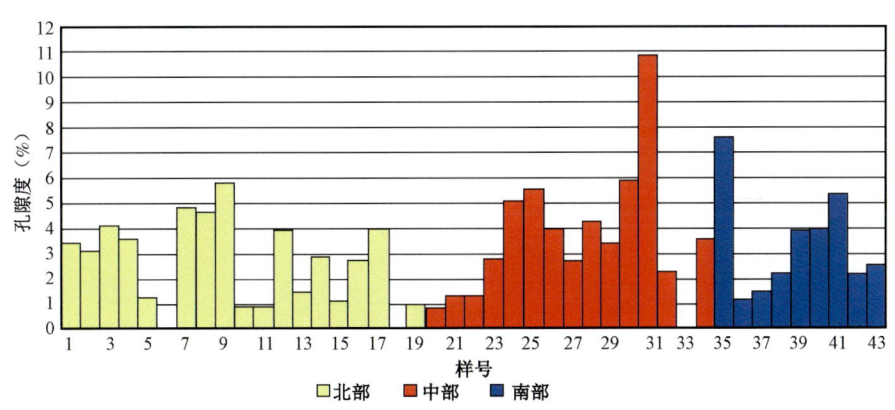

图 5-13 沁水盆地煤岩孔隙度分布柱状图

地下水滞流—弱径流区是中—高阶煤煤层气富集区。以樊庄、大宁—吉县为例对比发现，煤层含气量与水动力分区有明显对应关系(图 5-14,图 5-15)。

在滞流—弱径流区域，樊庄大于 $18m^3/t$，大宁—吉县大于 $12m^3/t$，饱和度大于 80%；而在地下水补给区，樊庄小于 $12m^3/t$，大宁—吉县小于 $10m^3/t$，饱和度小于 50%。

4. 关键参数

1) 煤层气资源量计算关键参数确定的原则

(1) 煤炭资源量、储量选取。煤炭预测资源量可通过收集最新煤炭资源潜力数据资料获得。煤炭储量选取可通过收集并分析相对应的计算单元内的煤田地质精查和详查报告获得。

· 155 ·

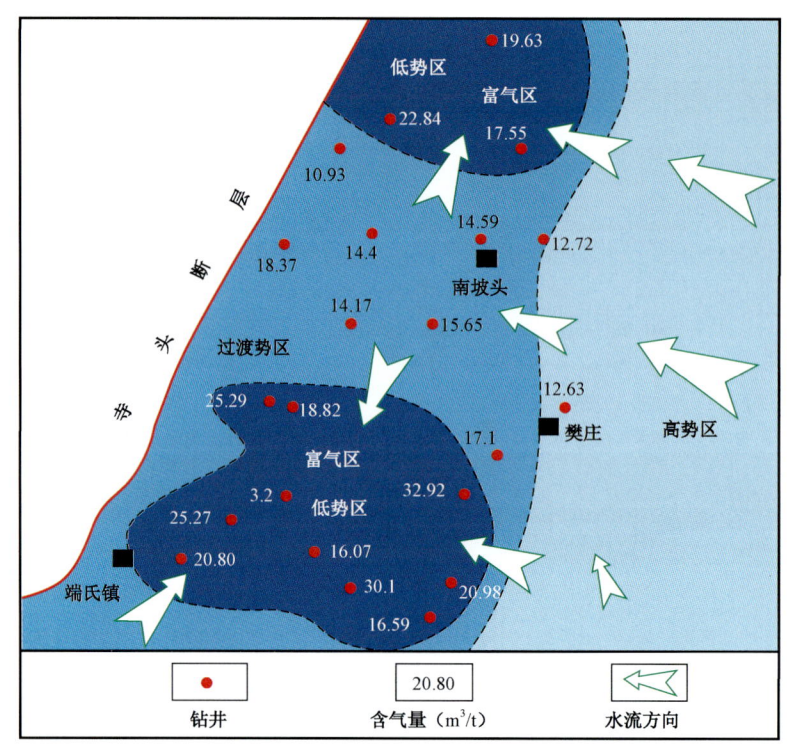

图 5-14 樊庄区块水文分区与含气量等值线图

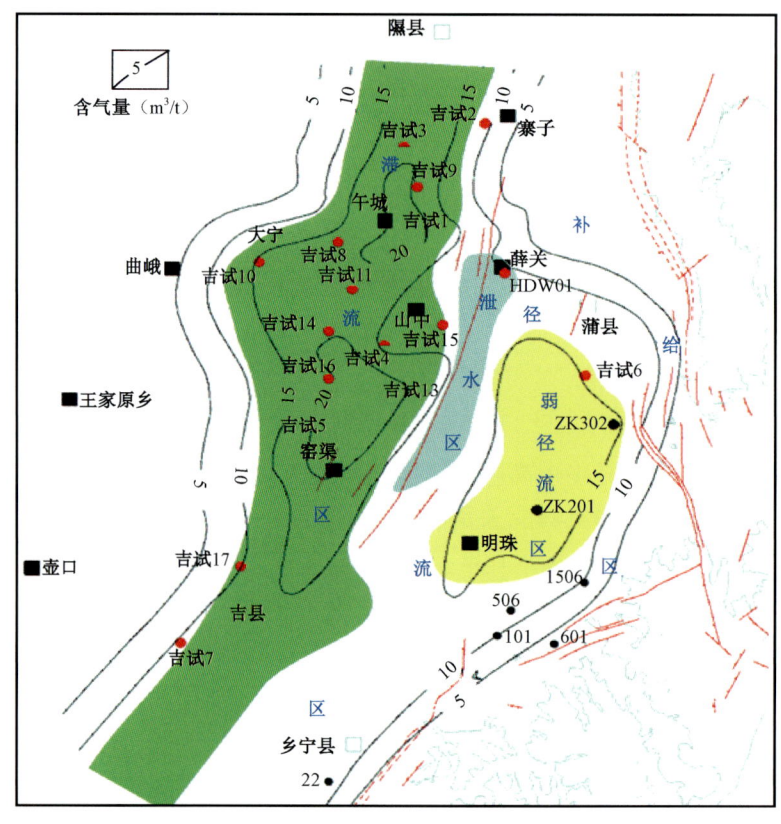

图 5-15 大宁—吉县水文分区与含气量等值线图

的油页岩定为富矿,否则为贫矿。油页岩相对密度为 1.4~2.7g/cm³,灰分很高(>40%),成分中的有机质与矿物质呈均匀细密混合状,很难用常规选煤的方法筛选出来。

2)油页岩的沉积类型

根据油页岩母质及形成环境的不同,可以将其分为陆相油页岩、湖相油页岩和海相油页岩三类。

陆相油页岩中的有机质主要为富含脂质的有机物,它们在还原条件下经过成岩及煤化作用,可转化为可燃的有机岩,这种油页岩也可称为腐泥煤;湖相油页岩的母质主要为淡水和半咸水中的藻类及低等浮游生物,这些藻类在半深湖或深湖中沉积埋藏后,在水体还原或强还原的作用下,逐渐变成油页岩的有机质;海相油页岩的沉积环境包括大型湖盆、浅海环境、小型湖盆及沼泽等,其有机质母质的主要成分为海藻、未知单细胞微生物和海生鞭毛虫。我国以陆相为主,国外则以海相居多。

3)油页岩形成的古地理环境

根据油页岩形成的古地理环境的不同,可以将油页岩的矿床类型分为两类:近海型和内陆湖泊型。近海型是指形成于湖海湾、滨岸三角洲边缘以及其他滨海环境中的油页岩。这种油页岩具有与石灰岩共生、矿层分布面积广、层数多的特点。我国广东茂名、新疆妖魔山、波罗的海盆地的爱沙尼亚和列宁格勒均分布着该类型油页岩。内陆湖泊型油页岩是指在内陆湖泊环境中形成的油页岩,常与煤共生,或以互层形式出现。这种油页岩虽然矿层较厚,但横向变化大。我国辽宁抚顺、美国著名的科罗拉多绿河油田均含有大量内陆湖泊型油页岩,尤其是后者,经济开采价值很高。研究表明,我国油页岩在各个时代的地层中均有分布,以新生代断陷湖盆居多,国外油页岩的时代分布范围也十分广泛,从寒武纪、奥陶纪到白垩纪及古近纪。

4)沉积构造背景

中国油页岩资源总体分布与我国构造大区构造演化、沉积盆地形成密切相关;东部属于太平洋构造域作用区,中部为太平洋与古亚洲洋构造作用区,西部为古亚洲洋与古特提斯构造作用区,南方为特提斯与太平洋构造作用区,西藏为新特提斯与古亚洲洋构造作用区。我国油页岩矿床总体分布与沉积盆地发育一样表现为北富南贫,北部主要分布于大型坳陷型沉积盆地与古近—新近纪小型断陷中;中西部主要分布于大型继承性坳陷与前陆盆地、山间断陷盆地中;南方主要分布于残留断陷盆地与古近—新近纪新生断陷中;西藏地区主要分布于特提斯构造域影响下的残留海相前陆盆地与古近—新近纪新生断陷中。我国油页岩资源总体也相应呈现东部、中西部、南方、西藏四大构造区域格局分布特征。从油页岩资源评价的结果看,我国中西部油页岩主体形成于陆相沉积环境中;从形成的地质时期看,以古生代和中生代为主。

2. 油页岩形成及主控因素

油页岩富集成矿主控因素有四个,分别是盆地类型及古构造、古气候、沉积环境和古地貌,其中古气候和沉积环境是油页岩发育的主要因素。另外,不同地区油页岩富集成矿的主控因素重要性略有不同。

1)东部地区

主要包括松辽盆地、抚顺盆地、桦甸盆地、依兰盆地等。

(1)古气候条件。

气候对湖泊初始生产力、有机质保存、油页岩层数、厚度的控制。气候变化是影响有机质生产力的主要因素。温湿的气候有利于植物的生长,而干燥少雨的气候植物生长受到限制。在干燥少雨的气候条件下,入湖径流量小,陆源有机质输入减少,湖水营养矿物质含量降低,使水生浮游生物生长受限制,原始有机质生产力低下;在潮湿多雨的气候条件下,入湖径流量大,带来丰富的陆生植物和营养物质,使水生浮游生物得以繁荣,从而使有机质生产力提高。

桦甸盆地油页岩段沉积时期,气候表现为干湿交替的波动变化,反映了此时湖平面也存在波动性变化。当气候温暖湿润时,降雨量大于蒸发量,湖泛作用使湖平面上升,导致湖水中营养物质含量升高,使湖泊生产力提高,有利于油页岩的形成;当气候转为干旱时,降雨量小于蒸发量,导致湖平面下降,湖泊水体变咸化,有利于有机质的保存。气候通过影响湖泊水体蒸发量与补给量的平衡而控制着湖平面的变化,从而控制了油页岩的层数和厚度。

(2)古沉积条件。

沉积相展布控制了油页岩的平面展布和成因类型。沉积物供给与构造沉降通过影响可容空间大小共同控制了沉积相的叠加和沉积体系展布,从而间接控制了油页岩的平面展布特征,当沉积物供给速率较小且发生湖侵条件下即水进体系域时期。抚顺盆地以湖沼相和湖相为主,桦甸盆地以湖相和扇三角洲相为主,松辽盆地农安地区以半深湖相和深湖相为主,依兰盆地以冲积扇相、扇三角洲相、湖相为主。抚顺盆地形成了浅湖相、深湖相油页岩,桦甸盆地形成了浅湖相、半深湖相油页岩,而依兰盆地则形成了湖沼相油页岩。上述不同成因油页岩的形成主要与沉积演化有关。

(3)古构造条件。

构造对于油页岩矿的控制作用体现在两个方面,一个是同沉积时期的控制作用,另一个是沉积之后的改造作用。同沉积时期的古构造特征在盆地演化过程中的活动体现着不同的同沉积构造运动形式。它们或者同期发展,对盆地沉积和油页岩的聚集产生复合作用,或者在某个阶段单独表现明显。并且,这些不同形式的同沉积构造运动既具有成因联系,又具有各自的特点。因此,断陷盆地和坳陷型盆地的古构造控制作用也有一定的不同。

以抚顺盆地为例,盆地主要构造为控盆断裂和同沉积构造。其中,控盆断裂主要控制了油页岩的沉积位置、沉积厚度和含油率;同沉积构造主要表现在控制了盆地内部油页岩的展布形式以及油页岩的块段分布。纵向同沉积正断层控制了盆地的轴向,因此控制了油页岩矿带整体的东西向展布形式;横向同沉积正断层控制了较厚油页岩的块段分布。

松辽盆地是一个大型坳陷盆地,盆地后期的作用主要体现在对油页岩产状、厚度、含油率等的改造。晚白垩世嫩江组沉积末期—明水组沉积时期,松辽盆地从以断块作用为主转化为褶皱作用,形成一系列褶皱构造。伴随着褶皱构造形成,东南隆起区整体构造抬升,由于油页岩埋深整体变浅。而在背斜构造发育的地区,由于剥蚀作用强烈,导致部分油页岩出露于地表,甚至上部油页岩层全部被剥蚀。构造演化特征对松辽盆地南部油页岩分布和厚度起到了重要的改造作用。

2)中西部地区

主要包括鄂尔多斯盆地、民和盆地、准噶尔盆地等。

(1)含有丰富的有机质是油页岩矿产形成的物质基础。

中西部分布着许多大型含油气盆地,盆地中烃源岩的分布控制油页岩的分布,总的特征为高丰度的有机质分布是油页岩形成的物质基础,优质烃源岩的分布即为油页岩。对中国其他地区的研究也显示,含油率与有机碳之间的正相关关系比较明显,并得出当有机碳值大于6%时,含油率大于3.15%。

(2)偏还原的沉积环境有利于高含油率油页岩的形成。

生物标志化合物组成特征可以反映有机质的沉积环境。通常认为Pr/Ph大于1指示了氧化—弱氧化环境,而当Pr/Ph小于1时指示了还原环境。从中西部Pr/Ph比值与含油率的相关性看,Pr/Ph比值小于1时,比值越小的偏还原沉积环境,其含油率越高;当Pr/Ph大于1时,含油率明显变小。因此,还原环境有利于含油率高的油页岩的形成,氧化环境不利于油页岩矿的形成。

(3)高位水进体系域有利于油页岩的形成。

中西部油页岩发育在大型内陆湖泊中的坳陷期。我国中西部油页岩的主要形成环境为湖、沼泽和海陆过渡环境。在准噶尔盆地南缘油页岩发育在二叠系芦草沟组,该时期的构造沉降较大并且持续时间长,在博格达山形成深坳陷。并且,当时的气候温暖潮湿,植物繁盛,水生生物极为发育,有机质丰富,在半深湖—深湖沉积环境沉积了巨厚的油页岩。

民和盆地也是西部有一定代表性的小型湖泊—沼泽类型的含油页岩盆地,形成于中生代,油页岩与煤层伴生,油页岩位于煤层之上,由于该类型油页岩有机质母质有较多的陆源高等植物输入,因此主要有机质类型为腐泥腐殖型、腐殖型。

3)南方地区

主要包括茂名盆地、钦县盆地、句容盆地、北部湾盆地等。

南方地区处于太平洋与特提斯构造域作用带,油页岩矿床主要发育于受新生代太平洋构造域影响的我国被动大陆边缘、于晚白垩世—新近纪发生的拉张断陷盆地中。目前,已发现了茂名、钦县、句容、北部湾等含油页岩盆地,以茂名盆地为典型代表。

中南方盆地油页岩的形成主要受构造、沉积环境、气候等因素控制。对于陆相断陷盆地,气候和构造运动对内陆盆地油页岩的形成、赋存和分布起着重要控制作用,很大程度上决定了矿产形成和分布规律。构造运动控制了新生代沉积盆地的基本形态,进而决定了油页岩形成的沉积环境和空间条件,同时也影响油页岩的保存与破坏。在温暖潮湿、亚热带气候条件下,湖盆易于保持一定的水体深度,有机质丰盛,水介质具有一定盐度,有利于油页岩的形成。

4)西藏地区

主要指羌塘盆地、伦坡拉盆地。

西藏地区处于古亚洲洋与特提斯构造域作用带,油页岩矿床主要发育于受新生代特提斯构造域影响、于燕山期晚三叠世—新近纪发生的残留前陆盆地与残留断陷盆地中。已发现伦坡拉、羌塘等含油页岩盆地,以羌塘盆地为典型代表。

西部—青藏区油页岩的形成明显受到古地理环境的控制和古气候的影响,其中古地理是控制油页岩展布的关键。油页岩的生成与海平面的升降或潟湖的间歇性开放也有密切关系,海水的侵入导致盐度密度分层而形成缺氧环境。而古气候的变化是决定油页岩生成的根本原因,湿热的气候环境有利于油页岩的形成,干旱炎热的气候环境限制了生物的大量繁殖,不利于油页岩的形成。

3. 资源评价关键参数

1)资源体系

油页岩资源是指根据产出形式、数量和质量预期,最终开采技术上可行、经济上合理的油页岩。

在资源体系中(图 5-21),油页岩可分为油页岩和油页岩油两大资源系列。油页岩资源包括油页岩地质资源与技术可采资源,油页岩技术可采资源是指油页岩资源在现有和未来可预见的技术条件下可以采出的油页岩资源总量(包括已经采出的);可采系数是指油页岩资源中,在现有和未来可预见的技术条件下可以采出部分所占的百分比。

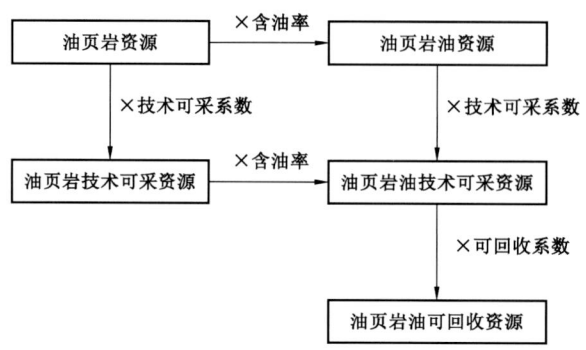

图 5-21　油页岩资源系列相互关系

油页岩油资源包括油页岩油地质资源、技术可采资源和可回收资源。油页岩油是油页岩低温干馏时有机质热分解的产物。油页岩油资源为油页岩资源乘以相应的含油率,相当于常规油气的地质资源量。油页岩含油率是指油页岩中页岩油所占的质量百分比。油页岩油可回收资源是指油页岩油技术可采资源在现有和未来可预见的技术条件下可以干馏出的页岩油的总量,即油页岩油可回收资源 = 油页岩油资源×技术可采系数×可回收系数,它相当于常规油气的可采资源量。油页岩油可回收系数是指页岩油技术可采资源中,在现有和未来可预见的技术条件下可以干馏出部分所占的百分比。

油页岩两大资源体系中,按地质可靠程度可细分为查明资源和潜在资源。

查明资源是指经勘查工作已发现的油页岩资源,按地质可靠程度分探明的、控制的和推断的。油页岩探明资源是指矿区的勘探范围依照勘探的精度详细查明了矿床的地质特征、矿体的形态、产状、规模、矿石质量、品位及开采技术条件,矿体的连续性已经确定,矿产资源数量计算所依据的数据详尽,可信度高。

潜在资源是指预测的资源量,是根据地质评价预测而未经查证的那部分油页岩资源。

2)关键参数

(1)边界品位。当前经济技术条件下,用来划分矿与非矿界线的最低品位,边界品位(含油率)定为大于 3.5%。其中块段含油率不小于 5.0% 达到工业品位。

(2)最小可采厚度。矿石质量符合要求时,在目前经济技术条件下,有开采价值的单层矿体最小厚度为 0.7m。

(3)埋深。限于目前油页岩勘探开发手段及技术水平的约束,随着油页岩埋深的增大必然会使勘探难度加大、成本提高。因此,现阶段油页岩潜在资源通常是指埋深小于 1000m 的中浅层油页岩资源。

(4)面积。面积过小的含矿区开发价值有限,以面积不小于 $0.1km^2$ 作为起算值。

根据以上起算值,油页岩含矿区参数不足起算值的区块直接否决,有新资料的区块进行资源重新计算、核查或修订;无新资料的沿用前人成果。参数的确定依据根据勘查程度不同而不同(表 5-26)。

表 5－26　油页岩资源评价参数确定依据表

参数\勘探阶段	面积	厚度	埋深	含油率	可采系数
勘探/详查	利用钻孔控制点确定边界	利用钻孔资料确定各层厚度	利用钻孔资料确定各层埋深	整理前期基础数据表,实测最低含油率3.5%（边界品位）,平均含油率5.0%（工业品位）	0～100m,60%～80%,露天开采; 100～500m,30%～50%, 巷道开采; 500～1000m,8%～20%, 原位开采
普查	利用地质图、模式图预测范围	利用剖面图确定各层厚度	利用地质图件确定埋深		
预查	利用地质图预测范围	利用地质图件预测厚度	利用地质图件预测埋深		
备注		最低可采厚度 0.7m	并无埋深大于1000m的油页岩开采成功先例,按 $D \leqslant 500m$, $500m < D \leqslant 1000m$ 两个区间统计	低品位($3.5\% < \omega \leqslant 5\%$); 中品位($5\% < \omega \leqslant 10\%$); 高品位($\omega > 10\%$)	

3）油页岩资源评价原则、评价方法

在2005年的全国油页岩资源评价中,油页岩资源储量的评价方法采用了体积评价法。表5－27为《中石油矿权区油页岩资源潜力评估与对外合作区块优选》项目中建立的油页岩资源评价方法体系。

表 5－27　油页岩资源评价方法体系表

类型	评价方法	适用性
统计法	体积法	低勘探程度评价单元应用类比法,通过与地质条件相似的中、高勘探程度区类比,预测评价单位的资源量;中勘探程度评价单元主要应用体积丰度类比法或类比法;高勘探程度评价单元应用体积法计算评价单元的资源量
统计法	矿区加和法	
统计法	成矿因素分析法	
类比法	面积丰度类比法	
类比法	体积丰度类比法	
类比法	未成熟烃源岩预测法	
地球化学法	热解模拟法	
地球化学法	有机碳法	

文中油页岩资源评价是在2005年全国油页岩资源评价的基础上开展,重点是根据我国非常规油气资源勘探与开发形势,针对我国重点盆地、重点矿区、重点区带进一步开展资源评价、落实资源,目的是服务于油页岩勘探与开发战略方向、战略选区。研究范围较为具体,研究目标进一步聚焦,研究时间与研究工作量也大大收缩,资源原则应有别于前期资源评价原则。

油页岩资源评价原则:简化资源与储量级别,向常规油气资源评价级别靠拢;突出油页岩资源的战略意义,不开展油页岩资源与储量经济评价;突出重点盆地、重点矿区、重点区带;运用类比法与体积法。

油页岩资源评价具体做法:东北地区、南方地区1000m以浅,采用刻度区类比法计算;西部地区进行关键参数再评价,主要采用体积法计算;南方与西藏地区进行评价参数核实,主要采用体积法计算。资源评价分为资源、查明资源量、潜在资源量三个级别;西部、中部、西藏油页岩实物工作量投入较少,其油页岩资源、储量落实程度较低,将其前期资源、储量级别均下调一级;勘查与开采战略方向为主要针对资源基础好,地理条件较好,工业基础较好,拟示范推广作用的地区进行优选;而南方资源基础较差、资源分散,西藏属高原环境,生态脆弱不予考虑。

二、油页岩油资源评价结果

油页岩资源评价结果见表5-28,中国油页岩资源总量达9734×10^8t,技术可采资源量321.5×10^8t,油页岩油地质资源量533.7×10^8t,可采资源量175.6×10^8t,可回收资源量131.8×10^8t。油页岩资源集中于松辽、鄂尔多斯、准噶尔、伦坡拉四大盆地,松辽盆地油页岩资源3974×10^8t,占全国的40.8%;鄂尔多斯盆地油页岩资源3558×10^8t,占全国的36.6%;准噶尔盆地油页岩资源652×10^8t,占全国的6.7%;伦坡拉盆地油页岩资源383.98×10^8t,占全国的3.9%。资源品质较好的油页岩矿多位于东部新生代小型断陷盆地群,多与煤伴生或共生。

表5-28 全国油页岩资源评价结果

大区	盆地	含矿区	层系	勘查程度	埋深(m)	油页岩总地质资源量(10^4t)	油页岩总可采资源量(10^4t)	油页岩油总地质资源量(10^4t)	油页岩油总可采资源量(10^4t)	油页岩油可回收资源量(10^4t)
东部地区	敦密	桦甸	新生界	勘探	0~500	70523	43119	6059	3644	2733
		梅河	新生界	预查	0~1000	29219	8766	1411	423	318
	松辽	扶余长春岭	中生界	勘探	0~500	3708500	1446300	175800	68600	51400
					500~1000	738000	287800	36100	14100	10600
		前郭—农安	中生界	勘探	0~500	3091600	1205700	141286	55100	41300
		深井子	中生界	勘探	0~500	1489500	580900	77305	30100	22600
		预测区	中生界	预测	0~500	11657000	3730240	559536	167742	125806
					500~1000	19060000	6099200	914880	274269	205702
	柳树河	五林	新生界	勘探	0~500	11035	3814	938	324	243
	大杨树	阿荣旗	中生界	预测	0~500	532572	199715	37440	11224	8418
	老黑山	老黑山	中生界	预测	0~1000	22066	7723	3339	1001	751
	林口	林口	新生界	预测	0~500	68971	22415	6904	2070	1552
	罗子沟	罗子沟	中生界	勘探	0~800	109126	44977	6595	2497	1873
	杨树沟	敖汉旗	中生界	普查	0~110	4519	3164	252	76	57
		奈曼	中生界	普查	0~800	26789	18717	1472	1029	772
	依兰—伊通	达连河	新生界	勘探	0~1000	19416	7429	1330	508	381
		舒兰	新生界	预测	450~1000	76829	21195	4248	1277	958
	抚顺	抚顺	新生界	勘探	0~750	365195	283369	21412	16788	12591
	黑山	阜新野马套海	中生界	普查	14~400	37069	19831	1874	1027	770
	朝阳	朝阳七道泉子	中生界	勘探	20~500	130176	65329	6053	3106	2330
	建昌	建昌碱厂	中生界	普查	10~300	10829	7580	443	310	233
		凌源	中生界	预测	12~960	234314	88153	11668	3878	2908
	阜新	义县万佛堂	中生界	普查	0~210	1621	681	72	31	23
	丰宁	丰宁大阁	中生界	详查	0~350	3024	1869	184	115	86

续表

大区	盆地	含矿区	层系	勘查程度	埋深（m）	油页岩总地质资源量（10^4t）	油页岩总可采资源量（10^4t）	油页岩油总地质资源量（10^4t）	油页岩油总可采资源量（10^4t）	油页岩油总可回收资源量（10^4t）
东部地区	燕河营	卢龙鹿尾山	中生界	详查	20~300	615	369	42	25	19
	渤海湾	昌乐五图	新生界	普查	200~850	42283	14876	2507	881	661
	胶莱	安丘周家营子	新生界	普查	10~560	30675	11760	2479	950	712
		黄县	新生界	勘探	60~1000	75830	44014	10478	6081	4561
	济宁	兖州鲍家店	古生界	勘探	360~710	832	408	99	48	36
		兖州南屯	古生界	详查	360~710	5363	3754	924	647	485
	小计					41653491	14273167	2033130	667871	500879
西部地区	民和	炭山岭	中生界	勘探	0~1000	84383	27425	7173	2499	1874
		窑街	中生界	勘探	0~1000	51596	16769	4386	1528	1146
		海石湾	中生界	勘探	340~910	86768	28200	7375	2570	1927
		预测区				1688568	548785	128238	44678	33509
	西宁	小峡	中生界	勘探	0~800	5716	4287	486	169	127
	柴达木	大煤沟	中生界	勘探	0~1000	10373	4668	882	307	230
		鱼卡	中生界	预测	800~1000	1670161	58471	14200	4947	3710
	准格尔盆地	妖魔山	上古生界	详查	0~590	861122	299240	73195	25501	19126
		水磨沟	上古生界	普查	0~350	194038	67428	16493	5746	4310
		三工河	上古生界	普查	0~500	2044217	710365	173758	60537	45403
		大龙口	上古生界	普查	0~500	634365	218856	39648	13679	10259
		博格达山北麓预测	上古生界	预测	0~1000	2790123	969568	237160	82627	61970
	阿坝	阿坝	新生界	预测	0~500	80363	26118	4950	1609	1207
	小计					10201793	2980180	707944	246397	184798
中部地区	鄂尔多斯	彬县	中生界	普查	0~500	61097	19551.04	4582	1466	1154
		铜川	中生界	普查	0~250	92664	29652.48	6048	1935	1757
		淳化	中生界	普查	0~450	30901	9942.32	2318	742	579
		华亭	中生界	详查—预查	0~1000	16205	5185.6	1215	389	303
		崇信	上古	详查	0~180	2013	644.16	131	42	34
		伊金霍洛旗	中生界	勘探	0~150	825	264	32	10	8
		东胜	中生界	预测	0~400	34085	10907.2	2556	818	613
		蒲县	上古生界	普查	0~250	658	210.56	29	9	8
		保德	上古生界	预查	0~250	811	259.52	35	11	9
		南部预测区	上古生界	预查	0~500	13460000	4307200	640000	204800	153600
			上古生界	预查	500~1000	21880000	7001600	1012000	323840	242880
	六盘山	中宁中卫	上古生界	普查	0~500	1732	624	77	26	20
	四川	宜宾—内江	中生界	预测	0~500	406269	152351	17185	6445	4834
	小计					35926163	11538391.88	1686208	540533	405799

续表

大区	盆地	含矿区	层系	勘查程度	埋深(m)	油页岩总地质资源量(10^4t)	油页岩总可采资源量(10^4t)	油页岩油总地质资源量(10^4t)	油页岩油总可采资源量(10^4t)	油页岩油总可回收资源量(10^4t)
南方地区	茂名	茂名	新生界	勘探	0~722	157744	128842	10208	8399	6299
		高州	新生界	勘探	0~850	264858	218846	14854	11869	8902
		电白	新生界	勘探	0~850	254728	168244	16759	11068	8301
		茂名盆地	新生界	预测	400~1000	329672	123627	21428.68	7929	5946
	那彭	那彭	新生界	普查	0~150	226	111	14	7	5
	钦州	钦州	新生界	普查	0~330	1819	1189	117	81	61
	句容	金坛	新生界	勘探	26~190	3625	1369	155	60	45
	北部湾	儋州	新生界	勘探	30~357	261767	243330	12742	12082	9062
		海口	新生界	普查	0~500	13238	7491	641	364	273
	新宁	宁远	中生界	预测	86~218	3090	1004	241	79	59
	湘乡	湘乡	新生界	普查	0~600	3945	1538	142	56	42
	吉安	敖城	中生界	预测	0~75	180	63	9	3	2
	萍乡	萍乡	中生界	普查	0~600	6620	1758	342	91	68
		宜春	中生界	预测	0~70	349	105	19	6	5
	楚雄	楚雄	中生界	普查	200~1000	160	72	8	4	3
	思茅—兰坪	维西	新生界	勘探	0~600	2143	711	105	34	26
	小计					1304164	898300	77784.68	52132	39099
青藏地区	羌塘	通波日	中生界	预测	0~500	9062	3207	832	294	221
		毕洛错	中生界	预测	0~200	4343338	1303001	398718	119616	89712
	伦坡拉	江加错	新生界	预测	0~550	3839808	1151942	433130	12939	97454
	小计					8192208	2458150	832680	132849	187387
合计						97338916	32148189	5337747	1639782	1317962

东部地区油页岩资源总量达 4165×10^8t,集中于松辽盆地。松辽盆地油页岩资源 3974×10^8t,占东部的 95.4%;油页岩油资源为 190.5×10^8t,占东部的 93.7%;可回收油页岩油资源为 45.74×10^8t,占东部的 91.3%。

西部地区油页岩资源总量达 1020.2×10^8t,集中于准噶尔盆地。准噶尔盆地油页岩资源 652×10^8t,占西部的 63.9%;油页岩油资源为 54×10^8t,占西部的 76.3%;可回收油页岩油资源为 14.1×10^8t,占西部的 76.3%。

中部地区油页岩资源总量达 3593×10^8t,集中于鄂尔多斯盆地。鄂尔多斯盆地油页岩资源 3558×10^8t,占中部的 99%;油页岩油资源为 166.9×10^8t,占中部的 98.9%;可回收油页岩油资源为 40.1×10^8t,占中部的 99%。

南方地区油页岩资源总量达 130×10^8t,集中于茂名盆地。茂名盆地油页岩资源 100×10^8t,占南方地区的 76.9%;油页岩油资源为 6.3×10^8t,占南方地区的 81%;可回收油页岩油资源为 2.9×10^8t,占南方地区的 74%。

青藏地区油页岩资源总量达 819.2×10^{8}t,集中于伦坡拉盆地;伦坡拉盆地油页岩资源 383.98×10^{8}t,占西藏地区的 46.9%;油页岩油资源为 43.3×10^{8}t,占西藏地区的 52%;可回收油页岩油资源为 9.74×10^{8}t,占西藏地区的 52%。

第六节　油砂油资源评价

一、地质评价及参数

油砂又称沥青砂,是一种含有天然沥青的砂岩或其他岩石。通常是由砂、沥青、矿物质、黏土和水组成的混合物。在油层温度条件下,黏度大于 10000mPa·s 并且埋藏深度不大于 200m (油砂储量规范)的称之为油砂油。

1. 油砂矿形成及主控因素

我国油砂形成主要有两期:燕山期和喜马拉雅期。古生代油砂矿和沥青形成于燕山期,且分布局限,主要分布于南方的残留盆地中,如麻江—瓮安地区、桂中坳陷、南盘江坳陷等古生界中的油砂和沥青砂。这些盆地中的古生界烃源岩于加里东期或印支期进入生油高峰,并形成古油藏。燕山运动使古油藏抬升,遭受氧化等形成油砂矿。这些油砂矿还可能受到后期改造运动进一步改造,使油砂质量变差,甚至变成干沥青矿。

中生代、新生代油砂矿均形成于喜马拉雅期,且分布广泛、资源丰富,是我国重要的油砂成矿期。如准噶尔盆地、松辽盆地、四川盆地、鄂尔多斯盆地中生代的油砂矿。这些盆地中的烃源岩于燕山晚期或喜马拉雅早期进入生油高峰,并形成油藏。喜马拉雅运动使油藏抬升,遭受氧化等形成油砂矿或使油藏破坏,油气再次运移到地表或浅部储层中形成油砂。

1)构造运动对大型油砂矿的控制作用

油砂的形成和展布与中生代、新生代构造运动有着紧密的关系,展布受控于全球新生代造山褶皱带的分布。中生代、新生代构造运动导致古油藏遭受破坏,常规油运移进入浅部,甚至地表,遭受生物降解、水洗和游离氧的氧化,形成油砂。全球油砂沿两个带展布,即环太平洋带和阿尔卑斯带。在任何含油气地区,无论油砂资源赋存于何处,其空间展布均遵守着同一规律,即展布于盆地(或凹陷)的边缘斜坡和凸起之上或边缘,以及断裂构造带的浅部层系。

从层位上讲,绝大部分的油砂资源赋存于白垩系和古近—新近系中。而古生界赋存的该类资源则以天然沥青为主,这与构造活动的破坏与氧化有关。

2)盆地常规油及稠油资源对大型油砂矿的控制作用

盆地具有相当规模的常规油气聚集是形成稠油、油砂资源的前提。足够数量的石油由非连通系统进入连通系统,遭受各种稠变因素的作用,并使相当数量的原油在连通系统中聚集。这样,最终才可在连通系统中形成重油油砂。在一个盆地或凹陷中,油源愈充足、区域盖层愈完整,则其油气聚集的丰度就愈高。在这一前提下,后期构造运动的发生和运动的方式与特征则是重油沥青资源形成与聚集的必要条件。因为只有它才能造成盆地区域盖层的局部缺失或遭受断层的切割,使油气由非连通系统泄漏进入连通系统。泄漏进入连通系统的石油愈多、在连通系统内创造的封盖条件愈好,愈有利于重油油砂资源的大规模形成。

大型油砂矿均产于稠油资源丰富的盆地,例如准噶尔盆地、松辽盆地、二连盆地、渤海湾盆地的稠油资源丰富,相应的油砂矿规模也比较大。

3)运移通道及输导层对油砂成矿的控制作用

位于深处的原油及稠油只有运移至较浅部位才能形成油砂,因此不整合面、断裂体系、孔渗较好的输导层对形成油砂矿有重要的控制作用。

(1)不整合面对油砂成矿的控制作用。

由于不整合面是一个风化剥蚀面,长期的风化、淋滤作用,使得溶蚀孔隙十分发育,所以,在不整合面附近往往发育储集条件较好的储层。另外,不整合面也是地层水运移、活动的重要通道,含有机酸、无机酸的地层水可改造不整合面上下的储层,使其成为油气聚集场所。准噶尔盆地西北缘的油砂大多分布在石炭系与侏罗系、白垩系不整合面附近。

(2)断裂体系对油砂成矿的控制作用。

大型断裂控制油砂矿的分布,小型局部断裂控制油砂矿的富集,输导层对油砂成矿有控制作用。深部的稠油沿盆地边缘的大型石炭系内部断裂上升到石炭系不整合面,运移到白垩系中形成油砂,这些盆缘逆冲断层控制了油砂的分布。局部的小型断裂为稠油的运移提供了良好通道和局部遮挡,为油砂成矿富集形成了良好条件。准噶尔盆地西北缘白垩系吐谷鲁组底砾岩厚度大、胶结松散、渗透性好,是稠油及油砂的良好储层。

4)储集砂体对油砂成矿的控制作用

准噶尔盆地西北缘物性较好的河流及冲积扇砂体成为有利的储集空间。

(1)扇体对油砂成矿的控制作用。

西北缘斜坡区多物源供给和多水流系统时空演化的特点,造就了沉积体系的多样性。除主要生烃区和几套区域盖层外,高砂(砾)/泥比是该区剖面的基本特征。该区有利的沉积相带——断崖扇体、洪冲积扇体、扇三角洲体为油气聚集提供了良好空间,成为稠油及油砂富集的良好场所。以黑油山三区西三叠系油砂为例,该区发育5个规模大小不等的(洪)冲积扇体,扇体主体部位砂砾岩厚度大,形成了较好的稠油藏,上倾的扇体根部则埋深浅,形成油砂(图5-22)。油砂的发育部位受扇体控制。

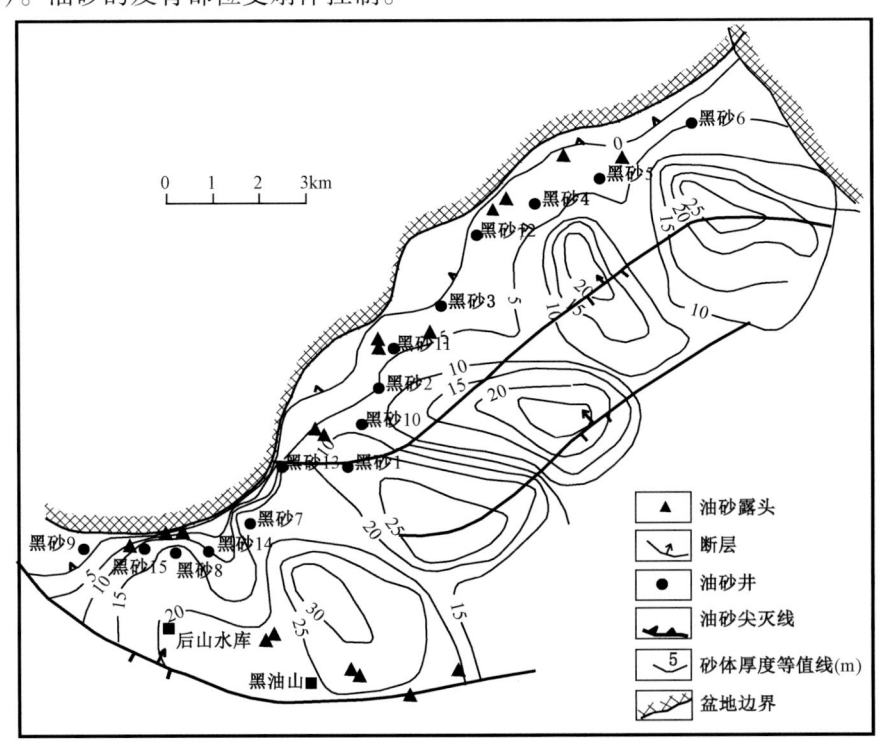

图5-22 黑油山三区西三叠系扇体分布图

般厚100~200m,最大厚度600m,主要分布于凹陷北东部伊宁县回民庄坎北伊2井所围的区域,其次为宁3井、伊参1井连线以北,以及宁4井附近,是有效烃源岩分布的有利地区。

铁木里克组暗色泥岩、页岩的TOC(总有机碳含量)为0.17%~4.47%,平均为0.39%~3.02%(图5-29),氯仿沥青"A"平均含量为0.0358%,S_1+S_2为0.17~1.86mg/g;石灰岩TOC为0.18%~3.99%,平均含量为0.39%~1.86%,氯仿沥青"A"平均含量为0.0091%,S_1+S_2为2.12mg/g。该组H/C小于0.65,O/C比值为0.02~0.18,其投影点落在Ⅰ、Ⅱ、Ⅲ型干酪根区间,饱和烃为19%~41%,芳香烃为16%~17%,饱和烃/芳香烃为2~2.5,$\delta^{13}C$碳同位素为-20.48‰~-2.69‰,表明有机质类型为腐殖—腐泥型,并有腐泥型、腐殖型。铁木里克组生油岩R_o为0.75%~2.1%,个别为0.45%(图5-30),表明有机质均已成熟,有机质演化仍处于生油与湿气阶段。

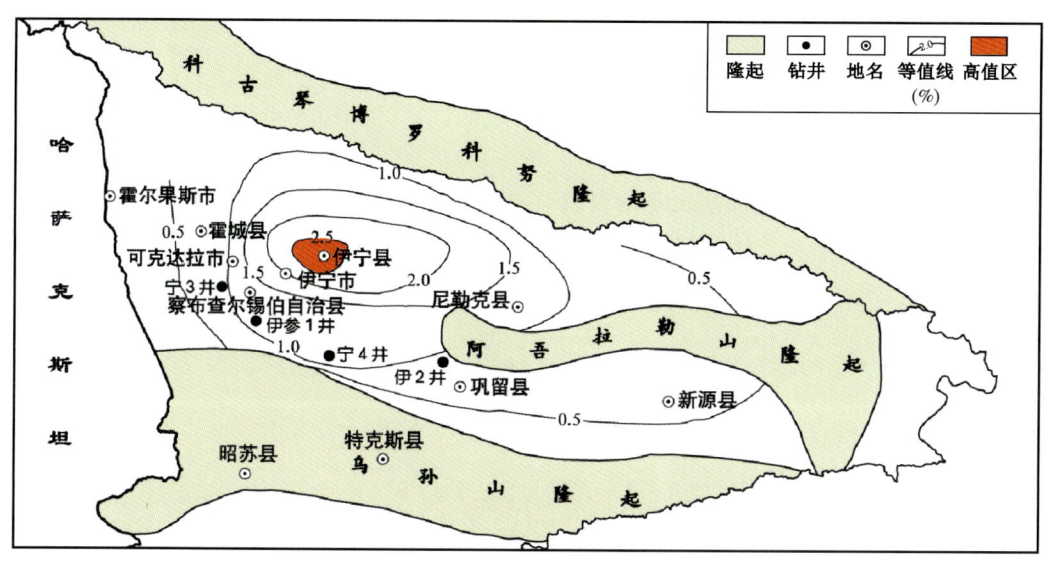

图5-29 伊犁盆地上二叠统烃源岩TOC分布等值线图

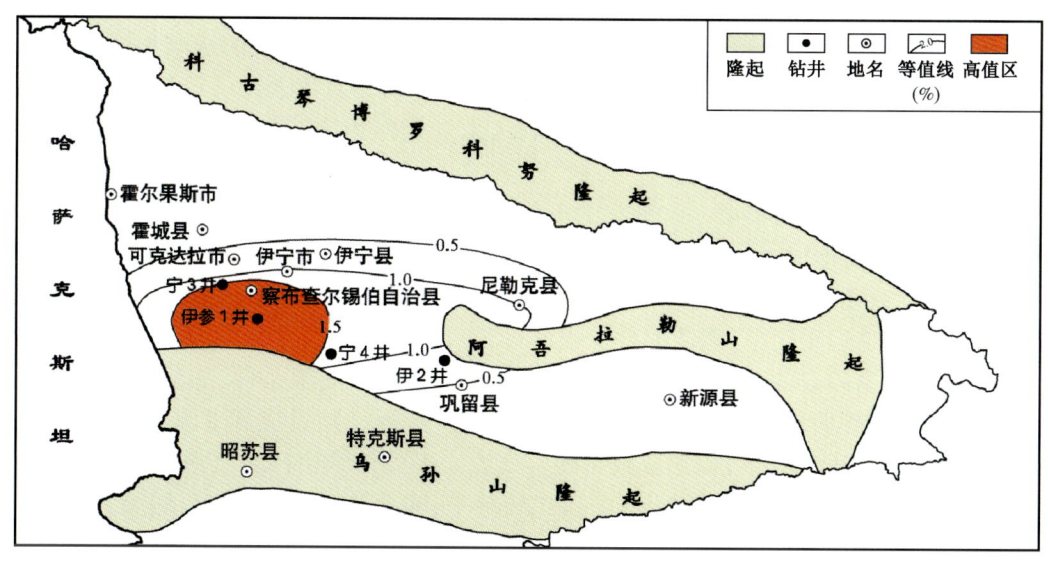

图5-30 伊犁盆地上二叠统烃源岩R_o分布等值线图

总体看,上二叠统烃源岩分布较广,铁木里克组烃源岩为一套以II_2型、II_1型—III型有机质为主、总体处于低熟—成熟阶段的较好生油岩。TOC 大于 1% 的有效烃源岩主要分布在伊宁坳陷,面积为 9668km²;R_o 大于 0.6% 的有效烃源岩分布在伊宁坳陷,面积为 4698km²。

(3)西部地区中小盆地源储叠置,组合共生,具备致密油气形成条件。

从储盖组合条件看,露头和探井剖面上,伊犁盆地铁木里克组砂岩与泥岩互层,源储一体,泥质岩是良好的盖层,构成了重要的生储盖组合,有利于成藏,成为致密油气有利勘探区。

精河盆地上二叠统铁木里克组致密储层渗透率极低,该组砂岩与泥岩互层,源储一体,泥质岩是良好的盖层,构成了重要的生储盖组合,有利于致密油气成藏。

吐拉盆地源储交互叠置,盆地矿井/地下岩样生烃指标较好、储层致密,侏罗系主体处于成熟阶段,有致密油形成潜力;局部地区处于湿气—凝析油阶段,可能形成致密气。可进一步开展工作,评价致密油气和油砂资源。

二、致密油气资源评价

1. 中小盆地致密油气资源评价方法

1)致密油气资源类比评价法及标准修订

此方法首先要求预测目标的成藏地质条件基本清楚,其次要求类比刻度区已进行过系统的资源评价研究,且已发现油气田或油气藏。公式如下:

$$Q = \sum_{i=1}^{n} S_i \times K_i \times a_i \quad (5-8)$$

式中　Q——预测目标的油气总资源量,t;

　　　S——预测目标的面积,km²;

　　　a——类比系数,为预测目标类比总分/刻度区类比总分;

　　　i——评价区个数(1,2,3,…,n);

　　　K——刻度区的油气资源丰度,t/km²。

类比法资源评价需要考察类比刻度区和目标区各项成藏指标的相似程度。参照全国第三次资源评价常规天然气藏类比的标准,针对致密砂岩气的特征,在参数的选取和标准取值方面作了系列修订(表5-41),使之适合致密油气资源前景分析。对比国内外经典致密油气区,参考国内典型致密油气资源丰度分布规律,以有利区生烃量作为比照值,计算各有利区资源量,重新修订的理由如下。

构造条件:常规油气藏需要一定程度的正向构造,一般来说幅度越大则运移动力越强,配合好的保存条件则可形成大的油气藏。致密砂岩气则位于深部凹陷、向斜中心或构造斜坡,最重要的条件是构造稳定,地层倾角小。典型致密砂岩气藏倾角多小于 3°~4°。此外,断裂一般不发育,垂向构造运动简单,剥蚀次数少或没有。

气源供应:致密砂岩气藏与常规气藏气源条件相似,多种气源条件,如浅埋藏有机质(生物气)、成熟—过成熟阶段 II 型—III 型干酪根(伴生气、凝析气)、过成熟 II 型干酪根或 III 型干酪根(原油裂解气和干气)都可以形成致密砂岩气源。在评价致密砂岩气源时,其标准可参照常规烃源岩评价结果。致密砂岩气供气条件比较单一,输导体系类型多数为储层,极少数有断层配合。按流线方向来分,则多数为近距离烃源岩直接供烃,几乎很少侧向运移。这一点也是致密砂岩气和常规气藏的重要区别之一。一般生油好的烃源岩,也会伴随较强生气强度,烃源岩的丰度、类型、成熟度指标选取可参照常规油气评价标准。

表 5-41 致密油气类比评分标准

参数类型	参数名称		分值（评价系数）			
			4	3	2	1
供气条件	烃源岩厚度（m）	泥质岩	>800	300~800	100~300	<100
		煤岩气源岩	>30	15~30	5~15	<5
	有机碳(%)	泥质岩	>1.0	0.6~1.0	0.35~0.6	<0.35
		煤岩气源岩	>40	20~40	2~20	<2
	有机质类型		I	II₁	II₂	III
	成熟度(%)		>2.0	1.3~2.0	0.6~1.3	<0.6
	受热方式		高温递进	低温递进	高温退火	低温退火
储集条件	沉积相		三角洲、滩坝相、生物礁	扇三角洲、滨浅湖	浅海陆棚、河道	洪积、冲积相
	孔隙度(%)		>15	11~15	8-11	<8
	渗透率(mD)		>1	0.1~1	0.05~0.1	<0.05
	储层厚度(m)		>175	75~175	25~75	<25
	储层百分比(%)		>55	44~50	25~40	<25
	储集空间类型		裂缝型	孔隙-裂缝型	裂缝-孔隙型	孔隙型
圈闭条件	地层倾角(°)		<2	2~3	3~4	>4
	圈闭面积(km²)		>10000	1000~10000	100~1000	<100
保存条件	盖层岩性		膏盐岩、泥膏岩	厚层泥岩	泥岩、砂质泥岩	砂质泥岩
	盖层厚度(m)		>100	30~100	10~30	<10
	盖层沉积相		三角洲、滩坝相、生物礁	扇三角洲、滨浅湖	浅海陆棚、河道	洪积、冲积相
	盖层受断裂破坏的程度		无破坏	破坏轻微	破坏中等	破坏严重
配套条件	生储盖配置关系		自生自储	下生上储	上生下储	异地生储
	时间配置关系		同沉积	早	同时	晚
	成藏期		古近—新近纪	白垩纪	三叠纪、侏罗纪	古生代

储层岩性及物性标准：致密砂岩气普遍岩性为致密碎屑岩，物性级别与常规气藏相差甚大。故此岩性标准和物性标准应作适当调整，以甜点处的孔隙度、渗透率值为最优。

圈闭条件：致密砂岩气圈闭较为单一，多数为地层圈闭，局部受断层封隔，也有受水动力影响的情况。致密油气藏很少受到构造和断层的影响。此外有利区的面积也是重点因素。

保存条件：一般为上覆泥岩或页岩，后受构造条件影响，变形弱，连续性好，在致密气保存这方面不是很重要。

时空配套条件：致密气相对简单，多为自生自储或下生上储。

2）致密油气资源生烃模拟评价法

该方法根据烃源岩平面分布、厚度、有机质丰度、类型和成熟度，用盆地模拟软件计算生烃量。采用典型致密砂岩油气盆地聚集系数，计算致密油气资源量。

根据化学动力学原理，结合实测数据，用数值方法计算研究区烃源岩层的生烃量和排烃量。有机质丰度决定生烃的数量，有机质类型决定生烃的类型（油和气各自的数量、比例），有机质成熟度决定生烃的阶段性、生成和排出油气总量。

采用演化程度与排烃量相关关系法计算排烃强度。该方法根据不同成熟度的烃源岩排出烃量的计算获得排烃效率。好的烃源岩几乎所有生成的天然气都能排出,约有95%生成的石油可以排出。对于指定的镜质组反射率值,排烃效率乘以生烃量即为排烃量。软件中所用排烃效率计算参数由IGI公司提供(表5-42),是该公司多年经验数据。

地质资源量计算公式为:

$$Q = S \times P \times K \tag{5-9}$$

式中 Q——致密油气地质资源量,10^4t(油),10^8m³(气);
  S——有利区面积,km²;
  P——生油强度(10^4t/km²)或生气强度(10^8m³/km²);
  K——运聚系数。

表5-42 烃源岩成熟度与排烃效率关系

镜质组反射率(%)	排油效率(%)	排气效率(%)
0.2	0	0
0.5	0.05	0
0.7	0.25	0.5
0.9	0.65	0.65
1.1	0.85	0.85
1.3	0.95	0.95
1.8	0.95	0.95
2.2	0.95	0.95
3.2	0.95	0.99

3)致密油气资源体积评价法

该方法根据有利区面积和位置,参考典型致密油气藏有效储层厚度规律,以有利区生烃量作为比照值,计算各有利区资源量。

按照储层面积、厚度、孔隙度、可能含气饱和度(范围)计算储层的可容纳空间。如超出常见致密砂岩程度,则有可能在排烃压力的影响下发生运移,在储层物性偏好的部位形成常规聚集。

致密油体积法储量计算公式为:

$$N = 100A \cdot h \cdot \phi_e (1 - S_{wi}) \cdot \rho_0 \cdot T_r / B_{oi} \tag{5-10}$$

式中 A——含油面积,指具有致密油气资源地区的面积,km²;
  H——有效厚度,指储层中具有工业性产油、气能力的那一部分厚度,m;
  ϕ_e——有效孔隙度,指岩石中连通孔隙体积占岩石总体积的百分数;
  $1-S_{wi}$——原始含油饱和度,指原始条件下储层中石油体积占有效孔隙体积的百分数;
  ρ_o——地面脱气原油密度,指脱气后在0.1MPa、20℃时的原油密度,地面原油密度应根据一定数量有代表性的地面原油样品分析结果确定,t/m³;
  B_{oi}——原油(原始)体积系数,体积系数是地层条件下原油体积与地面条件下脱气原油的体积之比;

聚集使得致密砂岩在烃源岩生气强度为 $10\times10^8\mathrm{m}^3/\mathrm{km}^2$ 的区域就可以形成大气田。

表 5-44　四川盆地和鄂尔多斯盆地刻度区运聚系数（据李剑，2013）

刻度区	单元面积（km²）	生气量（10⁸m³）	储量（10⁸m³）	运聚系数（%）
广安	1733	29470	1356	4.6
八角场	208.8	7308	351	4.8
合川	3532.3	44154	2296	5.2
苏里格西一区	8033	160821	6169	3.8
苏里格中区	6261	150452	5337	3.5
苏里格东一区	6692	170579	6115	3.6
榆林	3241	69617	2094	3.0

5）有效储层厚度

致密砂岩油气藏有薄饼式成藏的特点（赵文智等，2013），见表 5-45。薄饼式成藏是指油气藏的油气柱高度很小（一般为几米至数十米），而含油气面积却很大（一般为数千至数万平方千米），空间上油气层的分布形似薄饼状。苏里格气田已探明含气面积约 20800km²，气层有效厚度 5~15m，平均含气范围宽度与气层平均厚度之比高达 14422。薄饼状成藏可在盖层条件较差的地区大规模成藏，这是薄饼式成藏在中—低丰度油气资源大型化成藏中的重要贡献。如鄂尔多斯盆地苏里格气田上古生界构造平缓，总体为北高南低、倾角在 1°~3° 的单斜，气田的气层厚度一般为 5~15m，单个含气砂体一般长 1000~2500m，宽 100~250m，由气柱高度产生的浮力最大为 0.15MPa。

据北美典型致密砂岩盆地气层厚度统计结果，频数最高的储层厚度范围小于 10m，其次为 10~20m，再次为 20~30m，呈现大面积的薄层分布特点，与国内统计结果有共通之处。

表 5-45　中国中—低丰度气藏气层厚度表（据赵文智，2013）

气田	含油气面积（km²）	油气层厚度（m）	孔隙度（%）	渗透率（mD）	油气层厚度占砂岩比例（%）	油气层宽厚比
新场	161.20	8~25	3.0~8.0	0.100~4.000	9	1311
大牛地	1545.65	6~19	5.0~11.0	0.001~10.000	28	3574
合川	1058.30	11~26	7.0~10.0	0.001~50.000	25	2168
广安	578.30	6~35	6.0~13.0	0.001~10.000	20	1322
安岳	360.80	10~36	6.0~14.0	0.001~14.000	29	1187
苏里格	20800.00	5~15	7.0~11.0	0.010~10.000	57	14422
榆林	1715.80	3~30	5.0~11.0	0.010~10.000	58	3570
乌审旗	872.50	5~12	3.5~14.0	0.010~10.000	56	3475
神木	872.70	3~15	4.0~12.0	0.010~10.000	69	3424

据统计，我国致密砂岩气储层的平均有效厚度为 5~20m。由于低勘探程度盆地资料缺乏，资源量计算过程中无法准确落实储层有效厚度，因此考虑根据致密油气藏的特点，参考国际和国内典型气藏的规律，设定该项参数，以最大程度接近可能准确的结果。

6）总有机碳含量（TOC）

总有机碳含量是国内外普遍采用的有机质丰度指标。这部分碳既包含岩石中的不溶有机质—干酪根中的碳，也包含岩石中可溶有机质中的碳，故称总有机碳。此次研究中，部分井泥岩样品 TOC 测试数据不足，不能定性反映研究区有机质丰度指标，为更深刻认识研究区烃源岩地球化学特征、进一步挖掘区内致密油气生烃潜力，利用测井曲线拟合 TOC 值，以大杨树盆地南部坳陷杨参 1 井九峰山组为例，具体方法如下：

（1）Issler 散点交会法。

Dale Issler 与 Kezhen Hu、John Bloch、John Katsube 发表了《测井曲线确定有机碳含量——以加拿大西部白垩系沉积地层为例》，此后 Dale Issler 进一步调整参数，建立了适合加拿大西部的模型。该方法以声波时差 AC 和电阻率 RD 交会散点图为基础来划分 TOC 取值范围，Dale Lssler 公式为：

$$IF\ AC \leq [-195 \times \lg(RESD) + 460]\ THEN\ TOCLSSLER = 0$$
$$IF\ AC > [-195 \times \lg(RESD) + 460]\ THEN\ TOCLSSLER = 1$$
$$IF\ AC > [-195 \times \lg(RESD) + 474]\ THEN\ TOCLSSLER = 2$$
$$IF\ AC > [-195 \times \lg(RESD) + 488]\ THEN\ TOCLSSLER = 3$$
$$IF\ AC > [-195 \times \lg(RESD) + 502]\ THEN\ TOCLSSLER = 4$$
$$IF\ AC > [-195 \times \lg(RESD) + 516]\ THEN\ TOCLSSLER = 5$$

该方法求出的 TOC 值为整数（图 5-31），图中黄色、深灰色、浅灰色散点分别为砂岩、深泥岩、火山碎屑岩。

（2）Tristan Euzen 多元回归法。

该方法在 Dale Issler 散点交会法的基础上，进行多元回归拟合，计算所得 TOC 值为非整数，该方法更便于利用测井软件进行 TOC 拟合，公式如下：

$$TOC\ Tristan = 0.0714 \times [AC + 195 \times \lg(RD)] - 31.86$$

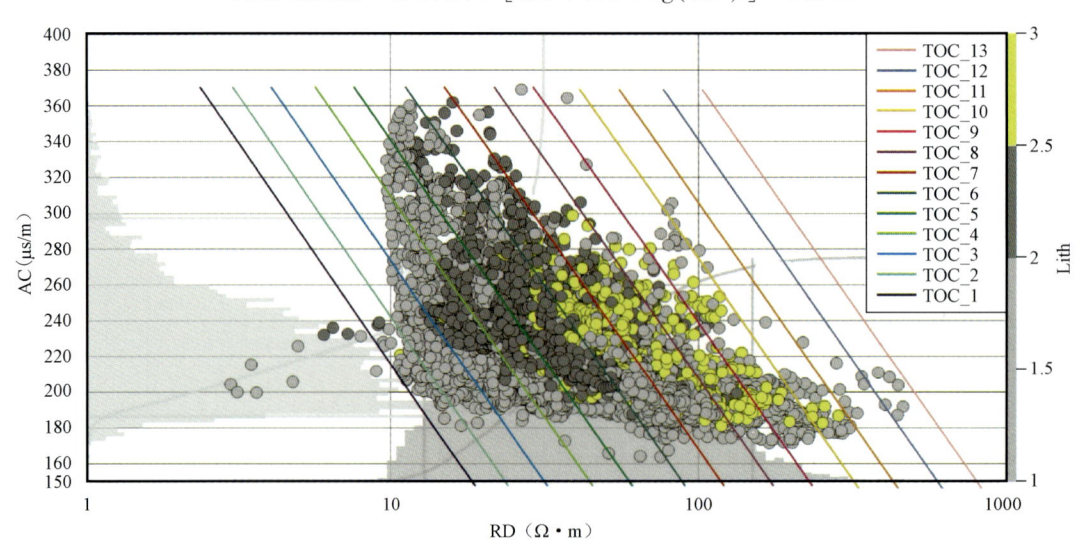

图 5-31　Issler 散点交会图

(3) Passey $\Delta \lg R$ 法。

国内外现已公开发表多种利用多道测井曲线定量求取有机质含量的方法,包括多元回归法、概率法和神经网络等方法。其中最常用的是利用声波时差和电阻率测井曲线的 Passey $\Delta \lg R$ 法。该方法在 1990 年由 Q. R. Passey、S. Creaney、J. B. Kulla、F. J. Moretti 和 J. D. Stroud 在 AAPG Bulletin 上发表的《一种利用孔隙度和电阻率测井曲线求取有机质丰度的实用模型》中提出,也称 D$\lg R$ 法,具体公式如下:

$$\Delta \lg R = \lg(RD/RDbase) + 0.02 \times (AC - ACbase) \tag{5-14}$$

$$TOC\ Passey = SF1s \times [\Delta \lg R \times 10^{(0.297 - 0.1688 \times LOM)}] \tag{5-15}$$

式中　RD——深测向电阻率,$\Omega \cdot m$;

　　　RDbase——深测向电阻率基值,$\Omega \cdot m$;

　　　AC——声波时差,$\mu s/m$;

　　　ACbase——声波时差基值,$\mu s/m$;

　　　LOM——有机质成熟度等级,通常在 6~14 之间,页岩气层常取 8.5,页岩油层常取 10.5,本次取值 9.0;

　　　SF1s——实验室测 TOC 刻度因子,本次取值 0.9。

利用以上三种方法分别拟合大杨树盆地南部坳陷杨参 1 井九峰山组泥岩 TOC 值,结果如图 5-32 所示,其中 Issler 散点交会图法拟合效果更好。

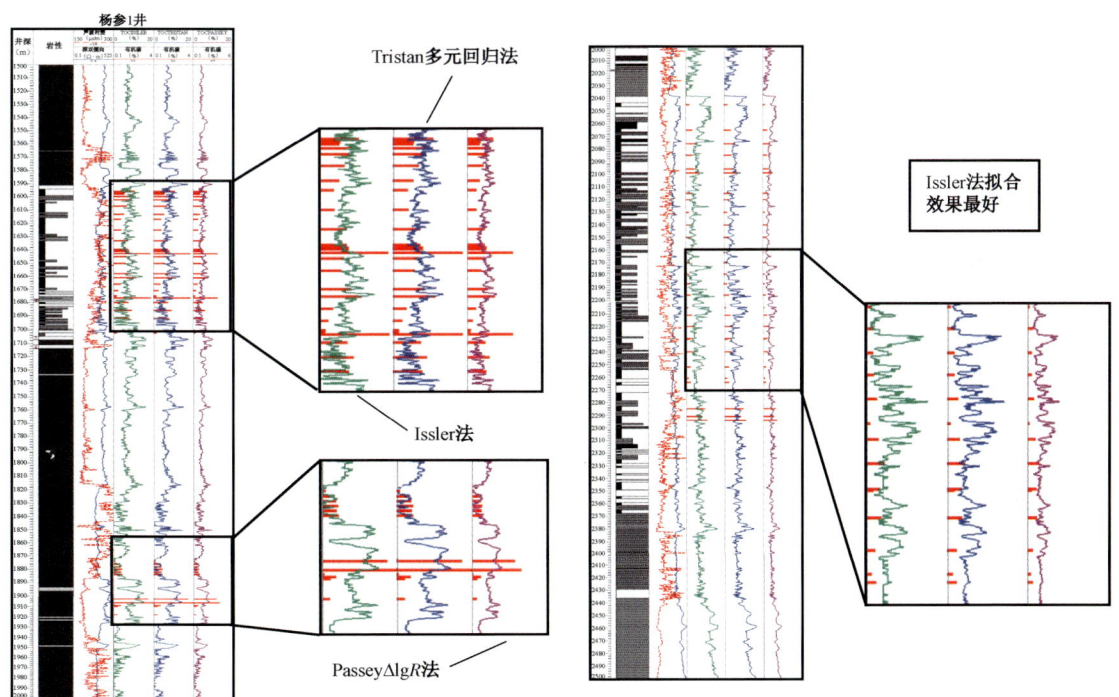

图 5-32　三种 TOC 拟合方法结果对比图

由于拟合值域在 0~20 之间(图 5-33),实测值在 0~5 之间(图 5-34),且拟合值与实测值散点分布范围较宽(图 5-35),为解决以上问题,特采用测井上的直方图校正法对拟合 TOC 值进行校正,校正前后结果如图 5-36 所示。

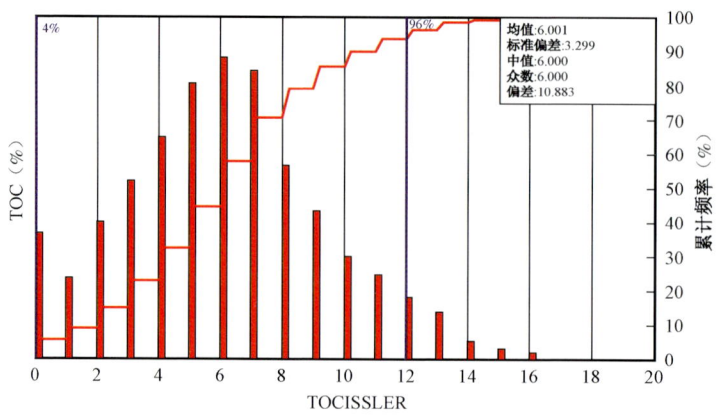

图 5-33 ISSLER 法拟合 TOC 直方图

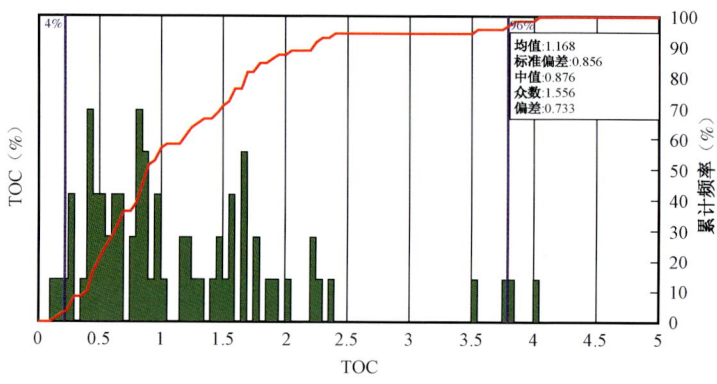

图 5-34 实测 TOC 直方图

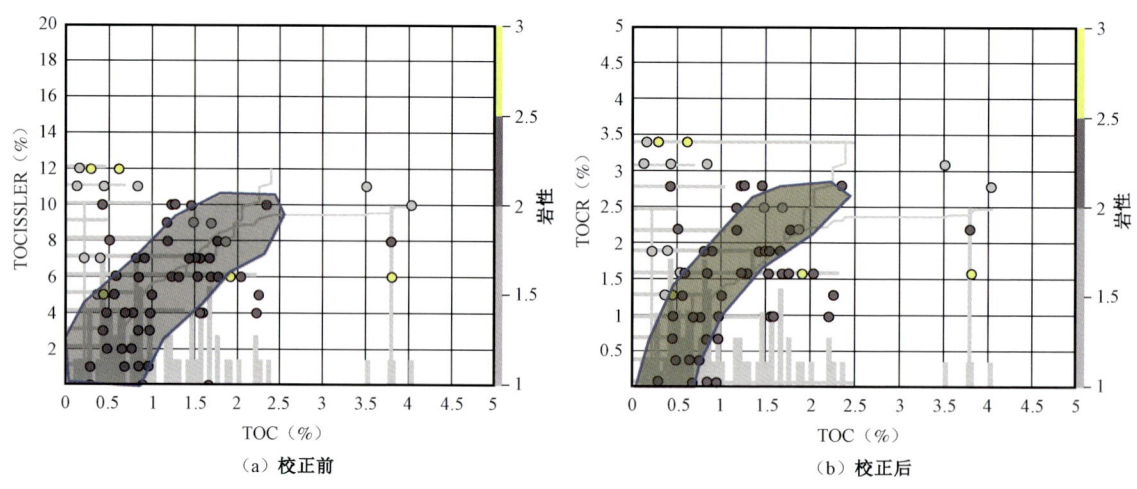

图 5-35 校正前与校正后 TOCR 与实测 TOC 散点图

7) 可采系数

致密油可采系数:该参数是指某区块内致密油可采资源量与总地质资源量之比。该参数受开发技术水平影响较大,随开采技术水平的提高而不断提高,它只能大致反映某一阶段资源

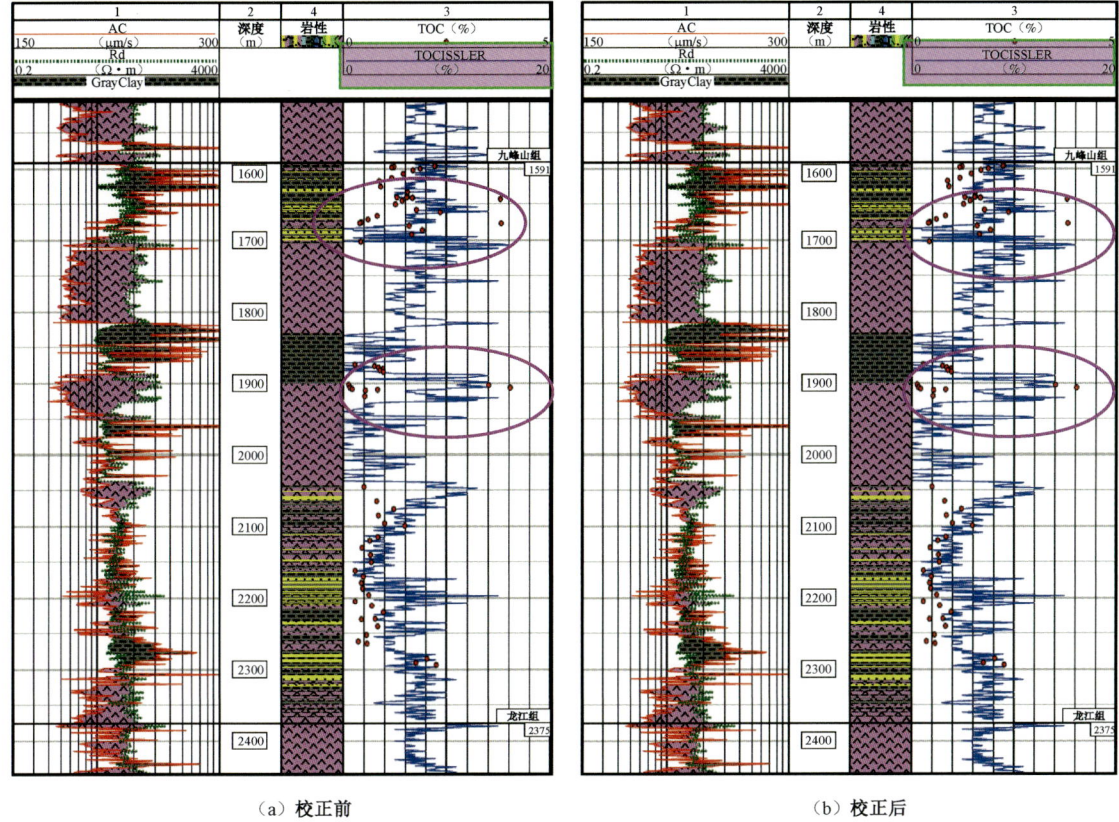

(a) 校正前 (b) 校正后

图 5-36 校正前与校正后杨参 1 井单井柱状图

的可采状况。从北美多年的致密油开发实践来看,不同类型和不同盆地致密油可采系数变化较大,一般介于 4%~12%之间(王社教,2014)。中小盆地取 8%作为致密油可采系数。

致密气可采系数:根据目前的致密气开发数据,结合第三次油气资源评价致密气可采系数为 40%~55%,中小盆地取 50%作为致密气可采系数。

3. 中小盆地致密油气资源量初步计算

1)东部地区中小盆地致密油气资源评价

(1)类比法分析及资源量计算。

根据致密油气类比评价标准,对东部地区中小盆地进行打分、汇总(表 5-46),综合评价总分用于计算资源量。

表 5-46 东部地区中小盆地致密油气类比打分均值汇总表

参数类型	供气条件	储集条件	圈闭条件	保存条件	配套条件	综合评价	油资源丰度 ($10^4 t/km^2$)	气资源丰度 ($10^8 m^3/km^2$)
鸡西盆地	2.84	3.17	2.05	2.85	3.13	14.04	3.12	0.69
三江盆地	2.56	2.75	2	2.85	3.1	13.26	5.6	0.95
延吉盆地	2.56	2.42	1.45	3.13	2.9	12.46	1.06	0.59
大杨树盆地	2.02	2.6	2.5	2.88	2.67	12.67	2.05	0.62

续表

参数类型	供气条件	储集条件	圈闭条件	保存条件	配套条件	综合评价	油资源丰度（10^4t/km²）	气资源丰度（10^8m³/km²）
虎林盆地	3.2	3.13	1.8	3.2	3.1	14.43	1.27	0.67
勃利盆地	2.94	2.74	2.05	2.58	2.77	13.08	4.96	0.95
四川盆地合川气田	2.7	2.67	2	2.75	3.17	13.29	2.34	1.02
圣胡安盆地布兰科气田	2.86	2.7	3.5	2.75	3.33	15.14		1.39
松辽盆地	3.2	3.02	3.55	3.45	3.17	16.39	5.3~6.9	

根据类比标准，分值越高，则形成油气藏的几率越高。国内的合川气田和国外的圣胡安盆地都已经发现工业油气田。将参与评价的盆地按分值排序，由低到高分别为延吉、大杨树、勃利、三江、合川、鸡西、虎林、圣胡安和松辽扶杨（图5-37），研究区内盆地展现了与合川气田、圣胡安盆地、松辽盆地接近的油气前景。

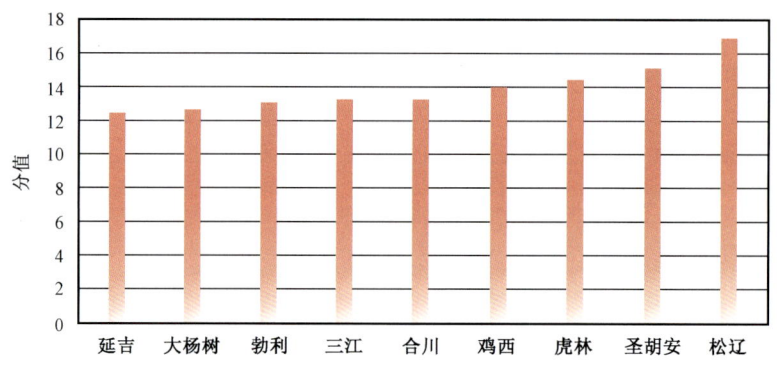

图5-37 东部地区中小盆地类比打分结果

在储层条件（致密）、保存条件（构造平缓，断层不发育）、匹配条件（源储相邻）确定的前提下，致密油气成藏的最重要因素就成为生烃条件。生烃量越多，持续时间越长，则由烃源岩呈波阵面推入致密储层的油气就会越多。参照全国致密油气藏资源丰度数据（李剑，2013），以生烃量为参照，高生烃量对应高资源丰度，低生烃量对应低资源丰度，计算得到研究区6个盆地致密油气资源量见表5-47。

表5-47 东部地区中小盆地资源丰度类比法致密油气评价结果

盆地	评价区块	面积（km²）	生油强度（10^4t/km²）	生气强度（10^8m³/km²）	油丰度（10^4t/km²）	气丰度（10^8m³/km²）	油资源量（10^4t）	气资源量（10^8m³）
勃利	1	178	510	37.26	8.80	1.28	1569	228.1
	2	38	317	21.50	5.43	0.97	208	37.4
	3	198	122	5.96	2.01	0.67	399	133.2
	4	41	214	15.61	3.62	0.86	148	35.1
	小计	455					2324	433.8

续表

盆地	评价区块	面积（km²）	生油强度（10⁴t/km²）	生气强度（10⁸m³/km²）	油丰度（10⁴t/km²）	气丰度（10⁸m³/km²）	油资源量（10⁴t）	气资源量（10⁸m³）
鸡西	1	351	307	13.15	5.25	0.81	1840	284.4
	2	42	55	1.67	0.84	0.59	35	24.8
	3	176	236	8.74	4.00	0.73	705	128.0
	4	24	201	6.68	3.40	0.69	83	16.7
	5	39	79	2.38	1.26	0.60	50	23.7
	6	23	236	8.74	4.00	0.73	93	16.9
	合计	655					2806	494.5
三江	1	20	318	21.84	5.45	0.98	108	19.5
	2	177	346	17.33	5.92	0.89	1048	158.0
	3	18	317	21.68	5.43	0.98	99	17.8
	合计	215					1255	195.3
延吉	4	2	68	1.60	1.06	0.59	2	0.9
	5	10	68	1.60	1.06	0.59	10	5.7
	合计	12					12	6.6
大杨树	2	85	124	3.56	2.05	0.62	173	52.9
虎林	1	18	72	4.93	1.13	0.65	20	11.6
	2	160	72	4.93	1.13	0.65	180	104.3
	3	84	87	6.38	1.41	0.68	118	57.2
	4	30	87	6.38	1.41	0.68	42	20.1
	合计	292					360	193.2
总计		1714					6932	1376.3

（2）生烃模拟法资源量计算。

根据各盆地典型井资料，利用埋深、R_o、TOC、有机质类型等数据，采用生烃数值模拟方法，计算出随深度增加的生烃量和排烃量。对于参数井以外的地区，用深度校正生排烃量，以确保结果可靠性。

采用2.8%～5.4%作为致密油气藏的运聚系数。由于本区虽有致密油气迹象，并未有大的发现，取偏低值3.1%作为均值，计算结果见表5-48。

表5-48 东部地区中小盆地生烃模拟法计算资源量结果

盆地	评价区块	面积（km²）	生油强度（10⁴t/km²）	总生油量（10⁴t）	生气强度（10⁸m³/km²）	总生气量（10⁸m³）	油/烃	油资源量（10⁴t）	气资源量（10⁸m³）
勃利	1	178	510	90929	37.26	6640	0.58	2819	205.8
	2	38	317	12174	21.50	825	0.60	377	25.6
	3	198	122	24221	5.96	1183	0.67	751	36.7
	4	41	214	8722	15.61	637	0.58	270	19.8
	小计	455		136046		9285		4217	287.9

续表

盆地	评价区块	面积（km²）	生油强度（10⁴t/km²）	总生油量（10⁴t）	生气强度（10⁸m³/km²）	总生气量（10⁸m³）	油/烃	油资源量（10⁴t）	气资源量（10⁸m³）
鸡西	1	351	307	107634	13.15	4609	0.70	3337	142.9
	2	42	55	2330	1.67	70	0.77	72	2.2
	3	176	236	41567	8.74	1543	0.73	1289	47.8
	4	24	201	4908	6.68	163	0.75	152	5.0
	5	39	79	3111	2.38	93	0.77	96	2.9
	6	23	236	5494	8.74	204	0.73	170	6.3
	合计	655		165044		6682		5116	207.1
三江	1	20	318	6329	21.84	434	0.59	196	13.5
	2	177	346	61177	17.33	3067	0.67	1896	95.1
	3	18	317	5782	21.68	395	0.59	179	12.2
	合计	215		73288		3896		2271	120.8
延吉	4	2	68	109	1.60	3	0.81	3	0.1
	5	10	68	659	1.60	16	0.81	20	0.5
	合计	12		768		19		23	0.6
大杨树	2	85	124	10510	3.56	301	0.78	326	9.3
虎林	1	18	72	1272	4.93	88	0.59	39	2.7
	2	160	72	11450	4.93	789	0.59	355	24.5
	3	84	87	7367	6.38	537	0.58	228	16.6
	4	30	87	2589	6.38	189	0.58	80	5.9
	合计	292		22678		1603		702	49.7
总计		1714		408334		21786		12655	675.4

（3）体积法计算资源量结果。

据前文体积法计算资源量相关参数计算了致密油气资源量，见表5-49。表中孔隙度取常见致密砂岩的中值，油气饱和度、油气有效厚度与生排烃量相关取值来自评价区的测井解释、实验测试或类比结果。

表5-49　东部地区中小盆地体积法致密油气资源量计算

盆地	评价区块	面积（km²）	平均埋深（m）	孔隙度（%）	油饱和度（%）	气饱和度（%）	油有效厚度（m）	气有效厚度（m）	油体积系数	气体积系数	油资源量（10⁴t）	气资源量（10⁸m³）
勃利	1	178	2600	8.2	0.70	0.49	9.0	16.1	1.3	0.0053	2266	86.3
	2	38	2100	8.2	0.70	0.44	9.0	12.6	1.3	0.0059	488	11.6
	3	198	1300	8.2	0.62	0.39	7.9	9.1	1.3	0.0083	1946	27.4
	4	41	2000	8.2	0.70	0.42	9.0	11.2	1.3	0.0061	519	10.2
	小计	455									5219	135.5
鸡西	1	351	1500	8.2	0.70	0.41	9.0	10.7	1.3	0.0074	4458	67.4
	2	42	900	8.2	0.42	0.37	5.2	8.1	1.3	0.0115	184	3.6

续表

盆地	评价区块	面积（km²）	平均埋深（m）	孔隙度（%）	油饱和度（%）	气饱和度（%）	油有效厚度（m）	气有效厚度（m）	油体积系数	气体积系数	油资源量（10⁴t）	气资源量（10⁸m³）
鸡西	3	176	1500	8.2	0.70	0.40	9.0	9.7	1.3	0.0074	2244	29.7
	4	24	1400	8.2	0.70	0.39	9.0	9.3	1.3	0.0078	310	3.6
	5	39	1000	8.2	0.49	0.37	6.2	8.3	1.3	0.0104	238	3.8
	6	23	1500	8.2	0.70	0.40	9.0	9.7	1.3	0.0074	297	3.9
	小计	655									7731	112
三江	1	20	3600	8.2	0.70	0.44	15.7	12.6	1.3	0.0046	442	7.8
	2	177	2600	8.2	0.70	0.42	16.8	11.6	1.3	0.0053	4208	53.7
	3	18	3400	8.2	0.70	0.44	15.7	12.6	1.3	0.0047	404	7.0
	小计	215									5054	68.5
延吉	4	2	1500	8.2	0.45	0.37	5.7	8.1	1.3	0.0074	8	0.2
	5	10	1200	8.2	0.45	0.37	5.7	8.1	1.3	0.0089	51	1.1
	小计	12									59	1.3
大杨树	2	85	1000	8.2	0.62	0.38	8.0	8.6	1.3	0.0104	847	8.6
虎林	1	18	1800	8.2	0.46	0.38	5.9	8.9	1.3	0.0065	98	3.0
	2	160	1800	8.2	0.46	0.38	5.9	8.9	1.3	0.0065	880	27.1
	3	84	1900	8.2	0.51	0.39	6.5	9.2	1.3	0.0063	566	15.5
	4	30	1900	8.2	0.51	0.39	6.5	9.2	1.3	0.0063	199	5.4
	小计	292									1743	51.0
总计		1714									20653	376.9

（4）不同方法致密油气资源量对比。

三种资源量计算方法计算得到的致密油气资源量见表5－50。致密油资源计算结果体积法最高，资源丰度类比法最低，生烃模拟法居中，但都在一个数量级范围内；致密气资源计算结果资源丰度类比法最高，体积法最低，生烃模拟法居中，数值也基本上都在一个数量级范围内。

根据资源评价方法的讨论，生烃法通过烃源岩分布范围、厚度，以及有机质丰度、类型、成熟度等数据，采用化学动力学理论计算出可能的生烃量和排烃量，这是油气资源的物质来源。由于致密油气的特殊性，油气不经二次运移，直接由烃源岩排入致密储层，并在其中保存。因此生烃法可能对致密油气是比较有效的方法。

资源丰度类比法属于经验法，主要依据资源丰度数据。由于致密油气具有面积大、近源、运移短、有效厚度薄的特点，决定了资源丰度偏低的特点，其相对的大小主要受到生排烃量的影响。

体积法在勘探初期应用的可靠程度比较低，尤其是含油气饱和度和有效厚度很难界定，根据可能分布范围，考虑生烃量相对大小对参数的影响计算出的资源量值，最后还是要在勘探成果中接受检验。

最终取值采取三种方法的加权平均（表5－50）：

综合取值＝"生烃法"×50%＋"资源丰度类比法"×25%＋"体积法"×25%

致密油资源排序为：鸡西＞勃利＞三江＞虎林＞大杨树＞延吉。

致密气资源排序为:勃利>鸡西>三江>虎林>大杨树>延吉。

表 5-50 东部地区中小盆地三种不同方法研究致密油气资源量对比表

盆地	面积（km^2）	生烃法		资源丰度类比法		体积法		综合		常规气资源	
		油资源量（$10^4 t$）	气资源量（$10^8 m^3$）	油资源量（$10^4 t$）	气资源量（$10^8 m^3$）	油资源量（$10^4 t$）	气资源量（$10^8 m^3$）	油资源量（$10^4 t$）	气资源量（$10^8 m^3$）	油资源量（$10^4 t$）	气资源量（$10^8 m^3$）
勃利	455	4217	287.9	2324	433.8	5219	135.5	3994	286.2	3100~5200	576~1005
大杨树	85	326	9.3	173	52.9	847	8.6	418	20.0	15100	—
虎林	292	702	49.7	360	193.2	1743	51.0	877	85.9	10800	60.0
鸡西	655	5116	207.1	2806	494.5	7731	112	5192	255.3	—	212~368
三江	215	2271	120.8	1255	195.3	5054	68.5	2713	126.3	28100	505.8
延吉	12	23	0.6	12	6.6	59	1.3	30	2.3	12200	264.0
合计	1714	12655	675.4	6932	1376.3	20653	376.9	13224	776		

2) 中部地区中小盆地致密油气资源评价

(1) 中部地区中小盆地致密油资源量计算。

根据地质条件分析、目前油气发现和勘探研究程度,初步筛选出可能形成致密油成藏的中小盆地和层系,包括民和盆地中侏罗统窑街组（$J_2 y$）、雅布赖盆地中侏罗统新河组下段（$J_2 x_1$）、银根—额济纳旗盆地下白垩统巴音戈壁组（$K_1 b$）、巴彦浩特盆地石炭系（C）、石拐盆地中—下侏罗统（$J_2 c—J_1 w$）和六盘山盆地中侏罗统（J_2）。

民和盆地永登凹陷洼槽带,面积约 1494.505km^2;巴州凹陷洼槽带,面积约 399.1km^2,其中巴州凹陷洼槽带已钻探井 17 口,井控面积为 23.48km^2,区内单井油气显示丰富,且多口井见到油流,总体勘探程度较高、地质认识较高。雅布赖盆地小湖子次凹洼槽带有利区面积约 624.54km^2,盐场次凹斜坡带有利区面积约 205.82km^2;其中小湖子次凹洼槽带已钻探井 12 口,井控面积为 52km^2,勘探程度总体较低,砂体展布规律认识不清,油藏规模控制难,油气成藏控制因素不清楚。银根—额济纳旗盆地天草凹陷 $K_1 b_1$ 致密油有利区位于沉积中心附近,面积 75.2km^2,已钻探井 4 口,井控面积为 17.5km^2,勘探程度总体较低,烃源岩展布规律不清、成藏规律认识不清,虽仅见低产油流,但邻区查干凹陷在 $K_1 b$ 已经突破,并发现吉祥油田。上述三个盆地适合以容积法为主,兼顾类比法计算致密油资源量。选择小面元容积法、快速评价法、资源丰度类比法和特尔菲法进行计算,相关参数见表 5-51,计算结果见表 5-52。

表 5-51 中部地区中小盆地致密油气资源评价参数表

计算方法	盆地（及构造单元）	民和盆地巴州凹陷	雅布赖盆地小湖次凹	银根—额济纳旗盆地天草凹陷	沁水盆地北部致密气
	参数分布范围	最高/均值,均值	区间,均值,最高/均值	最高/均值,均值	最高/均值,区间/均值,均值
小面元法	储层厚度（m）	25/7.59	12~26	16/11.3	70/46.7
	孔隙度（%）	8/2.01	5~9	6/4.3	3~10/3.57
	含油/气饱和度（%）	40/11.87	20~40	33.02/40	40~70/46.19
	石油/天然气充满系数	1.0	1.0	1.0	1.0
	可采系数（%）	8.0	7.0	7.0	38.0
	资源丰度（油 $10^4 t/km^2$,气 $10^8 m^3/km^2$）	6.81	56.4/23.9	9.42	1.261/0.795

表 5－52　中部地区中小盆地致密油资源量表

盆地群	盆地	层系	盆地面积（km^2）	评价区面积（km^2）	地质资源量（$10^4 t$）	可采资源量（$10^4 t$）
银根—额济纳旗盆地裂谷盆地群	银根—额济纳旗盆地天草凹陷	$K_1 b$	1900	139.7	973.6	77.89
	银根—额济纳旗盆地查干凹陷	$K_1 b$	2000	895.17	10723.7	857.696
阿拉善盆地群	雅布赖	$J_2 x$	4600	624.5	14367.5	1005.7
	巴彦浩特	C	16140.82	6812.25	13580	1086.4
阿尔金盆地群	民和	$J_2 y$	11300	526.98	19044.5	1523.56
	六盘山	J_2	9000	2070	4161	291.3
蒙南盆地群	石拐	J_{1+2}	660	500	10419.4	833.552
合计					73269.7	5676.098

民和盆地致密油地质资源量为 $19044.5×10^4 t$，可采资源量为 $1523.56×10^4 t$；雅布赖盆地致密油地质资源量为 $14367.5×10^4 t$，可采资源量为 $1005.7×10^4 t$；银根—额济纳旗盆地致密油地质资源量为 $11697.3×10^4 t$，可采资源量为 $935.586×10^4 t$；巴彦浩特盆地致密油地质资源量 $13580×10^4 t$，可采资源量为 $1086.4×10^4 t$；六盘山盆地致密油地质资源量 $4161×10^4 t$，可采资源量为 $291.3×10^4 t$；石拐盆地致密油地质资源量为 $10419.4×10^4 t$，可采资源量为 $833.552×10^4 t$。

（2）中部地区中小盆地致密砂岩气资源量计算。

根据地质条件分析、目前油气发现和勘探研究程度，初步筛选出可能形成致密气成藏的中小盆地和层系，包括沁水盆地下二叠统山西组（$P_1 s$）、武川盆地下侏罗统武当沟组（$J_1 w$）、武威盆地上石炭统太原组（$C_3 t$）、民乐盆地下白垩统下岩组（$K_1 x$）、南祁连盆地木里地区上三叠统尕勒得寺组（$T_3 g$）和中口子盆地下侏罗统汲汲沟组（$J_1 j$）。

沁水盆地下二叠统山西组（$P_1 s$）致密气有利区，主要依据 $P_1 s$ 泥质烃源岩 R_o 大于 1.1%、TOC 大于 3.0% 及 $P_1 s$ 砂岩渗透率小于 $1mD$，结合 $P_1 s$ 储层分布圈定出两个区块，即盆地北部有利区（面积约 $8123.865 km^2$）和盆地南部有利区（面积约 $1365.098 km^2$）。盆地北边探井较少，钻井主要集中在盆地南边，勘探程度较高，地质认识较高；周缘的鄂尔多斯盆地同层系 $P_1 s$ 已获得致密砂岩气突破，区内也发现了 $P_1 s$ 致密气藏。因此，选择小面元容积法、快速评价法、资源丰度类比法和特尔菲法计算致密砂岩气资源量。计算结果见表 5－53。

表 5－53　中部地区中小盆地致密气资源量表

盆地群	盆地	目的层系	盆地面积（km^2）	评价区面积（km^2）	地质资源量（$10^8 m^3$）	可采资源量（$10^8 m^3$）
北山盆地群	中口子	$J_1 j$	5300	523.6	320.9	121.9
河西走廊盆地群	武威	$C_3 t$	27500	2490.9	1495.5	747.8
	民乐	K_1	2610	275.8	272.2	108.9
祁连西部盆地群	南祁连木里盆地	$T_3 g$	2113.9	610.5	684.8	260.2
蒙南盆地群	武川	J_{1+2}	2920	318	455.2	204.8
	沁水	$P_1 s$	23923	9488.963	7669.8	4417.8
合计					10898.4	5861.4

3）西部地区中小盆地致密油气资源评价

对于资料相对丰富、见到低产油流的伊犁盆地，采用容积法评价致密油资源；其他三个中小盆地致密油气资源评价采用分级资源丰度类比法和相应参数体系,并与吐哈探区解剖的刻度区三塘湖盆地二叠系芦草沟组致密油、吐哈盆地台北凹陷水西沟群致密砂岩气进行类比。评价结果见表5-54。

表5-54 西部地区中小盆地致密油气资源量表

地区	盆地	目的层系	盆地面积 (km^2)	评价区面积 (km^2)	致密油资源量		致密气资源量	
					地质资源量 ($10^4 t$)	可采资源量 ($10^4 t$)	地质资源量 ($10^8 m^3$)	可采资源量 ($10^8 m^3$)
西部	伊犁盆地	$P_2 t$	28497	4698	34300	2744		
	精河盆地	$P_2 t$	7000	3000	5081.4	406.5		
	福海盆地	油J,气P_2	10700	4000	6775.2	542	793.08	301.37
	吐拉盆地	J	8000	3450	5843.61	43.3	684.03	259.93
合计			54197	15148	52000.21	3735.8	1477.11	561.3

第九节 非常规油气资源评价结果

从评价的七类非常规油气资源总量看,我国非常规油气资源非常丰富,其中主要含油气盆地非常规石油地质资源量$672.08 \times 10^8 t$,可采资源量$151.81 \times 10^8 t$;非常规天然气地质资源量$284.95 \times 10^{12} m^3$,可采资源量$89.3 \times 10^{12} m^3$(表5-55)。其中,致密油地质资源量$125.8 \times 10^8 t$,可采资源量$12.34 \times 10^8 t$;致密气地质资源量$21.86 \times 10^{12} m^3$,可采资源量$10.94 \times 10^{12} m^3$;页岩气地质资源量$80.21 \times 10^{12} m^3$,可采资源量$12.85 \times 10^{12} m^3$;煤层气地质资源量$29.82 \times 10^{12} m^3$(2000m以浅),可采资源量$12.51 \times 10^{12} m^3$;油砂油地质资源量$12.55 \times 10^8 t$(200m以浅),可采资源量$7.67 \times 10^8 t$;油页岩油地质资源量$533.73 \times 10^8 t$(1000m以浅),可采资源量$131.8 \times 10^8 t$;天然气水合物地质资源量$153.06 \times 10^{12} m^3$,可采资源量$53 \times 10^{12} m^3$。

非常规石油以油页岩油资源潜力最大,可采资源量$131.8 \times 10^8 t$,是致密油的10倍以上。非常规天然气以天然气水合物资源最大,可采资源量约$53 \times 10^{12} m^3$,是致密气的5倍。但由于油页岩油和天然气水合物勘探程度太低,尽管资源量很大,但目前难以动用,只能作为未来的战略资源。此外,在非常油领域,页岩油资源也不容忽视,根据目前的研究和勘探进展,页岩油资源也相当可观,但由于尚未建立资源评价方法,勘探程度低,未把页岩油纳入评价的范畴。

从资源的现实性来看,最现实的为致密油、致密气、页岩气和煤层气资源,致密油可采资源量约$13.39 \times 10^8 t$。致密气、页岩气和煤层气可采资源量分别为$11.64 \times 10^{12} m^3$、$12.85 \times 10^{12} m^3$和$12.51 \times 10^{12} m^3$,三类资源基本相当。但三类资源的富集成藏特征、储层特性和天然气赋存状态,有比较大的差异,页岩气和煤层气是源储一体的成藏类型,致密气为外源型,页岩气和煤层气为游离气和吸附气赋存状态,尤其是煤层气几乎为吸附气,致密气为游离气,因此,三类资源尽管可采资源量相当,但可开发动用的难易程度必然有很大的不同,这就决定了在现有技术条件下三类非常规天然气资源发展的定位不同。

与常规油气相比,非常规油气地质认识深度与勘探开发程度都还很低,资源潜力仍有不断增加的趋势,开发利用前景十分广阔,在未来油气工业发展中将会占据重要地位。资源量是一个动态概念,随着研究认识程度与勘探开发技术的进步,可采资源量还会发生变化。

表 5–55 非常规资源评价结果

资源类型		地质资源量		可采资源量	
		主要盆地	中小盆地	主要盆地	中小盆地
非常规石油 (10^8 t)	致密油	125.8	13.8	12.34	1.05
	油砂油	12.55		7.67	
	油页岩油	533.73		131.8	
	合计	672.08	13.8	151.81	1.05
非常规天然气 (10^{12} m³)	致密气	21.86	1.3	10.94	0.7
	页岩气	80.21		12.85	
	煤层气	29.82		12.51	
	天然气水合物	153.06		53	
	合计	284.95	1.3	89.3	0.7

第六章 非常规油气资源分布及未来发展潜力

明确非常规资源潜力和分布是公司乃至国家油气发展战略制定和油气发展规划编制的重要依据。基于七类非常规资源的评价结果,本章重点介绍了非常规资源的分布特点和富集规律,并通过选区评价,指出了未来非常规资源的发展方向。

第一节 非常规油气资源分布及富集规律

一、非常规油气资源潜力

1. 致密油气

我国主要含油气盆地致密油地质资源量为 $125.8 \times 10^8 t$,可采资源量为 $12.34 \times 10^8 t$;致密气地质资源量为 $21.86 \times 10^{12} m^3$,可采资源量为 $10.94 \times 10^{12} m^3$。中小盆地致密油地质资源量为 $13.8 \times 10^8 t$,可采资源量为 $1.05 \times 10^8 t$;致密气地质资源量为 $1.3 \times 10^{12} m^3$,可采资源量为 $0.7 \times 10^{12} m^3$。

2. 煤层气

煤层气资源评价结果显示我国煤层气资源潜力巨大,地质资源量为 $29.82 \times 10^{12} m^3$,可采资源量为 $12.51 \times 10^{12} m^3$,而目前仅有沁水盆地、鄂尔多斯盆地东缘发现探明储量共 $3904.4 \times 10^8 m^3$(截至 2013 年底),探明率仅为 1.3%,说明煤层气资源潜力巨大。

从煤层气煤阶资源量分布看,高煤阶、中煤阶、低煤阶地质资源相当,分别为 $10.26 \times 10^{12} m^3$、$9.14 \times 10^{12} m^3$ 和 $10.43 \times 10^{12} m^3$,但可采资源量低煤阶明显高于高煤阶和中煤阶,分别为 $4.96 \times 10^{12} m^3$、$3.52 \times 10^{12} m^3$ 和 $4.04 \times 10^{12} m^3$。

500~1000m 埋深的地质资源量为 $11.11 \times 10^{12} m^3$(高煤阶 $4.51 \times 10^{12} m^3$,中煤阶 $1.52 \times 10^{12} m^3$,低煤阶 $5.08 \times 10^{12} m^3$),1000~1500m 埋深的地质资源量为 $8.97 \times 10^{12} m^3$(高煤阶 $2.79 \times 10^{12} m^3$,中煤阶 $3.26 \times 10^{12} m^3$,低煤阶 $2.92 \times 10^{12} m^3$),1500~2000m 埋深的地质资源量为 $9.75 \times 10^{12} m^3$(高煤阶 $2.96 \times 10^{12} m^3$,中煤阶 $4.36 \times 10^{12} m^3$,低煤阶 $2.43 \times 10^{12} m^3$)。500~1000m 埋深的可采资源量为 $4.36 \times 10^{12} m^3$(高煤阶 $2.04 \times 10^{12} m^3$,中煤阶 $0.58 \times 10^{12} m^3$,低煤阶 $0.74 \times 10^{12} m^3$),1000~1500m 埋深的可采资源量为 $4.13 \times 10^{12} m^3$(高煤阶 $1.54 \times 10^{12} m^3$,中煤阶 $1.39 \times 10^{12} m^3$,低煤阶 $1.2 \times 10^{12} m^3$),1500~2000m 埋深的可采资源量为 $4.03 \times 10^{12} m^3$(高煤阶 $1.38 \times 10^{12} m^3$,中煤阶 $1.55 \times 10^{12} m^3$,低煤阶 $1.1 \times 10^{12} m^3$)。

综合煤阶埋深分布来看,煤层气地质资源量和可采资源量高煤阶、低煤阶以 1000m 以浅为主,中煤阶以 1000~2000m 埋深为主。

3. 页岩气

从页岩气资源评价结果看,我国页岩气资源潜力较大,地质资源量为 66.45×10^{12}(P50)~90.01×10^{12}(P5)m^3,期望值为 $80.21 \times 10^{12} m^3$,可采资源量为 $12.85 \times 10^{12} m^3$。2008 年我国开始钻探第一口页岩气评价井,迄今各类页岩气井 800 口左右,仅在四川盆地、南方地区、鄂尔多斯盆地等少数几个盆地及地区发现页岩气,在四川盆地及邻区涪陵、长宁—黄金坝、威远、富顺—永川、彭水5个区块初步实现页岩气生产,落实页岩气三级地质储量$1.0 \times 10^{12} m^3$以上,探明地质储量为$5441.29 \times 10^8 m^3$,可采储量为$1360.33 \times 10^8 m^3$,页岩气资源探明率仅为0.68%(地质资源量)~1.06%(技术可采资源量),剩余页岩气资源丰富,资源潜力较大。

4. 油页岩

我国油页岩总资源(埋深0~1000m)为$9734 \times 10^8 t$,查明资源储量为$1122 \times 10^8 t$,潜在资源量为$8612 \times 10^8 t$。油页岩油总资源为$533.73 \times 10^8 t$,查明资源储量为$57 \times 10^8 t$,潜在资源量为$476.73 \times 10^8 t$。可回收油页岩油总资源为$131.8 \times 10^8 t$;查明可回收资源储量为$19 \times 10^8 t$;潜在可回收资源量为$112 \times 10^8 t$。

国内油页岩勘探程度较低,中国石油常规油气矿权区内适合露天开采的浅部油页岩矿权多被地方企业登记,而深部油页岩层由于原位开采技术不成熟,能否利用尚存在问题。

我国抚顺、茂名、桦甸等地区都进行过油页岩的开发利用。近几年,地方企业对油页岩开发热度较高,2013年辽宁成大公司在吉木萨尔石场沟建厂炼油规模生产,为国内最大油页岩项目;2013年抚顺矿业公司单部抚顺炉设计年产量为$3 \times 10^4 t$,实际生产过程中可达到$3.5 \times 10^4 t/a$;2013年山东龙福公司建设国家级油页岩综合利用示范基地;2014年7月众诚连锁油页岩试验项目成功从地下近300m油页岩层原位提取出页岩油。

中国石油大庆油田开展柳树河盆地油页岩资源精查,建设年产$3 \times 10^4 t$页岩油中试厂。大庆油田提交五林勘查区油页岩探明储量,总资源量$3238 \times 10^4 t$,页岩油地质储量$340 \times 10^4 t$;含油率3.5%~24.8%,平均为13.87%,9号层全区可采,平均厚度5m,埋深70~110m,形成于古近系八虎力组,湖泊沼泽相。分布受断裂系统的控制,靠近断层方向油页岩有单层变厚且层数增加趋势。2013年炼厂基建工作已全部完成,达到试验条件,建设内容包括炼厂主体及工业配套设施,采用自主研发的小颗粒油页岩固体热载体干馏工艺,计划年产页岩油$(3~5) \times 10^4 t$、页岩半焦$26 \times 10^4 t$。仅在五林油页岩矿经国家储量委员会审核探明储量$3238 \times 10^4 t$,只能满足中试先导试验需求,无法满足油页岩规模发展需求。

5. 油砂

评价的10个盆地的油砂油地质资源量为$12.55 \times 10^8 t$,可采资源量为$7.67 \times 10^8 t$。其中0~100m埋深的油砂油地质资源量为$7 \times 10^8 t$,可采资源量为$4.89 \times 10^8 t$;100~200m埋深的油砂油地质资源量为$5.55 \times 10^8 t$,可采资源量为$2.78 \times 10^8 t$。各盆地油砂资源量分布不均。

经综合评价,位于前10位的油砂矿区为准噶尔西北缘的风城、红山嘴、黑油山,柴达木盆地油砂山,四川盆地厚坝,松辽盆地西斜坡图牧吉,准噶尔盆地白碱滩,二连盆地吉尔嘎朗图,准噶尔盆地车排子和盆地东缘。这10个油砂矿点100m以浅的油砂油资源总量为$4.94 \times 10^8 t$,可采资源量为$3.46 \times 10^8 t$。

我国油砂勘探开发起步较晚,尚处于普查与初步研究阶段。与世界非常规油气资源研究与利用相比,我国对油砂矿的资源潜力研究与评价技术、开采技术及综合利用技术研究得比较少。我国油砂矿点多面广,含油率较高,有些地区油砂含油率高达12%以上,但仅在准噶尔盆地西北缘、柴达木盆地西北缘相对集中分布。新疆油田与地方政府组建的新疆金戈壁油砂矿开发有限责任公司在风城进行挖掘式开采与SAGD双井试验,并于2013年成功生产出我国第一桶油砂油,标志着我国在油砂矿开发利用方面取得了实质性突破,向油砂的产业化发展迈出了关键的一步。油砂矿的开发利用,是对我国液体燃料能源的重要补充,随着油砂资源基础理论水平的不断提高和配套工艺技术的不断创新,油砂资源必将提升我国能源保障能力,在我国能源体系中发挥举足轻重的作用。

6. 天然气水合物

我国陆地和海洋水合物资源总量为 $153.06 \times 10^{12} m^3$,其中海域 $92.24 \times 10^{12} m^3$,陆域 $60.82 \times 10^{12} m^3$;可采资源量约 $53 \times 10^{12} m^3$。南海、东海、青藏高原和东北冻土带的水合物地质资源量分别为 $88.15 \times 10^{12} m^3$、$4.09 \times 10^{12} m^3$、$47.7 \times 10^{12} m^3$ 和 $13.12 \times 10^{12} m^3$,南海资源潜力最大,占 57.59%;其次是青藏高原,占 31%。

二、非常规油气资源富集规律

以储层致密、优质源岩为成藏基本条件,以源储共生、大面积连续聚集为成藏特点的非常规油气资源,主要发育在含油气盆地的凹陷和斜坡区,优质烃源岩控制了油气的形成及分布,储层的非均质性决定了"甜点区"是优质资源的富集区。

(1) 富有机质烃源岩发育决定了非常规资源的类型、形成与分布,连续型近源成藏是非常规油气成藏的主要特点。从我国主要含油气盆地发育的烃源岩类型看,主要发育海相、煤系和湖相烃源岩,海相富有机质烃源岩主要形成于克拉通内坳陷或边缘深水—半深水陆棚相,如寒武系筇竹寺组和志留系龙马溪组,过渡相富有机质烃源岩形成于克拉通边缘沼泽相,如石炭系—二叠系,煤系富有机质烃源岩主要形成于前陆盆地湖沼相,如我国西部盆地的三叠系和侏罗系,湖相富有机质烃源岩形成于大型坳陷盆地或断陷盆地的深湖—半深湖相,如渤海湾盆地沙河街组。受控于有机质类型和成熟演化,在不同盆地会形成不同的非常规资源类型。Ⅰ型—Ⅱ型烃源岩,在 R_o 小于 0.5% 时,是油页岩资源形成和富集区;成熟度 R_o 在 0.6%~1.3% 时,是致密油资源形成和富集区;R_o 大于 1.2 或Ⅲ型有机质烃源岩,为页岩气或煤层气、致密气资源形成及富集区。

以湖相烃源岩为主体和正处于大量生油阶段的渤海湾盆地沙河街组、松辽盆地的青山口组、鄂尔多斯盆地的三叠系延长组、准噶尔盆地—三塘湖盆地的芦草沟组、柴达木盆地的干柴沟组等,均为常规油藏的主要烃源岩,也是致密油、页岩油等非常规资源的主要烃源岩。油源对比揭示,目前发现的松辽盆地扶余油层致密油、鄂尔多斯盆地长 7 段致密油、准噶尔盆地吉木萨尔凹陷致密油、三塘湖盆地条湖组和芦草沟组致密油、渤海湾盆地束鹿凹陷致密油、歧口凹陷致密油、沧东凹陷致密油、辽河西部凹陷致密油、柴达木盆地扎哈泉致密油、四川盆地大安寨段致密油就来源于该盆地常规油藏的同一套生油源岩。

(2) 非常规资源表现为近源成藏的特征,源储组合类型决定资源的富集程度,源内富集程度最高,资源最丰富。页岩气、煤层气、油页岩资源为源储一体成藏,资源的富集主要受优质烃源岩的质量控制,有机质丰度越高,资源潜力越大。致密油、致密气通常表现为源储叠置共生组合关系,既有源内成藏,即烃源岩夹层中的致密砂岩或碳酸盐岩成藏类型;也有短距离运聚源外成藏,在紧邻烃源岩的上覆或下伏致密储层中成藏。统计表明,源内成藏条件优越,资源富集程度最高。目前发现的多数致密油资源,如鄂尔多斯长 7 段致密油和准噶尔盆地吉木萨尔凹陷芦草沟组致密油等,均为典型的源内成藏类型。三角洲前缘相储集岩体直接与烃源岩接触,或者呈指状尖灭于湖相烃源岩之中,或者与烃源岩互层,有利于油气优先进入邻近的储层,含油饱和度最高。如鄂尔多斯盆地长 7 段生烃页岩与致密砂岩紧密接触共生,横向上大面积分布,致密油分布主要分布在姬塬—华池—正宁一带,面积达 $6 \times 10^4 km^2$,纵向上源储相互叠置,多层分布。由于储层物性差,油气以持续的非浮力驱动发生短距离运移,含油饱和度达到70%~90%。松辽盆地扶余油层致密油为典型源下致密油成藏类型,含油饱和度和资源丰度明显偏低,含油饱和度平均为40%~60%。

鄂尔多斯石炭系—二叠系致密气也为典型的源储叠置成藏类型,山西组和下石盒子组为一套致密砂岩储层,与本溪组、太原组和山西组含煤烃源岩叠置共生。烃源岩和致密砂岩在盆地内横向连片分布,纵向上多层叠置,为致密气成藏提供了优越的地质条件,由图6-1可知,源内成藏条件最好,含气饱和度为60%~73%,明显高于近源的37%~52%和远源的32%~36%。

（3）非常规资源大面积连续分布,盆地中心、斜坡等负向构造单元和构造稳定区资源最富集。前已述及,大面积分布是非常规资源的重要特征之一,这种特征主要受广覆式烃源岩、大面积致密储层等地质要素控制。盆地中心和斜坡区通常为烃源岩相带集中发育的地区,宽缓的沉积背景为大面积烃源岩以及致密储层的形成提供了有利的地质条件。目前发现的非常规资源,无论是致密油气,还是页岩油气、煤层气、油页岩资源,均呈大面积分布于盆地的中心和斜坡部位。

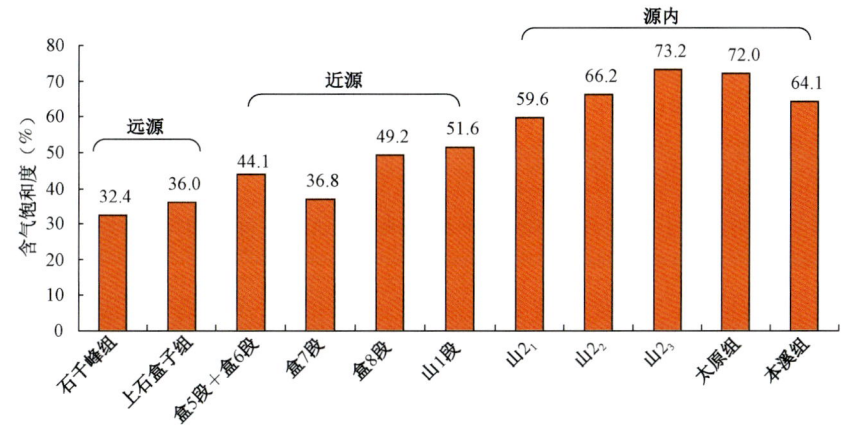

图6-1 鄂尔多斯上古生界各层段致密气含气饱和度对比

从南方海相页岩气资源分布来看,主要富集在克拉通内坳陷或边缘斜坡半深水、深水环境下的深水陆棚相。该相带是富有机质页岩最有利相带,为欠补偿缺氧环境沉积,大量生物繁盛,生物产率高,藻类、放射虫、海绵、笔石等,尤其是笔石大量繁盛,形成了规模较大的富含笔石、放射虫等生物化石的笔石页岩。如五峰组—龙马溪组,分布面积达$20 \times 10^4 km^2$,富有机质页岩厚20~100m,纵、横向分布十分稳定。

无论是常规还是非常规油气藏,保存条件是油气藏形成的必要条件。尽管非常规油气并未强调圈闭的重要性,致密储层所具备的自我封存能力和上覆封盖层的存在,是非常规油气成藏的关键。从勘探实践看,过去认为页岩气保存条件对页岩气的形成并不太重要,但勘探结果揭示,在盆外的改造区,页岩气含气量明显偏低,开发效果差。煤层气资源富集区,也通常发育在水动力活动弱、断裂发育少、顶底板封盖能力好的地区。因此,构造的稳定区是非常规资源富集的有利场所。

（4）致密储层岩性和物性控制含油气性,物性越好,油气饱和度越高,含油气性越好。研究发现,在以微米、纳米为主的致密储层中形成的非常规资源,其含油气性与储层物性呈正相关,物性越好,含油性越好。如致密油孔隙度主要分布区在4%~12%之间,统计显示孔隙度为8%~12%的储层含油性最好,其次为孔隙度4%~8%的储层,孔隙度在4%以下的储层含油性最差。另外,致密储层中微米、纳米级孔喉连通系统是非常规油气聚集的关键。对致密油气等非常规资源而言,微观储集空间体系中强大的毛细管压力限制了浮力在油气聚集中的作用,使油气在源储压差的作用下就近发生层状、短距离运移,最终实现油气聚集。因此储层物性控制致密油气的分布。

如松辽盆地齐家地区储层岩性对致密油具有明显控制作用,整体上砂岩的含油性优于泥质砂岩。致密油区粉砂岩普遍含油,含泥、含钙较多的泥质粉砂岩、钙质粉砂岩较纯粉砂岩含油性变差,粉砂质泥岩中的砂质条带含油,泥岩未见明显含油现象。

1. 致密油气

(1)源储组合类型决定资源的富集程度,源内富集程度最高,资源最丰富。

致密油在中国发育陆相源上、源下和源内三种类型致密油,以源内致密油类型最多,从分析测试和勘探成果看,源内含油饱和度较高,平均高达70%~80%,远高于源上和源下。致密气成藏具有克拉通大面积成藏、前陆背斜构造成藏、断陷深层成藏三种类型(魏国齐,2015),克拉通大面积致密砂岩气是我国最主要的致密气成藏类型,源储交互叠置、超压动力充注、孔缝网状输导、致密储层阻隔是致密气成藏的关键。从苏里格致密气藏解剖可以发现,山西组为源内和近源组合,气源充足,含气饱和度高,气藏规模大;石盒子组为远源组合,以次生气藏为主,含气规模相对较小。

(2)盆地中心、斜坡等负向构造单元是资源的富集区。

由于优质烃源岩控制了致密油气的形成和分布,因此,在盆地中心和斜坡区优质烃源岩发育的场所,是致密油气成藏的有利区。从致密油气源储组合关系看,发育在深湖相、半深湖相优质烃源岩内的致密储层,呈源储叠置共生的三明治结构,这种组合,使致密储层具有优先捕获油气的得天独厚的位置优势。当烃源岩进入大量生烃时期,生烃增加产生的巨大源储压差,使近源的致密储层优先成藏。

(3)致密储层物性控制含油气性,物性越好,油气饱和度越高,资源越富集。

研究发现,致密储层的含油性与物性呈正相关,即渗透率小于0.1mD、孔径小于1μm的致密储层,物性越好,含油性越好,含油饱和度就越高。这就是在大面积分布、非均质强的致密储层中,寻找优质储层发育区,即资源富集的"甜点区"原因所在。

2. 煤层气

不同煤阶表现出的成藏差异性决定了煤层气资源富集特点有所不同。

1)中—高煤阶煤层气富集规律新认识

中—高煤阶煤层气勘探开发首先在我国取得了突破,不仅形成了鄂尔多斯东缘和沁水两个千亿方煤层气田,近年南方川南黔北地区高煤阶勘探开发也快速发展,形成了筠连$2×10^8m^3$产能区块。随着研究的深入,进一步明确了中—高煤阶煤层气藏富集主要受三方面因素影响,即沉积控藏、水动力控气和构造调整。

(1)沉积控藏。

如表6-1所示,沉积体系决定煤储层的展布规律及封盖能力,其中潟湖—潮坪、浅湖、三角洲间湾相带煤层连续、厚度大,多发育泥岩盖层,有利于煤层气富集。其中,鄂尔多斯盆地东缘多为潮坪相、浅湖相、三角洲间湾相,含煤层系多发育泥岩盖层,含气量高;沁水盆地山西组多为潮坪相、潟湖相和三角洲平原相,以中—厚煤层为主,大范围内分布稳定,含气量多在$2~10m^3/t$之间。

表 6-1 中—高煤阶煤沉积环境的控藏作用

沉积相	煤储层展布	封盖特征		煤层气特征	类型
		顶底板	封盖能力		
潟湖—潮坪 陆相河湖体系浅湖	连续性好,厚层	厚层泥岩,顶板与底板组合	Ⅰ类	含气量高,产水量大	优势
三角洲前缘 三角洲间湾	连续性较好,厚层,少夹层	中—厚层泥质岩夹砂岩顶底板组合	Ⅱ类	含气量高,产水量一般或偏小	次优势
三角洲平原分流间湾 河流泛滥盆地	薄层,多互层、夹矸	不稳定泥质岩—砂岩顶板与不稳定泥质岩底板组合	Ⅲ类	含气量中等偏低,产水量一般	一般
海相陆棚潟湖 陆相辫状河上游	煤层减薄,尖灭	厚层石灰岩顶板组合/厚层砂岩顶板组合	Ⅳ类	含气量小,产水量大	不利

(2)水动力控气。

水动力对煤层气富集的最有利位置为承压—滞留区,由于滞留区为地下水高势区,水动力运移缓慢,溶解作用弱,散失小,所以利于煤层气富集。以沁水南部夏店为例,该区域承压—滞流区煤层含气量大于 14 m^3/t,含气饱和度大于 82%,有利于煤层气富集;补给区煤层含气量小于 8 m^3/t,含气饱和度小于 48%,不利于煤层气富集。

(3)构造调整。

开放性断层会导致煤层气大量散失,从而调整富集区分布。因为开放性断层切割煤层,破坏顶、底板的封存条件,释放出层压力,所以导致煤层气大量散失。如图 6-2 所示,以樊庄—郑庄为例,靠近寺头大断层区域,受断裂影响,煤层含气量普遍偏低,且距离寺头断层越近,含气量越低。

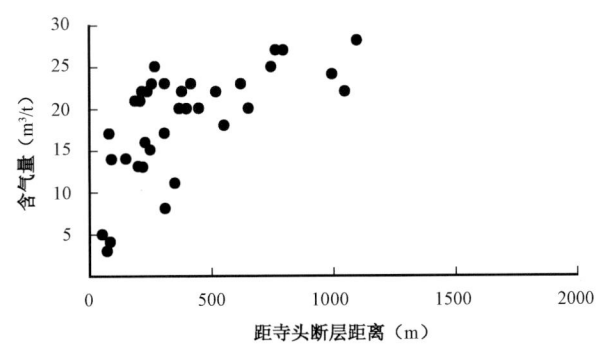

图 6-2 樊庄—郑庄测试点含气量与距寺头断层距离关系

2)低煤阶煤层气富集规律新认识

低煤阶煤层气由于热演化程度低,具有埋藏浅,储层物性好(孔隙度 15%~20%),储层煤质软,渗透率差异大(0.1~100mD),但生气能力弱,易散失,含气量低等特点。因此,是否具有充足的气源补给和良好的封盖条件是低煤阶富集的关键。我国低煤阶地质特征不同,发育三种不同的成因富集模式。

(1)次生生物气型。

次生生物气富集模式主要分布在鄂尔多斯盆地,海拉尔盆地、二连盆地等。鄂尔多斯盆地东部地区水动力条件多具备生物气生成条件,含气量较高,煤层气富集关键在顶底板封盖能力;东北地区海拉尔盆地、二连盆地煤阶较低,首先优选有利水动力地质条件,进而寻找次生生物气补给区来预测煤层气富集区。

以保德区块为例,该区块为一西倾单斜,处于低势区,利于煤层气富集,饱和度高,4+5#煤平均含气量约为$6m^3/t$,8+9#煤平均含气量约为$8m^3/t$,保1井区吸附饱和度达到89.5%;东部煤层水矿化度为1907mg/L,水型为$NaHCO_3$,水中有甲烷菌存在,煤层被降解,浅层甲烷碳同位素显示生物气成因(图6-3)。同时,保德区块主要发育扇间洼地,煤层连续,泥岩盖层厚,保存条件好;斜坡区鼻状构造带埋藏适中,属张性—过渡应力区,渗透性好。

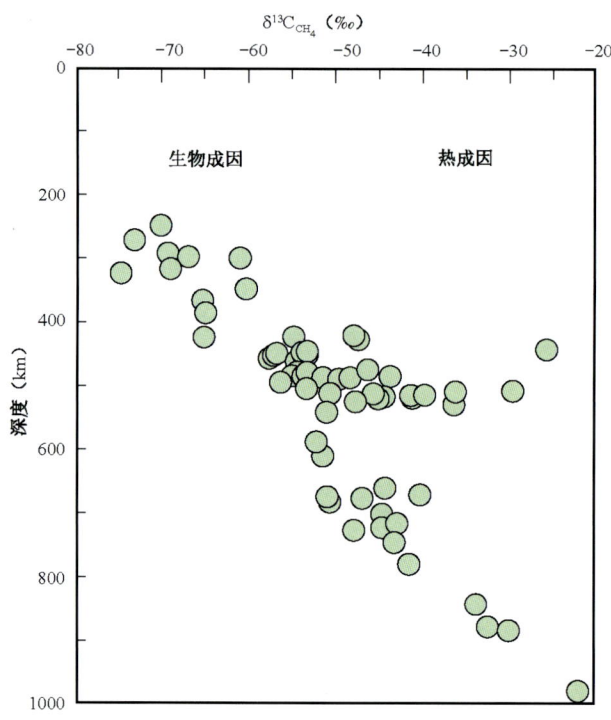

图6-3 保德地区甲烷碳同位素含量分布

2011年9月,保德北部$184×10^8m^3$探明储量通过储量委员会审查,2012年保德南部探明地质储量$409×10^8m^3$通过审查,成为第一个被探明的整装低煤阶煤层气田。

(2)混源型。

主要分布在西北地区,该地区普遍煤层较厚,保存条件较好,因此寻找多气源补给区是寻找富集区的关键。混合型气源包括原生热解气、次生生物气、深部运移气等,以准噶尔盆地南缘为例,该地区R_o为0.5%~0.8%,气体甲烷碳同位素在-55‰~-44‰之间,具有生物成因和热成因起源混合补给的特点,因此,具有两种气源共同补给的构造斜坡带是煤层气富集区(图6-4),含气量最高超过$15m^3/t$,阜煤1井、阜试1井均获工业气流。而同一地区的准东、吐哈均由于R_o较低,封盖能力差,缺乏生物气补给,含气量不超过$1m^3/t$。

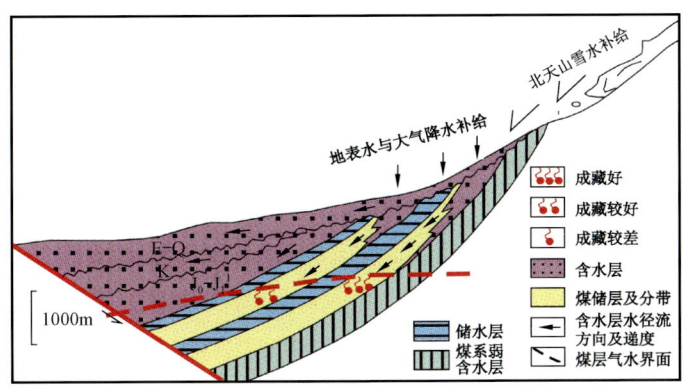

图 6-4 准噶尔盆地南缘地区煤层气富集模式示意图

(3) 二次生气型。

火山岩二次生气或次生生物气补给区,主要分布在东北地区。以阜新为例,由于火山岩侵入煤层,岩墙遮挡,岩床封盖,煤层二次生气,后期煤体快速冷却收缩,次生割理发育,渗透性好,说明火山岩活动区有利于煤层气富集。刘家区块实现低煤阶商业性开发,目前单井产量约 2500m³/d。

3. 页岩气

我国存在三类页岩气资源,目前仅在海相页岩气中取得突破,初步形成四川盆地五峰组—龙马溪组海相万亿立方米页岩气大气区,其他两类页岩气资源有较大不确定性。通过归纳总结,初步提出我国海相页岩气资源富集规律。

(1) 保存条件好的稳定背斜(等正向构造)单元页岩气资源富集。

与北美页岩气区构造特征相比,我国海相页岩气区(南方地区)构造复杂。四川盆地自震旦系沉积以来经历了加里东、海西、印支—燕山、喜马拉雅等多期构造运动叠加改造,导致沉积地层发生强烈褶皱形变、抬升剥蚀,保存条件十分复杂。钻探揭示不同构造部位页岩气富集程度及保存条件差异明显,具有良好的构造稳定和保存条件成为海相页岩气聚集与富集的重要场所,四川盆地内构造稳定的正向构造,包括箱状背斜、宽缓背斜、(高陡)断背斜等,断裂不发育,五峰组—龙马溪组保存较好,有利于页岩气藏的形成、聚集与富集。相反,四川盆地边缘及盆地外的构造改造程度较强地区,地层抬升,断层发育,保存条件差,页岩气藏、聚集与富集程度低。

四川盆地长宁页岩气田处于盆地边缘长宁背斜构造西南斜坡区,长宁背斜构造顶部五峰组—龙马溪组被抬升剥蚀,近剥蚀区五峰组—龙马溪组地层压力为常压—低压,往西南长宁页岩气田区即长宁背斜西南翼斜坡区五峰组—龙马溪组保存好,地层普遍超压,压力系数为 1.3~2.0,已钻页岩气井多数获高产工业气流。长宁页岩气田往南的云南昭通区为构造强改造区,保存条件较差,不少井未能获得气流或仅获低产气流。四川盆地东部的涪陵页岩气田位于万县复向斜焦石坝背斜构造区,五峰组—龙马溪组保存好,地层超压,压力系数达 1.5 以上,焦石坝页岩气田钻井 205 口,投入生产井 146 口,单井平均测试日产气量 $32.72 \times 10^4 \mathrm{m}^3$,单井最高日产气量 $59.1 \times 10^4 \mathrm{m}^3$,气田整体日产气能力达到 $1257 \times 10^4 \mathrm{m}^3$,累计生产页岩气 $30.6 \times 10^8 \mathrm{m}^3$,充分显示出正向宽缓构造区非常有利于页岩气的成藏和富集(图 6-5)。而盆地外构造改造区彭水、盆地边缘的丁山等构造区页岩气成藏条件及富集程度要差得多。彭水地区的彭页 HF-1

井五峰组—龙马溪组测试日产气仅 $2.3 \times 10^4 m^3$,地层压力为常压,压力系数为 1.0,表明构造强变形带向斜区具有一定的保存条件但遭受部分破坏,页岩气单井产量低。勘探实践与研究综合评价认为以背斜为主的正向构造单元有利于页岩气成藏及富集,是海相页岩气勘探开发核心区优选的重要目标。

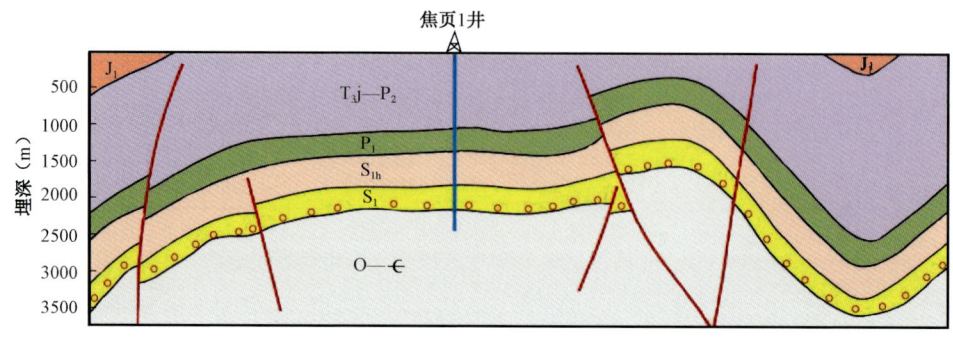

图 6-5 构造稳定区正向构造单元与改造区页岩气成藏和富集模式图

(2)深水陆棚相区富有机质页岩厚度大、品质高,页岩气资源富集。

富有机质页岩形成、沉积规模、优质页岩发育程度等都会明显受到沉积环境影响,也是(海相)页岩气成藏和富集的基本条件。海相深水陆棚为生物原始产率高、欠补偿缺氧环境,是形成厚层、规模分布富有机质页岩的最有利相带和最主要相带。五峰组—龙马溪组沉积期间,在全球性海侵背景下,上扬子地区(以四川盆地为主)在川南、川东—鄂西、川东—川北等地区形成了低能、缺氧半深水—深水陆棚沉积环境,大量生物繁盛,如藻类、放射虫、海绵、笔石等,尤其是笔石大量繁盛,形成了较大规模的富含笔石、放射虫等生物化石的笔石页岩,高 TOC 含量,厚度大、纵横向分布稳定。已有钻井及露头剖面统计,四川盆地及周边富有机质页岩厚 20~100m,像富顺—永川页岩气产区厚 40~100m,威远页岩气田厚 30~40m,长宁页岩气田厚 30~60m,涪陵地区焦石坝页岩气田厚 38~45m,既为页岩气形成奠定了良好的物质基础,也为页岩气富集提供了有利的场所。五峰组—龙马溪组页岩气层段 TOC 含量高,钙质硅质含量高,页岩脆性强,页岩层理/页理、微裂缝发育。五峰组—龙马溪组页岩孔隙度为 3%~10%,平均为 4.75%,且由构造翼部向构造顶部页岩储层孔隙度增加。

(3)页岩储层在有一定埋深、地层超压条件下,页岩气资源富集。

超压是指地层压力系数大于 1.2,超压是页岩含气性好、富集高产的重要条件。实际上,地层超压不仅表明页岩地层具有良好的保存条件,同时还需要具有一定的埋深。统计发现单井测试产量与地层压力系数具明显正相关关系,地层压力越高,含气性越好,产量越高。同时,五峰组—龙马溪组产层压力系数与埋深成正比,产层埋深越大,地层压力系数越高,单井测试产量越高。长宁—昭通、威远、富顺—永川、焦石坝等地区已获页岩气井中,埋深在 1500~3500m 之间,平均在 2500m 左右,压力系数为 1.2~2.2。当埋深大于 2500m 时,地层压力系数大于 1.5,直井单井测试产量大于 $2.0 \times 10^4 m^3/d$,水平井单井测试产量大于 $10.0 \times 10^4 m^3/d$,差压对应高含气量,五峰组—龙马溪组超压段页岩含气量大于 $4.0m^3/t$,长宁气田含气量平均为 $4.1m^3/t$,涪陵焦石坝气田含气量平均为 $4.6m^3/t$,彭水气田地层压力系数 1.0,含气量为 $2.3~2.92m^3/t$。

4. 油页岩

含油页岩盆地不仅在时间上有一定分布特征,在地理分布上也有一定的规律性,如在区域上有相同或相似的板块构造演化背景,在含油页岩类型上有相同的构造样式,在含油页岩盆地地理分布上常成群成带。

受油页岩形成的古地理环境控制,油页岩主要发育于物源供给匮乏的浅湖—半深湖相区。断陷盆地油页岩主要富集相带为靠近控盆一侧的半深湖—深湖,大型坳陷型盆地油页岩有利的富集相带为浅湖湖湾环境。深湖相油页岩有机质垂向丰度低,单层厚度小。浅湖湖湾环境陆源碎屑相对少,油页岩单层厚度及总厚度都较大,含油率也较高,是油页岩形成的最有利相带。

1) 东部地区

东部地区处于西伯利亚板块、华北板块和太平洋板块的交会处,构造背景十分复杂,受太平洋构造域影响明显。下白垩统义县组—九佛堂组(沙河子组、东宁组)油页岩主要分布于西伯利亚南缘和松辽盆地的北缘,大兴安岭以东的辽西—松辽早白垩世断陷带;上白垩统青山口组、嫩江组(大磙子组)油页岩主要分布于松辽盆地热沉降带,特别是物源供给匮乏的松辽盆地东南隆起区和东北隆起区;古近系桦甸组油页岩主要分布于郯庐断裂带北延的两个分支——依舒断裂带和敦密断裂带的小型断陷盆地群。

2) 中西部地区

中西部沉积盆地类型多样,既有稳定的克拉通盆地,如准噶尔盆地和四川盆地,同时还包括了前陆盆地,如准噶尔盆地和柴达木盆地。油页岩矿床多分布在大型含油气盆地的边缘。中西部盆地油页岩的形成时代同样具有多样性,准噶尔盆地形成的时代为古生代的二叠纪,而其他盆地形成的时代为中生代。鄂尔多斯盆地主体为三叠系,民和盆地为侏罗系,银额盆地的油页岩主要分布在白垩系。沉积盆地的沉积环境对油页岩的分布有明显的控制作用,在大型坳陷湖泊和小型湖泊、湖泊—沼泽都表现出水进体系域和高位体系域油页岩发育的特点。同时,沉积盆地水进体系域和高位体系域沉积期的古气候对油页岩发育和富集有着明显的控制作用。

3) 南方地区

茂名盆地油页岩成矿规律的研究是成矿预测的基础和依据,根据现今油页岩矿体分布研究,北西向同沉积断裂构造控制着油柑窝组和尚村组油页岩的形成、埋深和空间展布,尤其是高棚岭断裂既是控盆构造,又是控矿构造。而次一级的北西向断裂金塘断裂、新圩断裂和羊角断裂等又是油页岩的主要控矿构造。因此,油柑窝组油页岩和尚村组油页岩地层走向与构造线走向一致,油页岩倾向北东,沿倾向可延伸到高棚岭断裂。油页岩厚度沿走向明显受到次一级坳陷控制。油柑窝组和尚村组油页岩是在同一古地理环境、同一沉积相和沉积建造环境下形成,沉积特征完全一致,整个盆地只要有油柑窝组和尚村组存在就应该有油页岩存在。确定在已知勘查区北东方向至控盆控矿的高棚岭断裂,是茂名盆地油页岩的成矿预测区。

4) 西藏地区

特提斯构造域构造演化规律总体上由北向南缝合带形成时代依次变新,受其控制,含油页岩盆地分布规律也是由北向南形成时代变新,羌塘盆地发育中侏罗统油页岩,南边伦坡拉盆地发育渐新统油页岩。

油页岩的形成明显受到古地理展布的控制和古气候的影响,显然古气候是具有一定区域性的,因此古地理展布是控制油页岩的关键。西藏羌塘盆地发育的中侏罗统油页岩为陆棚—潟湖相成因,主要沉积在一套浅海亚相—潟湖亚相沉积体系中。陆棚环境往往为大面积稳定薄层油页岩的形成提供了良好的条件。潟湖为低能环境,因此往往缺乏大量陆源碎屑物质的供给,而有利于发生生物及化学沉积作用,并且沉积速率比较低。潟湖环境不仅具有较高的生产力,还具有保存有机质的条件。羌塘盆地晚侏罗世—早白垩世,浅海沉积广泛分布于北羌塘盆地的中部,因此浅海—潟湖沉积区是该时期油页岩沉积的有利区域。事实上,不仅胜利河—长蛇山油页岩发育于这一环境中,在托纳木地区发现的托纳木油页岩同样也发育在这一沉积环境中。由此可见。上侏罗统—下白垩统油页岩的发育可能具有较大规模。

伦坡拉盆地油页岩主要分布于江加错凹陷和蒋日阿错凹陷东部,油页岩主要分布在半深湖—深湖相,其为油页岩发育的有利区。

5. 油砂

根据盆地成因,可将我国含油气盆地分成4种基本类型:挤压盆地、裂谷盆地、中间过渡型盆地和山间盆地。这些含油气盆地大多经历了比国外海相含油气盆地复杂的演化过程,多数具有多源、多期生烃和成藏,油气多期运移,多期破坏和改造的特征。在这样复杂的含油气系统演化过程中,多期、大规模的油气运移过程,往往伴随着油气的成藏和破坏,因此,在各地层层系中都有规模不同的油砂资源分布。我国含油气盆地基本定型于中生代、新生代,现今盆地构造格局定型于燕山运动期和喜马拉雅运动期,受此影响,油砂亦主要分布于中生界、新生界中。

1)西部挤压盆地

中国大陆的西部主要发育大型挤压盆地,这些挤压盆地是在欧亚大陆的形成过程中以及欧亚大陆板块与印度板块碰撞过程中形成的,盆地内构造挤压变形较强烈。盆地内油气多由生烃中心运移至盆地边缘,在浅层遭受破坏形成大规模油砂矿,该区是我国油砂资源最为丰富的一个地区。在纵向上,自古生界至新生界都有油砂分布;在横向上,地表油砂分布与重油、常规油关系密切,从深层—浅层—地表,呈现常规油—重油—油砂分布规律。本地区已发现的大型油砂矿多分布在盆地边缘,如准噶尔盆地西北缘、塔里木盆地北缘库车坳陷等,分布面积大,分布层位多,单层厚度大,浅层储量大,油砂品质好,含油率高,是下一步国家油砂资源勘探开发的重点区域。油砂的主要岩性为粉砂岩、中—细砂岩、砂砾岩、底砾岩等,含油率为3%~10%。西部地区油砂具有分布范围广、含油砂层多、厚度大、含油率高、品质好等特点,并且大面积出露地表,可进行开发。

2)中部过渡型盆地油砂

在东部裂谷盆地和西部挤压盆地之间,是一个构造过渡区,包括鄂尔多斯盆地和四川盆地两个大型盆地,油砂资源主要分布在这两个盆地内。中部盆地在形成过程中既受到西部挤压作用的影响,又受到东部伸展作用的制约。油砂层产状较陡,横向埋深变化大,油砂层数多,含油性不稳定,开发难度大。这种特殊的构造环境使油砂在多种构造单元中均有分布,如鄂尔多斯盆地油砂分布在伊盟隆起、伊陕斜坡和渭北隆起,四川盆地油砂分布在厚坝地区沙溪庙组单斜断块和天井山背斜。油砂岩性主要为中—细粒长石砂岩、岩屑砂岩、长石岩屑砂岩和厚层石英砂岩等,含油率为3%~6%。

3) 东部裂谷盆地油砂

中国大陆东部发育一系列北北东向的裂谷盆地,裂谷盆地的发育期主要为中生代、新生代,油砂资源主要分布在松辽盆地和二连盆地。长期以沉降作用为主,油砂层产状平缓,含油性稳定,东部地区油砂岩性主要为砂岩和砂砾岩,胶结较差,结构松散,油砂层平均厚度约2m,有较好的开发前景。其中图牧吉油砂资源丰富,埋藏较浅,具有开发利用价值。

4) 南部山间盆地油砂

主要分布在黔南坳陷、百色盆地、茂名盆地和景谷盆地等。这些盆地是发育在扬子地台基底上的断陷或坳陷盆地。盆地油砂资源量少,开发利用价值不大。该地区的油砂多为高演化程度的碳化沥青砂,储集在中—厚层微晶白云岩和厚层石英砂岩中,沥青充填于白云岩晶洞、裂缝中。

6. 天然气水合物

海底峡谷强烈的侵蚀作用和良好的内部建造,与海域天然气水合物的聚集、分布和成藏具有直接或间接的关联。海底峡谷和海域天然气水合物的相关性主要表现在三个方面:侵蚀—沉积作用与有利沉积体的分布,侵蚀—沉积作用与含烃流体渗漏的相互作用,侵蚀—沉积作用与海域天然气水合物的动态成藏。

水合物运聚体系是控制水合物分布的关键因素,也是站位选择的重要标志。水合物资源评价最为重要的三个参数为水合物饱和度、含水合物层厚度和分布面积。饱和度往往和"运",即流体的运移有直接的关联;含水合物层厚度和含水合物层的分布则是"聚"的直接表现。深水沉积体的空间演化和运移通道的空间展布在垂向和平面上均不同,针对重点区域开展沉积学解剖和流体运移的分析,有利于水合物不均匀性分布研究。典型水合物赋存区域油气系统要素分析显示,流体运移条件和储集空间类型对水合物的形成与赋存作用更大,浊流沉积体、块状流沉积体等是水合物有利赋存空间。

第二节 非常规油气资源发展潜力与战略定位

非常规油气资源潜力和分布的不同,决定着当今及未来非常规资源的发展定位。从研究结果看,致密气是现实领域,页岩气、致密油、煤层气是接替领域,天然气水合物、油砂和油页岩是潜在领域。

一、非常规油气资源发展潜力

1. 非常规石油发展潜力

与常规石油相比,非常规石油资源非常丰富,具有一定的发展前景,将对保持中国石油产量的长期稳产发挥重要作用。

1) 致密油

致密油在中国主要含油气盆地广泛分布,主要聚集在与湖相烃源岩共生或紧邻、大面积分布的致密砂岩、混积岩和碳酸盐岩储层中。鄂尔多斯盆地长7段,松辽盆地泉四段、青二段、青三段,准噶尔盆地芦草沟组,渤海湾盆地沙河街组和孔店组等,都发育丰富的致密油资源,勘探也已获得了重大发现,已上报探明地质储量 $6.05 \times 10^8 t$,形成 $136 \times 10^4 t$ 年产能,具备形成规模储量和有效开发的条件。评价认为中国重点盆地致密油技术可采资源量 $12.34 \times 10^8 t$,已在鄂尔多斯、松辽、准噶尔等盆地建成 8 个致密油开发试验区,随着勘探开发配套技术的成型与完善,致密油开发利用速度将进一步加快。

2) 油砂

油砂在中国分布广泛,平面上主要发育在含油气盆地的边缘,时代上主要形成于中生代、新生代。目前已在 10 个盆地发现规模不等的油砂出露,计算的油砂油技术可采资源量为 $7.67 \times 10^8 t$。虽然资源总量较大,但在当前低油价常态化的国际背景下,油砂资源尚无法实现效益开发,应本着对油砂矿勘探开发技术储备的原则,对已开发的油砂矿开展降本增效、安全环保的技术攻关,并积极探索原位地下开采的方法。

3) 油页岩

油页岩在中国分布范围较广,资源比较丰富。评价的 72 个矿区油页岩油地质资源量为 $533.7 \times 10^8 t$,可采资源量为 $131.8 \times 10^8 t$,集中分布在松辽、鄂尔多斯、准噶尔、伦坡拉 4 个盆地(地区),总地质资源量为 $424.7 \times 10^8 t$,占 79.6%。中国油页岩资源品位总体偏差,含油率小于 5% 的油页岩油地质资源量为 $400 \times 10^8 t$,占 75%;含油率大于 10% 的油页岩油地质资源量为 $63.6 \times 10^8 t$,仅占 11.9%。在当前低油价常态化的国际背景下,油页岩油资源尚无法实现效益开发,目前只适合开展勘探开发技术储备研究。

2. 非常规天然气发展潜力

1) 致密气

致密气主要聚集在煤系地层的致密砂岩储层中。鄂尔多斯盆地上古生界、四川盆地上三叠统须家河组、松辽盆地下白垩统、塔里木盆地下侏罗统等等,都发育丰富的致密气资源,勘探也已获得了重大突破,已上报探明地质储量 $6.59 \times 10^{12} m^3$,建成 $300 \times 10^8 m^3$ 年产能力,具备形成规模储量和有效开发的条件。评价认为中国重点盆地致密气技术可采资源量 $10.94 \times 10^{12} m^3$,已在鄂尔多斯和四川等盆地实现了规模效益开发,随着勘探开发配套技术的提高与完善,致密气将成为中国天然气开发的主要领域。

2) 页岩气

中国发育海相、海陆过渡相和陆相三种,海相页岩气是最现实的勘探领域。四川盆地及其周缘下古生界海相页岩气的勘探获得了重要进展,已上报探明地质储量 $5441 \times 10^8 m^3$,建成 $35 \times 10^8 m^3$ 年产能力,具备形成规模储量和有效开发的条件。评价认为中国页岩气技术可采资源量 $12.85 \times 10^{12} m^3$,已在四川盆地实现了规模开发,随着勘探开发配套技术的提高与完善,页岩气将成为中国天然气开发的重要领域。

(1) 海相页岩气可采资源量 $8.82 \times 10^{12} m^3$,具备稳定发展的资源基础。

我国陆上海相页岩气有利区面积合计 $26.6 \times 10^4 km^2$,有效页岩厚度普遍较大,主要分布在南方海相,四川盆地海相页岩气资源量超 $5.0 \times 10^{12} m^3$,占 21.4%,资源相对较为落实。海相富有机质页岩集中段厚度大、分布较稳定,纳米级孔隙发育,含气性好,是页岩气勘探开发较为现实的领域,其中南方下古生界寒武系筇竹寺组和志留系龙马溪组,集中段发育好,有机质含量高,是页岩气的主要富集层系。

我国海相页岩气已基本实现商业性开发,南方地区海相页岩气开发势头良好。目前,我国建立了重庆涪陵、四川威远、长宁—昭通三个海相页岩气示范区和四川富顺—永川对外合作区,探明两个千亿立方米页岩气田,累计建成页岩气产能 $75\times10^8\mathrm{m}^3$,探明页岩气地质储量 $5441.29\times10^8\mathrm{m}^3$,2014 年页岩气产量 $12.47\times10^8\mathrm{m}^3$,累计生产页岩气超过 $40\times10^8\mathrm{m}^3$。其中涪陵页岩气田探明地质储量 $3805.98\times10^8\mathrm{m}^3$,已建成 $50\times10^8\mathrm{m}^3$ 产能,投产 146 口,2014 年产量 $10.8\times10^8\mathrm{m}^3$,累计产气超 $30\times10^8\mathrm{m}^3$;蜀南海相页岩气探明地质储量 $1635.3\times10^8\mathrm{m}^3$,已建成 $20\times10^8\mathrm{m}^3$ 产能,累计投产近 60 口井,2014 年产量 $1.08\times10^8\mathrm{m}^3$,累计产量超 $9\times10^8\mathrm{m}^3$。

四川周缘海相页岩气多个区块获得新进展,石炭系有望成为重要勘探新层系。井研—犍为区块金页 1HF 井筇竹寺组初始日产气 $8.4\times10^4\mathrm{m}^3$,稳定日产气 $4\times10^4\mathrm{m}^3$;丁山区块丁页 2HF 井龙马溪组试获日产气 $4\times10^4\sim10\times10^4\mathrm{m}^3$,试采日产气 $2\times10^4\mathrm{m}^3$;彭水区块龙马溪组试采井 4 口,平均单井日产气 $1\times10^4\sim1.5\times10^4\mathrm{m}^3$。另外,贵州煤田地质局在贵州长顺代化实施代页 1 井,揭示打屋坝组(深 $448\sim645\mathrm{m}$)富有机质页岩 130m,现场解析量 $0.15\sim2.02\mathrm{m}^3/\mathrm{t}$,总含气量 $0.4\sim4.97\mathrm{m}^3/\mathrm{t}$,揭示黔西南地区存在下石炭系打屋坝组又一重要页岩气勘探层系。

(2)海陆过渡相和陆相尚处于探索阶段,发展前景尚不明朗。

我国海陆过渡相页岩气技术可采资源量 $2.42\times10^{12}\mathrm{m}^3$;陆相页岩气技术可采资源量为 $1.61\times10^{12}\mathrm{m}^3$。海陆过渡相和陆相页岩气是我国页岩气资源的一大特色和重要组成部分,广泛分布于渤海湾、四川、鄂尔多斯、准噶尔、塔里木、吐哈等盆地或地区,尽管分布面积高达 $30\times10^4\sim40\times10^4\mathrm{km}^2$,可采资源量达 $4.03\times10^{12}\mathrm{m}^3$,但资源禀赋条件普遍比海相差,突出表现为页岩储气能力不足,仅为海相的 1/4~1/2。

海陆过渡相—陆相页岩气有利区面积为 $33.2\times10^4\mathrm{km}^2$,有效页岩厚度为 $5\sim200\mathrm{m}$,主要分布在四川、鄂尔多斯盆地。海陆过渡相页岩主要分布在华北、西北地区,面积为 $15\times10^4\sim20\times10^4\mathrm{km}^2$。富有机质页岩常与砂岩和煤层间互发育,集中段厚度较小,横向连续性和稳定性不理想,有机质纳米级孔隙不太发育,虽然评价资源量较为可观,但由于无可类比对象,资源潜力认识尚有较大分歧,页岩气资源潜力有待进一步落实。

陆相富有机质页岩主要分布于松辽、渤海湾、鄂尔多斯等中生代、新生代陆相盆地,面积为 $20\times10^4\sim25\times10^4\mathrm{km}^2$。我国陆相页岩有机质丰富,有机质类型以Ⅰ型—Ⅱ型为主,但由于热演化程度较低,主体处于生油阶段,还未达到裂解生气阶段。陆相页岩有可能形成生物气—低成熟气和热成熟气两种类型,其中,热成熟气主要分布于盆地或凹陷深部位,有利区范围相对局限,资源总量认识分歧巨大。

目前,我国海陆过渡相和陆相页岩气勘探也获得一定进展,但单井产量低,仍处于探索试验阶段。针对此类资源开发,国外尚无成功先例,我国仅在鄂尔多斯盆地进行勘探试验,虽已钻探近 60 口井,近半数井获气,但没有一口井日产气量超过 $5\times10^4\mathrm{m}^3$。根据目前的勘探实践和认识程度,此类资源的经济性和勘探开发前景尚不明确。

(3)我国页岩气尚处于起步阶段,发展面临地面地下条件复杂、经济性总体偏差等诸多挑战。

我国页岩气认识程度低,资源总量存在较大不确定性。与美国相比,我国海相页岩层系时代偏老、热演化程度偏高(R_o 普遍大于 3.0%)、埋深偏大,经历了多期构造改造,保存条件不够理想;海陆过渡相页岩层系多与煤系伴生,单层连续性较差,页岩集中段厚度偏小,湖相页岩层系时代新,热演化程度相对较低,页岩的脆性较差,埋藏深度较大,资源总量与经济性均存在较大不确定性。

我国地表地质条件复杂,开发方式和技术需要持续探索。我国页岩气资源埋深偏大、地表条件差,多数资源分布区水资源缺乏。目前实施的页岩气示范区地形条件多为丘陵和山区,与国外页岩气施工现场多为平原为主形成鲜明对比。南方地区地表多为丘陵、山地,地形复杂将严重限制交通运输,进而将严重制约频繁、多井次的大规模施工。因而,我国页岩气资源的大规模开发利用不能简单照搬北美洲地区模式,需要通过有的放矢的基础研究和工程技术先导性试验,创造性地发展出适合我国地面地下条件、资源赋存特点的工程技术。

勘探开发处于探索阶段,经济性总体偏差。虽然我国已发现涪陵页岩气田,但总体看仍处于探索阶段。从目前勘探开发实际看,经济效益总体偏差。当前由于国内页岩气储层改造尚处于起步探索阶段,工具、工艺均不配套,特别是施工工具、裂缝监测等均需进口,使得施工成本较国外页岩气成本明显偏高。目前,对于埋深小于3500m的页岩,核心技术装备已实现国产化;大于3500m的技术装备尚未形成配套。根据开发时间,我国水平井单井EUR为$0.76 \times 10^8 m^3$,气价为2.79元/立方米,单井成本小于6000万元才有效益,若气价为2.35元/立方米,单井成本小于5000万元才有效益。目前四川海相页岩气单井成本为6000万~8500万元,页岩气开发经济性偏差。

(4)页岩气依靠技术进步提高初产和累产是实现效益开发的关键,同时开发模式仍需要探索。

页岩气初产与累产(EUR)关系密切,但归根结底,在丰度一定情况下,依靠技术进步提高单井控制面积是提高初产和累产的基本前提,而大幅提高初期产量和累产,是页岩气效益开发的关键。从典型页岩气田的发展历程看,页岩气单井EUR与初始产量具有较好的相关性。Barnett页岩气田平均单井初产$5.3 \times 10^4 m^3/d$,单井最终可采储量$0.7 \times 10^8 m^3$;Marcellus页岩气田平均单井初产$12.5 \times 10^4 m^3/d$,单井最终可采储量$1.06 \times 10^8 m^3$;Haynesville页岩气田平均单井初产$28 \times 10^4 m^3/d$,单井最终可采储量$2.5 \times 10^8 m^3$。从目前国内长宁区块、焦石坝典型井看也基本符合类似特征。例如,宁201-H1初产$15 \times 10^4 m^3/d$,预测单井EUR为$8900 \times 10^4 m^3$;焦页1HF井初产$17.2 \times 10^4 m^3$,连续生产915天,累计产气$5930 \times 10^4 m^3$,目前单井日产仍维持$6 \times 10^4 m^3$;焦页6-2HF初产$36.3 \times 10^4 m^3$,连续生产609天,累计产气$1.62 \times 10^8 m^3$,目前日产气仍达$17.8 \times 10^4 m^3$。同等条件下,初始产量高,预示改造压裂效果好,泄流范围大,累计产量高。因此,通过大规模储层改造,尽可能提高波及范围,提高初产和累产,对未来开发至关重要。

页岩气开采生产方式选择大压差生产还是控压生产需要进一步探索。美国页岩气开发采用大压差开采,力求提高单井初产,尽快收回投资,但往往会以降低采收率为代价,不利于资源的充分利用。由于美国页岩气走在世界前列,页岩气开发以追求短期尽快回收投资、获取利润为主,页岩气大压差开发方式被视为经典模式,但并非唯一模式。超压页岩气田通过限制页岩气藏压降,使裂缝保持开启的时间更长,可以有效防止速敏效应,减缓裂缝导流能力和基质渗透率的降低,产量递减曲线更加平缓,泄流面积更大,EUR更高。目前,中国石化在涪陵地区试验大压差开采和控压开采两种模式,由于井数较少,开采时间较短,开发模式优劣尚无定论。以后开发模式选择应作为研究重点之一,因为选择不同的开发模式,会对资源的利用产生影响,也会产生不同的产量剖面,影响未来产量规模。

3)煤层气

煤层气在中国经过20年的发展,初步形成了适合不同类型煤层气的勘探开发配套技术,在山西沁水、辽宁铁法等地实现了工业化开采,在鄂尔多斯盆地东缘、吐哈盆地、准噶尔盆地正在进行开发先导试验。截至2014年底,探明地质储量$6266.35 \times 10^8 m^3$,仅为地质资源量的

1.04%,而且集中于沁水盆地、鄂尔多斯盆地东缘,属于中—高煤阶煤层气盆地,探明深度多在1000m以浅。目前低煤阶煤层气地质资源量为 $10.42 \times 10^{12} m^3$,占全部资源量的35%,全国1000m以深煤层气地质资源量约为 $18.71 \times 10^{12} m^3$,剩余资源潜力很大。

预计随着南方高煤阶的蜀南区块,低煤阶的准噶尔盆地南部、塔里木盆地北部、二连盆地等勘探开发的不断突破,将会大大增加探明储量。同时,鄂尔多斯盆地、准噶尔盆地东部等深层煤层气勘探曙光初现,给未来深部煤层气地质资源和可采资源评价提供了依据。对煤层气成藏富集规律认识的不断加深,多气源合采、生物气补给等新技术不断发展成熟,将会推动煤层气加快发展。

4) 天然气水合物

由于分布广、储量大、能量密度高而被认为是21世纪理想的替代能源。评价南海北部陆坡和青藏高原多年冻土区天然气水合物可采资源量为 $53 \times 10^{12} m^3$。鉴于我国面临的严峻能源和环境形势,实施天然气水合物勘探开发,增加天然气产量,可以逐步改变我国能源结构现状,同时也可以减少大量燃煤造成的环境污染,具有广阔的勘探前景。

二、非常规油气资源战略地位

不同类型的非常规油气资源,其储层性质、油气聚集特点和工艺技术要求不同,需要分层次勘探开发。20世纪中后期以来,全球非常规油气勘探取得了重大突破,发展迅速,从早期突破的致密气、煤层气、油砂,再到后期发现的页岩气、致密油。就北美而言,页岩气、致密气、煤层气是非常规天然气优先发展的勘探领域,致密油、油砂是非常规规石油勘探的现实领域。

中国地质背景与北美差异较大,具有多旋回构造演化、以陆相地层为主、岩相变化大、地表条件复杂等特点,非常规油气聚集具有一定的特殊性,这就决定了中国非常规油气开发不能照搬北美的开发模式。在低油价常态化、更加规范的新两法(《安全生产法》《环境保护法》)背景下,中国近期非常规油气发展的战略定位是:第一层次是加快致密气工业化速度,使之成为我国天然气增储上产的现实领域;第二层次是加大页岩气、致密油、煤层气工业化试验区建设,尽快实现大规模工业化经济性开采,使之成为我国油气增储上产的接替领域;第三层次是加强天然气水合物、油砂和油页岩的基础理论研究和效益开发技术探索,力争成为未来油气发展的潜在领域。

第三节 未来重点勘探领域

由于我国非常规油气资源存在特殊性,同时国际油价保持低位运行,国内环境污染和安全生产也日益成为社会关注的焦点,非常规油气开发面临成本高、效益差、耗水多、污染重等多方面挑战,考虑诸多因素,初步认为近期致密气、页岩气、煤层气、致密油是优先开发的资源,天然气水合物、油砂、油页岩还不具备经济开发的基础。

根据资源富集程度、地表条件和经济效益,优选出各类资源的有利区带。

一、致密油

致密油按照资源类型基本为一类、储集物性好(孔隙度主体在8%以上)、剩余地质资源量超过 $1 \times 10^8 t$ 的标准,筛选出12个有利区带,地质资源量 $54.16 \times 10^8 t$(表6-2)。

表6-2 中国重点盆地致密油有利区带分布表

盆地	层系	有利区	面积（km²）	地质资源（10⁸t）	可采资源量（10⁸t）
鄂尔多斯	长7段	陇东、姬塬、志靖—安塞	66000	22.2	2.6
松辽	大庆泉四段	长垣、齐家—古龙、三肇	13000	7.6	0.8
	大庆青二段、青三段	齐家	1900	1.6	0.12
	吉林泉四段	鳞字井、大遛字井	5300	7.8	1.1
准噶尔	二叠系芦草沟组	吉木萨尔上甜点体	1300	3.3	1.17
渤海湾	华北束鹿凹陷沙三段下亚段	束鹿洼槽区	248	1.96	0.13
	华北霸县沙三段中亚段—下亚段	霸县洼槽区	458	1	0.09
	辽河西部凹陷沙四段	雷家—曙光	401	2.3	0.18
	大民屯凹陷沙四段	大民屯	211	1.4	0.14
柴达木	柴西 N_1	扎哈泉	1800	2.2	0.18
	柴西北 N_2	小梁山—南翼山	4900	1.6	0.14
三塘湖	二叠系条湖组	牛圈湖—马东	272	1.2	0.07
合计			95790	54.16	6.72

二、致密气

致密气按照资源类型基本为一类、剩余地质资源量超过 $1000×10^8m^3$、地表条件良好的标准,筛选出4个有利区带,勘探面积 $7.89×10^4km^2$,地质资源量 $7.73×10^{12}m^3$（表6-3）。

表6-3 中国重点盆地致密气有利区带分布表

盆地	层系	有利区	面积（km²）	地质资源（10¹²m³）	可采资源（10¹²m³）
鄂尔多斯	上古生界	苏里格、盆地东部、盆地中东部	71500	6.35	3.4
四川	上三叠统须家河组	川中	4330	0.65	0.29
松辽	吉林:营城组、沙河子组、火石岭组、登娄库组	梨树、王府、德惠	2948	0.61	0.27
塔里木	库车东部 下侏罗统阿合组	迪北	133	0.12	0.06
合计			78911	7.73	4.02

三、页岩气

页岩气按照海相页岩、热成熟度 R_o 在2%~3.5%之间、可采资源量超过 $2000×10^8m^3$、地表条件良好、已获工业气井的标准,在四川盆地及其周缘筛选出6个有利区块,勘探面积 $2.32×10^4km^2$,地质资源量 $16.44×10^{12}m^3$,可采资源量 $3.29×10^{12}m^3$（表6-4）。

表6-4 四川盆地及其周缘页岩气有利区带分布表

区块名称	面积（km²）	目的层	R_o（%）	地表	地质资源（10^8 m³）	可采资源（10^8 m³）
长宁—兴文	3980	S_1l	2.3~2.63	山间平坝	17413	3483
涪陵	2340	S_1l	2.2~3.1（平均值2.6）	低山、丘陵	14333	2867
威远	2790	S_1l	2.7	丘陵和平原	11160	2232
富顺—永川	6660	S_1l	2.3~2.63	丘陵和平原	74925	14985
内江—大足	3790	S_1l	2.3~2.63	丘陵和平原	18950	3790
璧山—江津	3680	S_1l	2.3~2.63	丘陵为主,局部有山	27600	5520
合计	23240				164381	32877

四、煤层气

煤层气按照资源因素、物性因素、地质因素、地面因素、地球物理信息因素5个方面,17项参数分最有利、较有利、不利三个等级对煤层气目标进行评价,优选出夏店—沁南、蜀南筠连、宁武南部和保德4个有利区带,勘探面积6694km²,地质资源量1.23×10^{12}m³,可采资源量0.7×10^{12}m³（表6-5）。

表6-5 煤层气有利建产目标区评价参数

区带	主煤层深(m)	主煤层厚（区间/均值,m/层）	R_o（%）	含气量（m³/t）	面积（km²）	地质资源（10^8 m³）	可采资源（10^8 m³）
夏店—沁南	200~1200	7~19/2	1.9~4.3	10~32	5334	8900	5340
蜀南筠连	500~650	12/4	2.0~3.2	4~15	350	923	461.5
宁武南部	800~1500	11~14/1	1.0~1.3	11~21	534	1665	832.5
保德	300~1300	5~22/2~3	0.6~1.4	4~10	476	774	349.98
合计					6694	12261.9	6983.98

五、油页岩

依据主要含油页岩矿床盆地潜在油页岩资源储量分布、资源规模、自然地理环境、区域工业基础、环境保护要求和消费市场远近进行我国油页岩资源勘查方向选择。我国油页岩资源近期勘探领域为大型坳陷型松辽盆地南缘白垩系,松辽盆地外围东部断陷盆地群古近—新近系,西部挤压型准噶尔盆地东南缘博格达山前二叠系,茂名盆地及其周缘古近—新近系断陷,渤海湾盆地南部隆起区及其外围古近—新近系断陷,民和盆地西北缘（西藏高原地区生态脆弱,环保要求高,勘探与开发选区、选带原则上不予考虑）。油页岩资源开采区块优选本着资源基础好,品质较好,具有一定勘查与开采工作量,自然条件与工业基础较好,靠近消费市场,"十三五"期间能见到成效,并能起到示范与技术引领作用的区块（原位开采主要选择大型坳陷型盆地）。依据主要含油页岩矿床盆地查明油页岩资源储量分布、资源潜力与查明资源储量规模、自然地理环境、开发工业基础条件、环境保护要求、消费市场需求进行我油页岩资源开发方向选择。

适合地表露天挖掘式开采的目标区块:(1)茂名盆地高州—电白矿区;(2)松辽盆地东南

缘前郭—农安矿区;(3)松辽盆地外围柳树河盆地;(4)民和盆地西北缘炭山岭矿区;(5)准噶尔盆地东南缘博格达山前妖魔山—三工河矿区;(6)渤海湾盆地南部隆起区昌乐五图矿区。

适合我国油页岩资源地下原位式开采的区块(埋深较深,且含油率较高的区块):(1)松辽盆地东南缘预测区;(2)鄂尔多斯盆地东南缘盆地预测区;(3)准噶尔盆地博格达山北麓预测区;(4)茂名盆地预测区(表6-6)。

表6-6 油页岩有利目标

盆地	含矿区	层系	埋深(m)	油页岩油总地质资源量(10^4t)	油页岩油总可采资源量(10^4t)	油页岩油总可回收资源量(10^4t)	目标
松辽	前郭—农安	中生界	0~500	141286	55100	41300	2
	预测区	中生界	0~500	559536	167742	125806	7
			500~1000	914880	274269	205702	
柳树河	五林	新生界	0~500	938	324	243	3
渤海湾	昌乐五图	新生界	200~850	2507	881	661	6
民和	炭山岭	中生界	0~1000	7173	2499	1874	4
准噶尔盆地	妖魔山	上古生界	0~590	73195	25501	19126	5
	三工河	上古生界	0~500	173758	60537	45403	
	博格达山北麓预测	上古生界	0~1000	237160	82627	61970	9
鄂尔多斯	南部预测区	上古生界	0~500	640000	204800	153600	8
		上古生界	500~1000	1012000	323840	242880	
茂名	高州	新生界	0~850	14854	11869	8902	1
	电白	新生界	0~850	16759	11068	8301	
	茂名盆地	新生界	400~1000	21428.68	7929	5946	10
合计				3815474.68	1228986	921714	

六、油砂

复杂斜坡逸散型油砂矿的找矿方向为盆地边缘扇体、河道砂体和滨湖砂体发育部位,与不整合面接触的砂体发育带、边缘同生断层、后期挤压逆断层附近,特别是油砂露头与下倾稠油区的过渡地带是油砂勘探的有利方向。简单斜坡逸散型油砂矿的找矿方向为在砂体等油气运移路径上寻找低幅度构造背景下的小规模岩性油砂矿,在规模较大断层附近寻找中等规模的断层遮挡油砂矿,在地层超覆带上寻找岩性上倾尖灭型油砂矿。

有利区排序采用含油率作为关键因素,同时考虑油砂层厚度、资源规模及油砂资源的可靠程度,结合油砂成矿规律,优选出10个油砂勘探开发有利区块(表6-7),它们依次是:(1)准噶尔风城;(2)准噶尔红山嘴;(3)准噶尔黑油山;(4)准噶尔白碱滩;(5)准噶尔车排子;(6)准噶尔盆地东缘;(7)柴达木盆地柴西;(8)四川盆地青林口—厚坝;(9)松辽盆地图牧吉;(10)二连盆地吉尔嘎朗图。10个目标共控制油砂资源量近5.1×10^8t,是目前油砂勘探开发最现实的区域。依据目前掌握资料,再对我国油砂有利目标区进行优选,油砂最富集、开采最有利的目标区依次为风城、红山嘴、白碱滩和黑油山。

表 6-7 油砂有利区优选

盆地	区块	厚度（m）	含油率（%）	埋深（m）	面积（km²）	油砂油地质资源量（10⁴t）	油砂油可采资源量（10⁴t）
准噶尔	风城	50	8	0～100	19.4	3353	2347.10
	红山嘴	12	7.6	0～100	94	13844	9690.80
	黑油山	12.3	12.3	0～100	41.4	5233	3663.10
	白碱滩	8	7	0～100	63.3	6845	4791.50
	车排子	14.6	6.7	0～100	28.3	5758	4030.60
	盆地东缘	7	5.6	0～100	12	680	476.00
柴达木	柴西	49	3.2	0～100	264	8957	6269.90
四川盆地	青林口—厚坝	10	6.5	0～100	5.6	2001	561.82
松辽盆地	图牧吉	2.1	9.1	0～100	77.9	3275	2292.57
二连盆地	吉尔嘎朗图	3.9	10.8	0～100	14.3	1076	445.81
合计						51022	34569.2

七、天然气水合物

根据国外天然气水合物发展现状及趋势，结合中国石油实际情况，认为公司天然气水合物业务应通过广泛合作，整合资源，集中力量开展攻关研究，重点形成天然气水合物勘探目标预测评价、水合物钻井固井、水合物高效开采和安全控制等技术，优选资源富集区块。

积极开展天然气水合物钻探及试采先导区试验。未来我国天然气水合物勘探应瞄准海域，兼顾陆域冻土区；而天然气水合物先导试验应先陆后海，首先在冻土区开展先导试验。冻土带内天然气水合物埋深较浅、赋存的温压条件较低，且陆地勘探开发在开采工艺与作业施工方面更为成熟和易实现，建议首先在青藏高原冻土区优选天然气水合物资源富集区，开展先导试验。

针对陆地多年冻土区天然气水合物勘探及开发试采实验，以羌塘盆地、祁连山木里地区和昆仑山垭口盆地等为重点，开展青藏高原多年冻土区天然气水合物地质、地球物理、地球化学和钻探调查，摸清青藏高原多年冻土区的天然气水合物家底。选择若干重点目标区实施多年冻土区天然气水合物开采试验，进行开采经济性评价，形成我国陆地多年冻土区天然气水合物勘探、开发及环境保护的技术体系。

针对海洋天然气水合物勘探开发，首先要全面开展我国海域天然气水合物资源调查评价，特别是南海西部陆坡和南沙海域的资源潜力调查评价，摸清我国海洋天然气水合物家底。针对南海北部东沙海域、神狐海域、西沙海域和琼东南海域等海洋天然气水合物重点成矿区进行水合物资源普查，圈定天然气水合物分布区，对成矿区带和天然气藏进行资源评价，锁定富集区，实施海洋天然气水合物试采工程，开展试采技术和风险评价研究，规避风险、促成试采，为实现天然气水合物的商业开发提供技术支撑，并在海域天然气水合物开采试验的基础上，完善我国海洋天然气水合物开采方法体系、技术方案和装备，进行海洋天然气水合物实际开采。

参 考 文 献

白志强,刘树根,孙玮,等.2013.四川盆地西南雷波地区五峰组—龙马溪组页岩储层特征.成都理工大学学报(自然科学版),40(5):521-531.

蔡周荣,夏斌,黄强太,等.2015.上、下扬子区古生界页岩气形成和保存的构造背景对比分析.天然气地球科学,26(8):1446-1454.

曹春辉,张铭杰,汤庆艳,等.2015.四川盆地志留系龙马溪组页岩气气体地球化学特征及意义.天然气地球科学,26(8):1604-1612.

曹茜,周文,陈文玲,等.2015.鄂尔多斯盆地南部延长组长7段陆相页岩气地层孔隙类型、尺度及成因分析.矿物岩石,35(2):90-97.

曹涛涛,宋之光,王思波,等.2015.上扬子区古生界页岩的微观孔隙结构特征及其勘探启示.海相油气地质,20(1):71-78.

曹喆,柳广弟,袁云峰,等.2014.致密油地质研究现状及展望.天然气地球科学,25(10):1499-1508.

陈春林,林大杨.2005.等温吸附曲线方法在煤层气可采资源量计算中的应用.中国矿业大学学报,34(5):680-682.

陈多福,王茂春,夏斌.2005.青藏高原冻土带天然气水合物的形成条件与分布预测.地球物理学报,48(1):165-172.

陈尚斌,朱炎铭,王红岩,等.2010.中国页岩气研究现状与发展趋势.石油学报,31(4):689-694.

陈世加,张焕旭,路俊刚,等.2015.四川盆地中部侏罗系大安寨段致密油富集高产控制因素,石油勘探与开发,42(2):186-193.

陈新军,包书景,侯读杰,等.2012.页岩气资源评价方法与关键参数探讨.石油勘探与开发,39(5):566-571.

邓希光,吴庐山,付少英,等.2008.南海北部天然气水合物研究进展.海洋学研究,26(2):67-74.

丁文龙,李超,李春燕,等.2012.页岩裂缝发育主控因素及其对含气性的影响.地学前缘,19(2):212-220.

董大忠,高世葵,黄金亮,等.2014.论四川盆地页岩气资源勘探开发前景.天然气工业,34(12):1-15.

董大忠,邹才能,李建忠,等.2011.页岩气资源潜力与勘探开发前景.地质通报,31(2):324-336.

董大忠,邹才能,杨桦,等.2012.中国页岩气勘探开发进展与发展前景.石油学报,33(增刊一):107-114.

董立,赵旭,涂乙.2014.页岩气成藏条件与评价体系.石油地质与工程,28(1):18-21,146.

耳闯,赵靖舟,王芮,等.2015.沉积环境对富有机质页岩分布的控制作用——以鄂尔多斯盆地三叠系延长组长7油层组为例.天然气地球科学,26(5):823-832,892.

樊栓狮,刘锋,陈多福.2004.海洋天然气水合物的形成机理探讨.天然气地球科学,2004,15(5):524-530.

范柏江,师良,庞雄奇.2011.页岩气成藏特点及勘探选区条件.油气地质与采收率,6:9-13,111.

冯子辉,印长海,陆加,等.2013.致密砂砾岩气形成主控因素与富集规律——以松辽盆地徐家围子断陷下白垩统营城组为例.石油勘探与开发,40(6):650-656.

付琛,张建营,周世明.2015.页岩气开发现状与前景.科技视界,3:160.

管全中,董大忠,芦慧,等.2015.异常高压对四川盆地龙马溪组页岩气藏的影响.新疆石油地质,36(1):55-60.

管全中,董大忠,王玉满,等.2015.层次分析法在四川盆地页岩气勘探区评价中的应用.地质科技情报,34(5):91-97.

郭秋麟,陈宁生,宋焕琪.2013a.致密油聚集模型与数值模拟探讨.岩性油气藏,25(1):4-10.

郭秋麟,谢红兵,米石云,等.2009.油气资源分布的分形特征及应用.石油学报,30(3):379-385.

郭秋麟,翟光明,石广仁.2004.改进的区带综合评价模型与方法.石油学报,25(2):7-11,18.

郭少斌,赵可英.2014.鄂尔多斯盆地上古生界泥页岩储层含气性影响因素及储层评价.石油实验地质,6:678-683,691.

郭旭升,郭彤楼,魏志红,等.2012.中国南方页岩气勘探评价的几点思考.中国工程科学,14(6):101-105,112.

郭彦如,刘俊榜,杨华,等.2012.鄂尔多斯盆地延长组低渗透致密岩性油藏成藏机理.石油勘探与开发,39(4):417-425.

何发岐,朱彤. 2012. 陆相页岩气突破和建产的有利目标——以四川盆地下侏罗统为例. 石油实验地质,3: 246-251.

胡文瑞. 2012. 贵州页岩气评价的示范意义. 中国石油石化,10:32.

贾承造,郑民,张永峰. 2012. 中国非常规油气资源与勘探开发前景. 石油勘探与开发,39(2):129-136.

贾承造,邹才能,李建忠,等. 2012. 中国致密油评价标准、主要类型、基本特征及资源前景. 石油学报,33(3): 343-350.

孔令峰,李凌,孙春芬. 2015. 中国页岩气开发经济评价方法探索. 国际石油经济,9:94-99.

匡立春,唐勇,雷德文,等. 2012. 准噶尔盆地二叠系咸化湖相云质岩致密油形成条件与勘探潜力. 石油勘探与开发,39(6):657-667.

李昌伟,陶士振,董大忠,等. 2015. 国内外页岩气形成条件对比与有利区优选. 天然气地球科学,26(5): 986-1000.

李超,朱筱敏,朱世发,等. 2015. 沾化凹陷罗家地区沙三下段泥页岩储层特征. 沉积学报,33(4):795-808.

李登华,李建忠,王社教,等. 2009. 页岩气藏形成条件分析. 天然气工业,29(5):22-26.

李贵中,孙粉锦,李五忠,等. 2012. 西北地区低煤阶煤层气地质. 北京:石油工业出版社:121-122.

李建忠,郭斌程,郑民,等. 2012. 中国致密砂岩气主要类型、地质特征与资源潜力. 天然气地球科学,23(4): 607-615.

李建忠,李登华,董大忠,等. 2012. 中美页岩气成藏条件、分布特征差异研究与启示. 中国工程科学,14(6): 56-63.

李建忠,郑民,陈晓明,等. 2015. 非常规油气内涵辨析、源—储组合类型及中国非常规油气发展潜力. 石油学报,36(5):521-532.

李建忠,郑民. 2013. 中国致密油成因类型划分及源储配套发育机制分析. 高校地质学报,19(增刊):574.

李剑,魏国齐,谢增业,等. 2013. 中国致密砂岩大气田成藏机理与主控因素——以鄂尔多斯盆地和四川盆地为例. 石油学报,34(1):14-28.

李世臻,姜文利,王倩,等. 2013. 中国页岩气地质调查评价研究现状与存在问题. 地质通报,32(9):1440-1446.

李思辰,马强,白国娟,等. 2015. 三塘湖盆地马朗凹陷哈尔加乌组致密凝灰岩储集层特征. 新疆石油地质, 36(4):430-434.

李延钧,冯媛媛,刘欢,等. 2013. 四川盆地湖相页岩气地质特征与资源潜力. 石油勘探与开发,40(4): 423-428.

李玉喜,聂海宽,龙鹏宇. 2009. 我国富含有机质泥页岩发育特点与页岩气战略选区. 天然气工业,29(12): 115-118,152-153.

李玉喜,乔德武,姜文利,等. 2011. 页岩气含气量和页岩气地质评价综述. 地质通报,31(2):308-317.

梁狄刚,冉隆辉,戴弹申,等. 2011. 四川盆地中北部侏罗系大面积非常规石油勘探潜力的再认识. 石油学报, 32(1):8-17.

梁兴,叶熙,张介辉,等. 2011. 滇黔北下古生界海相页岩气藏赋存条件评价. 海相油气地质,16(4):11-21.

林森虎,邹才能,袁选俊,等. 2011. 美国致密油开发现状及启示. 岩性油气藏,23(4):25-30.

林拓,张金川,包书景,等. 2015. 湘西北下寒武统牛蹄塘组页岩气井位优选及含气性特征——以常页1井为例. 天然气地球科学,26(2):312-319.

柳广弟,胡素云,赵文智. 2006. 中国主要含油气盆地运聚单元石油资源丰度及其预测模型. 石油勘探与开发,33(6):759-761.

马永生,冯建辉,牟泽辉,等. 2012. 中国石化非常规油气资源潜力及勘探进展. 中国工程科学,14(6):22-30.

梅博文,吴萌,孙忠军,等. 2011. 青海省天峻县木里地区天然气水合物微生物地球化学检测法(MGCE)试验. 地质通报,30(12):1891-1895.

聂海宽,包书景,高波,等. 2012. 四川盆地及其周缘下古生界页岩气保存条件研究. 地学前缘,19(3): 280-294.

蒲泊伶,董大忠,耳闯,等. 2013. 川南地区龙马溪组页岩有利储层发育特征及其影响因素. 天然气工业,33 (12):41-47.

邱振,李建忠,吴晓智,等.2015.国内外致密油勘探现状、主要地质特征及差异.岩性油气藏,27(4):119-126.
邱振,邹才能,李建忠,等.2013.非常规油气资源评价进展与未来展望.天然气地球科学,24(2):238-246.
宋岩,秦胜飞,赵孟军.2007.中国煤层气成藏的两大关键地质因素,天然气地球科学,18(4):545-553.
孙粉锦,王一兵,王勃,等.2012.华北中高煤阶煤层气富集规律和有利区预测.徐州:中国矿业大学出版社:84-88.
孙龙德,李峰,等,2010.中国沉积盆地油气勘探开发实践与沉积学研究进展.石油勘探与开发,37(4):385-396.
陶士振,邹才能,王京红,等.2011.关于一些油气藏概念内涵、外延及属类辨析.天然气地球科学,22(4):571-575.
汪少勇,李建忠,李登华,等.2013.川中地区公山庙油田侏罗系大安寨段致密油资源潜力分析.中国地质,40(2):482-485.
汪泽成,邹才能,陶士振,等.2004.大巴山前陆盆地形成及演化与油气勘探潜力分析.石油学报,25(6):24-27.
王社教,蔚远江,郭秋麟,等.2014.致密油资源评价新进展.石油学报,35(6):1095-1105.
王社教,杨涛,张国生,等.2012.页岩气主要富集因素与核心区选择及评价.中国工程科学,14(6):94-100.
王世谦,王书彦,满玲,等.2013.页岩气选区评价方法与关键参数.成都理工大学学报(自然科学版),40(6):609-620.
王世谦.2013.中国页岩气勘探评价若干问题评述.天然气工业,33(12):13-29.
王淑芳,董大忠,王玉满,等.2015.中美海相页岩气地质特征对比研究.天然气地球科学,26(9):1666-1678.
王伟锋,刘鹏,陈晨,等.2013.页岩气成藏理论及资源评价方法.天然气地球科学,24(3):429-438.
王玉满,董大忠,程相志,等.2014.海相页岩有机质碳化的电性证据及其地质意义——以四川盆地南部地区下寒武统筇竹寺组页岩为例.天然气工业,34(8):1-7.
王玉满,董大忠,黄金亮,等.2016.四川盆地及周边上奥陶统五峰组观音桥段岩相特征及对页岩气选区意义.石油勘探与开发,43(1):42-50.
王玉满,董大忠,李建忠,等.2012.川南下志留统龙马溪组页岩气储层特征.石油学报,33(4):551-561.
魏伟,张金华,衣文,等.2010.天然气水合物成藏机理及主控因素.新疆石油地质,31(6):563-566.
杨华,付金华,刘新社,等.2012.苏里格大型致密砂岩气藏形成条件及勘探技术.石油学报,33(增刊一):27-36.
杨华,李士祥,刘显阳.2013.鄂尔多斯盆地致密油、页岩油特征及资源潜力.石油学报,34(1):1-11.
杨华,刘新社,闫小雄,等.2015.鄂尔多斯盆地神木气田的发现与天然气成藏地质特征.天然气工业,35(6):1-13.
姚泾利,李士祥,邓秀芹,等.2013.鄂尔多斯盆地致密油分布规律与勘探新进展.高校地质学报,19:586-596.
姚泾利,赵彦德,邓秀芹,等.2015.鄂尔多斯盆地延长组致密油成藏控制因素.吉林大学学报(地球科学版),45(4):983-992.
翟光明,何文渊,王世洪.2012.中国页岩气实现产业化发展需重视的几个问题.天然气工业,32(2):1-4.
张斌,胡建,杨家静,等.2015.烃源岩对致密油分布的控制作用——以四川盆地大安寨为例.矿物岩石地球化学通报,34(1):45-54.
张洪涛,祝有海.2011.中国冻土区天然气水合物调查研究.地质通报,30(12):1809-1915.
张金华,魏伟,王红岩.2009.天然气水合物研究进展与开发技术概述.天然气技术,3(2):67-69.
张新民,赵靖舟,等.2010.中国煤层气技术可采资源潜力.北京:科学出版社:9.
赵金洲,许文俊,李勇明,等.2015.页岩气储层可压性评价新方法.天然气地球科学,26(6):1165-1172.
赵文智,董大忠,李建忠,等.2012.中国页岩气资源潜力及其在天然气未来发展中的地位.中国工程科学,7:46-52.
赵文智,胡素云,王红军,等.2013.中国中低丰度油气资源大型化成藏与分布.石油勘探与开发,40(1):1-13.
朱伟林,张功成,杨少坤,等.2007.南海北部大陆边缘盆地天然气地质.北京:石油工业出版社:3-4.
祝有海,刘亚玲,张永勤.2006.祁连山多年冻土区天然气水合物的形成条件.地质通报,25(1):58-63.